Feinschneiden von induktiv erwärmten Stahlblechen

Fine Blanking of Inductively Heated Steel Sheets

Von der Fakultät für Maschinenwesen
der Rheinisch-Westfälischen Technischen Hochschule Aachen
zur Erlangung des akademischen Grades eines
Doktors der Ingenieurwissenschaften
genehmigte Dissertation

vorgelegt von

Ingo Felix Weiser

Berichter/in:

Univ.-Prof. Dr.-Ing. Thomas Bergs
Univ.-Prof. Dr.-Ing. Sebastian Münstermann

Tag der mündlichen Prüfung: 09. Dezember 2025

Diese Dissertation ist auf den Internetseiten der Universitätsbibliothek online verfügbar.

INNOVATIONS IN
MANUFACTURING TECHNOLOGY

Ingo Felix Weiser

Feinschneiden von induktiv erwärmten Stahlblechen

Herausgeber:
Prof. Dr.-Ing. T. Bergs

Band 01/2026

Bibliografische Information der Deutschen Nationalbibliothek
Die Deutsche Nationalbibliothek verzeichnet diese Publikation in der Deutschen Nationalbibliografie; detaillierte bibliografische Daten sind im Internet über https://portal.dnb.de abrufbar.

Ingo Felix Weiser:

Feinschneiden von induktiv erwärmten Stahlblechen

1. Auflage, 2026

Gedruckt auf holz- und säurefreiem Papier, 100% chlorfrei gebleicht.

Wissenschaftsverlag des Instituts für Industriekommunikation und Fachmedien an der RWTH Aachen
Steinbachstr. 25, 52074 Aachen, Deutschland
Internet: www.apprimus-verlag.de, E-Mail: info@apprimus-verlag.de

Druck: CPI Druckdienstleistungen GmbH
Ferdinand-Jühlke-Straße 7 | 99095 Erfurt | Deutschland

ISBN 978-3-98555-328-0

Coverfoto:
© Werkstoffanalyselabor, Manufacturing Technology Institute | Dr. Marina Kemperle

Wird das Eisen stumpf, und man schärft seine Schneide nicht, so braucht man mehr Kraft.
Weisheit aber ist der Vorteil dessen, der kundig ist.

Prediger 10, 10

Vorwort und Danksagung

Preamble and Acknowledgement

Die vorliegende Arbeit entstand neben meiner Tätigkeit als wissenschaftlicher Mitarbeiter, Gruppenleiter und Arbeitskreisleiter am Werkzeugmaschinenlabor WZL der Rheinisch-Westfälischen Technischen Hochschule (RWTH) Aachen.

Zu ihrem Entstehen haben viele Menschen beigetragen, die meinen Weg begleitet haben. Ihnen gilt mein tiefster Dank.

Insbesondere danke ich Prof. Dr.-Ing. Thomas Bergs, Inhaber des Lehrstuhls für Fertigungstechnologie und Leiter des Manufacturing Technology Institute, sowie seinem Vorgänger im Amt, Prof. Dr.-Ing. Dr.-Ing.E.h. Dr.h.c. Dr.h.c. Fritz Klocke, für die fachliche und persönliche Förderung, die ich unter ihrer Lehrstuhlinhaberschaft erfahren habe.

Prof. Dr.-Ing. Thomas Bergs gilt darüber hinaus mein Dank für die Übernahme der Rolle des Erstberichters meiner Promotion. Seiner Begeisterung für die größeren Zusammenhänge und für die Verschränkung zwischen wissenschaftlich-technischen und wirtschaftlichen Aspekten verdanke ich über meine Promotionstätigkeit hinauswirkende Perspektivgewinne, die mich den Blick für zukunftsorientierte berufliche Felder über meinen bisherigen Werdegang hinaus haben erkennen lassen. Prof. Dr.-Ing. Sebastian Münstermann danke ich für die Übernahme der Rolle des Zweitberichters sowie dafür, dass er sein tiefes Verständnis metallischer Werkstoffe jederzeit fesselnd und anwendungsnah zu vermitteln bereit ist. Prof. Dr.-Ing. Dipl.-Wirt.-Ing. Johannes Henrich Schleifenbaum danke ich für die sehr kurzfristige Übernahme des Kommissionsvorsitzes, erforderlich geworden durch die Erkrankung des eigentlich vorgesehenen Vorsitzenden. Weiterhin gilt mein Dank Dr.-Ing. Herman Voigts, Dr.-Ing. Andreas Rößler, Dr.-Ing. Martina Müller, Max Meerkamp und Gonsalves Grünert für die fachliche Durchsicht meiner Dissertation und die hilfreichen Anmerkungen, mit denen sie mir Inhalt und Darstellung zu schärfen halfen.

Ich danke meinen Oberingenieuren Dr.-Ing. Patrick Mattfeld, Dr.-Ing. Dipl.Wirt.-Ing. Daniel Trauth, Dr.-Ing. Andreas Rößler und Dr.-Ing. Tim Herrig, die mich – jeder auf seine Weise – gefördert und gefordert haben. Ich danke meinen Kolleginnen und Kollegen am Lehrstuhl, die mir vorangegangen sind, insbesondere Dr.-Ing. Anton Shirobokov, Dr.-Ing. Oksana Baer, Dr.-Ing. Rafael Hild, Dr.-Ing. Robby Mannens und Dr.-Ing. Herman Voigts, für die fachlichen Diskussionen und die stetige Motivation, die mir ihr Beispiel bescherte. Ich danke meiner Nachfolgerin in der Gruppenleitung der Umformer Dr.-Ing. Martina Müller für die stets ausgezeichnete Zusammenarbeit, gekrönt durch die Ehre und das Vergnügen, die Doktorprüfung am selben Tag abzulegen. Ich danke meinen ehemaligen Kollegen Max Meerkamp, Frank Schweinshaupt, Lars Uhlmann, Matthias Nick, Altan Reis, Rainer Radloff, Niklas Schwark, Peter Herrmann, Jan Sommer und Thomas Stoel.

Darüber hinaus gilt mein Dank allen Weiteren, die mich in positiver Weise im Lehrstuhlumfeld begleitet haben.

Ich danke Marcel Botz und Thomas Kokott für die unermüdliche und rege Tätigkeit, mit der sie den Versuchsbetrieb auch unter schwierigen Bedingungen stets aufrecht erhielten. Ich danke den Mitarbeiterinnen und Mitarbeitern des Werkstoff-Analyselabors, allen voran Dr. Marina Kemperle, deren Sorgfalt und Neugierde ich so manchen Fund verdanke.

Ich danke meinen studentischen Hilfskräften Mirco Trosin, Lars Esser und Sebastian Britz, die mich sehr unterstützt und entlastet haben. Ebenfalls geht mein Dank an meine Abschlussarbeiter. Von vielen Namen sei exemplarisch Gabriel Cardoso Limírio genannt, dessen Fleiß und Findigkeit einen entscheidenden Baustein zum Inhalt dieser Arbeit beitrug.

Ich danke meinen Aachener Freunden und Wegbegleitern, insbesondere Dipl.-Ing. Dennis Witter, der sich vom Lehrer zum Freund entwickelte. Weiter seien genannt Dipl.-Wirt.-Ing. Rüdiger Ruwe und Prof. Dr.-Ing. Martin Habermehl. Viele weitere Namen müssten diese Liste fortsetzen. Euch allen sei an dieser Stelle gedankt.

Ich danke den Mitgliedern des Arbeitskreises Feinschneiden für ihre stete Bereitschaft zu angeregter fachlicher Diskussion und tatkräftiger praktischer Unterstützung. Exemplarisch seien genannt Franz Jurt und Patrick Vonmüllenen, Dr. Andreas Peters und Maximilian Nagel.

Ich danke meinen Kolleginnen und Kollegen der Rheinmetall Landsysteme GmbH, die mich bei der Finalisierung dieser Arbeit und der Vorbereitung auf die Doktorprüfung unterstützten. Besonders hervorgehoben seien Karl Heidl, Gunnar Martini, Björn Niehoff, Reiner Singer, Dr. János Csombók und Dr.-Ing. Lutz Kramer.

Ich danke meiner Familie: Meinem viel zu früh verstorbenen Vater, der viel darum gegeben hätte, dieses Buch in Händen zu halten. Meiner Mutter, die meinen akademischen Weg stets unterstützt hat. Meiner Schwester, die stets an mich geglaubt hat. Meinem Großonkel Pater Alfons Weiser, der mir stets ein Vorbild akademischer Wahrheitssuche war, mich jedoch auch lehrte, dass es Dinge gibt, die sich dem Forschergeist entziehen und dennoch nicht geringer zu achten sind.

Meiner Ehefrau danke ich für die vielen Wochenenden und Abendstunden, in denen sie meine promotionsbedingte Abwesenheit tolerierte und für die vielen Male, da sie mich mit sanfter Gewalt zurück an den Schreibtisch trieb. Diese Promotion hätte ohne Deine Liebe und Unterstützung nicht gelingen können. Unserer Tochter Helena danke ich dafür, dass sie mich die Welt mit anderen Augen sehen lässt.

Namen zu nennen bedeutet Namen zu vergessen. An dieser Stelle sei allen gedankt, die meinen Weg in positiver Weise begleitet haben, ohne ausdrücklich genannt zu sein.

Baunatal im Dezember 2025 Felix Weiser

Kurzzusammenfassung

Um die globalen CO_2-Emissionen zu verringern, muss die stahlverarbeitende Industrie insbesondere für die Automobilfertigung in Bezug auf Umweltaspekte neue Wege finden. Insbesondere Masseeinsparungen in Neufahrzeugen müssen ihr Potenzial mit dem Ziel einer Verringerung von vermeidbaren Emissionen sowie der Schonung nicht erneuerbarer fossiler Ressourcen ausschöpfen. Es werden ungebrochen hohe Anstrengungen unternommen, um die Masse der Struktur- und Karosseriebauteile in Automobilen zu senken. Dies geschieht insbesondere im Wege des Strukturleichtbaus. Dabei kommt dem hochfesten Stahl eine besondere Rolle zu.

Das Feinschneiden ist ein hochproduktives Verfahren der Blechbearbeitung und kommt wird insbesondere im Automobilbau zur Komponentenfertigung eingesetzt. Bei der Bearbeitung hochfesten Stahles erreicht das Feinschneiden jedoch eine Prozessgrenze. Eine Erhöhung der Blechtemperatur verringert die Fließspannung. Eine Kombination des Feinschneidens hochfester Stahlwerkstoffe mit erhöhter Blechtemperatur ist somit vielversprechend und bietet das Potenzial, die Prozesskräfte zu senken und somit Stähle von höherer Festigkeit als bisher zu verarbeiten Eine systematische Untersuchung der thermomechanischen Wechselwirkungen im Zusammenspiel von Stahlwerkstoff und Feinschneidprozess steht noch aus. Daraus leitet sich die Forschungshypothese dieser Arbeit ab.

Um die Auswirkungen der Temperatur auf das Feinschneidergebnis bewerten zu können, ist ein Verständnis der werkstoffphysikalischen Gegebenheiten erforderlich. Dies wird anhand von Analogieversuchen erarbeitet. Um die Belastung des Werkstoffes bei erhöhten Temperaturen erforschen und die Auswirkungen von der Temperatur und der Schnittgeschwindigkeit auf das Feinschneidergebnis analysieren und bewerten zu können, wird das Feinschneiden von erwärmten Stahlblechen im Realversuch untersucht. Daraus wird ein dehnungs-, dehnraten- und temperaturabhängiges Modell für die Fließspannung des Werkstoffes abgeleitet. Diese Untersuchungen dienen zur Ermittlung eines optimalen Prozessfensters, aus dem nach einer energetischen Bewertung Richtlinien für die Praxis erstellt werden. Eine Zusammenfassung und ein Ausblick schließen die Arbeit ab.

Abstract

In order to reduce global CO_2 emissions, the steel processing industry must find new ways of addressing environmental aspects, particularly in automotive production. In particular, mass savings in new vehicles must exploit their potential with the aim of reducing avoidable emissions and conserving non-renewable fossil resources. Great efforts continue to be made to reduce the mass of structural and body components in cars. This is being done in particular by means of structural lightweight construction. High-strength steel has a special role to play here. Fine blanking is a highly productive sheet metal processing method and is used in particular in automotive component manufacturing. When processing high-strength steel, however, fine blanking reaches a process limit. Increasing the sheet temperature reduces the flow stress. A combination of fine blanking of high-strength steel materials with increased sheet temperature is therefore promising and offers the potential to reduce the process forces and thus process steels of higher strength than before. The research hypothesis of this thesis is derived from this.

In order to be able to evaluate the effects of temperature on the fine blanking result, an understanding of the physical properties of the material is required. This is developed on the basis of analogy tests. In order to investigate the load on the material at elevated temperatures and to be able to analyze and evaluate the effects of temperature and cutting speed on the fine blanking result, the fine blanking of heated steel sheets is investigated in a real test. From this, a strain, strain rate and temperature-dependent model for the yield stress of the material is derived. These investigations are used to determine an optimum process window, from which guidelines for practical application are drawn up following an energetic evaluation. The work concludes with a summary and an outlook.

Inhaltsverzeichnis

Table of Contents

Formelzeichen und Abkürzungsverzeichnis

Symbols and Abbreviations

Großbuchstaben

A	mm^2	Fläche
A_g	–	Gleichmaßdehnung
A_JC	MPa	JOHNSON-COOK-Parameter (Faktor)
A_q	mm^2	Fläche des Schnittteils
A_w	%	Abweichung
B_JC	MPa	JOHNSON-COOK-Parameter (Faktor)
C_JC	MPa	JOHNSON-COOK-Parameter (Faktor)
C	–	Kohlenstoffgehalt
C_x	–	SHEN-MÜNSTERMANN-LIAN-Parameter (Faktor)
D_P	mm	Probendurchmesser
F	kN	Kraft
E	MPa	Elastizitätsmodul
ΔE	J	Atomare Energiedifferenz
F_GH	kN	Gegenhalterkraft
F_m	mN/s	Messkraft
F_NH	kN	Niederhalterkraft
F_RZ	kN	Ringzackenkraft
F_S	kN	Schneidkraft
F_St	kN	Stempelkraft
H	s^{-1}	Hubrate
HBW	$\mathrm{N/mm}^2$	BRINELL-Härte
K_x	–	Leichtbaukennzahl
K_Ft	$\mathrm{g \cdot mm/cm^3 \cdot N}$	Leichtbaukennzahl statische Festigkeit
M_T	°C	Temperatur-Messbereich
P	kW	Leistung
P_GS	%	Glattschnittanteil
Q	J	Wärmemenge
R_e	$\mathrm{kN/mm}^2$	Streckgrenze

R_{m}	$\mathrm{kN/mm^2}$	Zugfestigkeit
$R_{\mathrm{p0,2}}$	$\mathrm{kN/mm^2}$	0,2 %-Dehngrenze
R_{R}	–	Relative Festigkeit
T	°C	Temperatur
T_{ref}	°C	Referenztemperatur
T_{S}	°C	Schneidtemperatur
T_{Mp}	°C	Schmelztemperatur
T_{Z}	°C	Zieltemperatur
ΔT	K	Temperaturdifferenz
W_{S}	Nm	Schneidarbeit

Kleinbuchstaben

$\mathrm{a_X}$	–	Werkstoffabhängiger Parameter (Fließmodell X)
a_{IB}	mm	Abstand zwischen Induktor und Blech
$\mathrm{b_X}$	–	Werkstoffabhängiger Parameter (Fließmodell X)
b_{G}	mm	Gratbreite
b_{KE}	mm	Kanteneinzugbreite
$\mathrm{c_X}$	–	Werkstoffabhängiger Parameter (Fließmodell X)
$\mathrm{c_p}$	J/kgK	Spezifische Wärmekapazität
$\mathrm{d_X}$	–	Werkstoffabhängiger Parameter (Fließmodell X)
$\mathrm{e_X}$	–	Werkstoffabhängiger Parameter (Fließmodell X)
f	–	Reibwert
f_{DSA}	–	Fließspannungsanteil aus dynamischer Reckalterung
f_{RZ}	–	Empirischer Faktor für die Ringzackenkraft
f_{TS}	–	Fließspannungsanteil aus thermischer Entfestigung
$\mathrm{f_X}$	–	Werkstoffabhängiger Parameter (Fließmodell X)
h_{A}	mm	Abrisshöhe
h_{G}	mm	Grathöhe
h_{GS}	mm	Glattschnitthöhe
h_{KE}	mm	Kanteneinzughöhe
h_{P}	mm	Probenhöhe
h_{Pr}	µm	Profilhöhe

h_{RZ}	mm	Ringzackenhöhe
h_S	mm	Schneidweg
$h_Ü$	µm	Höhe des Schnittflächenüberganges
k	–	Korrekturfaktor (Schneidarbeit)
k_B	J/K	BOLTZMANN-Konstante
k_l	mm	Kantenlänge
k_s	–	Korrekturfaktor (Schneidkraft)
k_f	MPa	Fließspannung
l	mm	Länge der Schnittlinie
l_0	mm	Ausgangslänge
Δl	mm	Längenänderung
l_B	mm	Länge der Schnittlinie der Bremsbelagträgerplatte
l_M	mm	Länge des Messpfades
l_S	mm	Länge der Schnittlinie der Sicherheitsgurtsteckzunge
l_{RZ}	mm	Länge der Ringzacke
m	kg	Masse
m_x	–	JOHNSON-COOK-Parameter (Exponent)
n_x	–	JOHNSON-COOK-Parameter (Exponent)
q_q	N/mm^2	Spezifische Gegenkraft
s	mm	Blechstärke (Blechdicke)
s_B	mm	Blechstärke (Blechdicke) Bremsbelagträgerplatte
s_S	mm	Blechstärke (Blechdicke) Sicherheitsgurtsteckzunge
t	s	Zeit
t_H	s	Temperaturhaltezeit
t_{Hu}	s	Hubzeit
u_s	mm	Schneidspalt
v_H	mm/s	Schnittgeschwindigkeit bei der Hubrate H
v_{rel}	mm/s	Relativgeschwindigkeit
v_S	mm/s	Schnittgeschwindigkeit
x	mm	Hubweg
x_S	mm	Stößelweg

Griechische Buchstaben

α	$1/\mathrm{K}$	Wärmeausdehnungskoeffizient
β	°	Winkelabweichung der Schnittflächen
Γ	$\mathrm{m^2/s}$	Diffusionskoeffizient
δ	°	Spitzenwinkel
ε	–	Dehnung
ε_{B}	–	Emissionsgrad des Blechs
$\varepsilon_{\mathrm{el}}$	–	Elastische Dehnung
$\varepsilon_{\mathrm{pl}}$	–	Plastische Dehnung
ε_{w}	–	Wahre Dehnung
$\dot{\varepsilon}$	$1/\mathrm{s}$	Dehnrate
$\dot{\varepsilon}_0$	–	Referenz-Dehnrate
ϑ	%	Fehlertoleranz
ϑ_{min}	%	Minimale Fehlertoleranz
λ	$\mathrm{W/mK}$	Thermische Konduktivität
μ	–	Reibkoeffizient nach COULOMB
ν	$\mathrm{mm^2/s}$	Kinematische Viskosität
ν	–	POISSON-Zahl
$\tilde{\nu}$	$1/\mathrm{s}$	Spezifische atomare Frequenz
ρ	$\mathrm{g/cm^3}$	Dichte
φ	–	Umformgrad
φ_{B}	J	Wärmestrahlung des Blechs
φ_{S}	J	Wärmestrahlung des Schwarzen Körpers
σ	$\mathrm{N/mm^2}$	Zug-/Druckspannung
σ'	$\mathrm{N/mm^2}$	Wahre Spannung
σ_0	$\mathrm{N/mm^2}$	Technische Spannung / Nennspannung
σ_{ath}	$\mathrm{N/mm^2}$	Athermischer Anteil der Fließspannung
σ_{the}	$\mathrm{N/mm^2}$	Thermischer Anteil der Fließspannung
τ	$\mathrm{N/mm^2}$	Schubspannung
τ_{aB}	$\mathrm{N/mm^2}$	Scherfestigkeit

Abkürzungen

A	Austenit – Gefügebestandteil
AC	Geglüht zur Erzielung kugeliger Karbide
Al	Aluminium – chemisches Element
AISI	American Iron and Steel Institute
B	Bor – chemisches Element
C	Kohlenstoff – chemisches Element
Co	Kobalt – chemisches Element
Cr	Chrom – chemisches Element
Cu	Kupfer – chemisches Element
DIN	Deutsches Institut für Normung
DSA	Dynamische Reckalterung (engl. dynamic strain aging)
EBSD	Elektronenrückstreubeugung (engl. electron backscatter diffraction)
EN	Europäische Norm
F	Ferrit – Gefügebestandteil
Fe	Eisen – chemisches Element
FeO	Eisen(II)-oxid, auch Wüstit
Fe_2O	Eisen(I)-oxid
Fe_2O_3	Eisen(III)-oxid, auch Hämatit oder Maghemit
Fe_3O_4	Eisen(II,III)-oxid, auch Magnetit
GKZ	Geglüht zu kugeligem Zementit
GOM	Carl Zeiss GOM Metrology GmbH
H	Hinteres Nest (Feinschnittlayout)
hdp	Hexagonal-dichtest gepacktes Kristallgitter
IBF	Institut für Bildsame Formgebung der RWTH Aachen University
ISO	Internationale Organisation für Normung
kfz	Kubisch-Flächenzentriertes Kristallgitter
krz	Kubisch-Raumzentriertes Kristallgitter
LC	Leicht nachgewalzt
M	Martensit – Gefügebestandteil
Mn	Mangan – chemisches Element
Mo	Molybdän – chemisches Element

N	Stickstoff – chemisches Element
Nb	Niob – chemisches Element
Ni	Nickel – chemisches Element
O	Sauerstoff – chemisches Element
OES	Optische Emissionsspektrometrie
PKW	Personenkraftwagen
PVD	Physikalische Gasabscheidung (engl. physical vapor deposition)
REM	Rasterelektronenmikroskop
RWTH	Rheinisch-Westfälische Technische Hochschule
S	Schwefel – chemisches Element
Si	Silizium – chemisches Element
S1	Leicht (Schwierigkeitsgrad beim Feinschneiden)
S2	Mittel (Schwierigkeitsgrad beim Feinschneiden)
S3	Schwierig (Schwierigkeitsgrad beim Feinschneiden)
S4	Sehr schwierig (Schwierigkeitsgrad beim Feinschneiden)
Ti	Titan – chemisches Element
TS	Thermische Entfestigung (engl. thermal softening)
TWIP	Zwillingsinduzierte Plastizität (engl. twinning induced plasticity)
V	Vorderes Nest (Feinschnittlayout)
V2A	Versuchsschmelze 2 Austenitisch
WZL	Werkzeugmaschinenlabor WZL der RWTH Aachen University

1 Einleitung

Introduction

Der Industriesektor ist mit einem Anteil von 21 % der zweitgrößte Verursacher von CO_2-Emissionen in Deutschland. Ein großer und in den letzten Jahren steigender Anteil an diesen 21 % kommt aus der Eisen-, Stahl- und Nichteisenmetallindustrie. Daneben ist der Verkehrssektor die drittgrößte Emissionsquelle mit einem Anteil von 17,7 %. Diese stammen zu 96 % aus dem Straßenverkehr [WDDB18]. Vor diesem Hintergrund muss die stahlverarbeitende Industrie insbesondere für die Automobilfertigung aktuell verstärkt in Bezug auf Umweltaspekte neue Wege finden. Insbesondere Masseeinsparungen in Neufahrzeugen müssen ihr Potenzial mit dem Ziel einer Verringerung von vermeidbaren Emissionen sowie der Schonung nicht erneuerbarer fossiler Ressourcen ausschöpfen. Dies ist insbesondere vor dem Hintergrund der Verkehrswende dringend erforderlich, da alternativ angetriebene Hybrid- und Batteriefahrzeuge regelmäßig eine antriebsbedingte Mehrmasse bis 250 kg aufweisen [TAB12]. Ressourcenknappheit und Emissionsbeschränkungen konterkarierend nahmen Leistung und Masse deutscher Automobile seit dem zweiten Weltkrieg überproportional zu. Hierdurch werden technische Einsparpotenziale moderner Antriebstechnik zunichtegemacht [HELM15].

Trotz und aufgrund dieses Rebound-Effektes werden ungebrochen hohe Anstrengungen unternommen, um die Masse der Struktur- und Karosseriebauteile in Automobilen zu senken. Dies geschieht insbesondere im Wege des Strukturleichtbaus. Dabei kommt dem hochfesten Stahl eine besondere Rolle zu: Schätzungen zufolge wird er im Jahr 2030 je nach Fahrzeugklasse zwischen 45 und 48 % der im Automobil verbauten Werkstoffe betragen [TAB12].

Das Feinschneiden ist ein hochproduktives Verfahren der Blechbearbeitung und kommt wird insbesondere im Automobilbau zur Komponentenfertigung eingesetzt. Bei der Bearbeitung hochfesten Stahles erreicht das Feinschneiden jedoch eine Prozessgrenze. So zeigen diese Stähle häufig infolge erhöhten Werkzeugverschleißes eine geringe Qualität der Feinschnittteile [ZHEN19], insbesondere in Bezug auf Gratbildung und die Ausprägung des Glattschnittanteils [MUCH10], da die Kaltverfestigungseigenschaften des theoretisch idealen Feinschneidstahles denen eines auf Umformbarkeit optimierten Stahles nahezu entgegengesetzt sind [GRAM11]. Insbesondere Feinschneidstempel aus pulvermetallurgischem (PM-) Stahl geraten in der Phase der Blechtrennung an die Grenze ihrer Druckfestigkeit [FEUE16].

Eine Erhöhung der Blechtemperatur verringert die Fließspannung. Eine Kombination des Feinschneidens hochfester Stahlwerkstoffe mit erhöhter Blechtemperatur ist somit vielversprechend und bietet das Potenzial, Stähle von höherer Festigkeit als bisher zu verarbeiten. Die Erwärmung des Stahlwerkstoffes ist in der Umformtechnik bereits in verschiedenen Bereichen etabliert und gewinnt an Bedeutung [GEIG07]. Somit bietet sich auch für das Feinschneiden das Potenzial, durch eine Erwärmung des Blechwerkstoffes die Fließspannung eines gegebenen Stahles zu verringern und somit die Prozesskräfte zu senken. Untersuchungen zu Erwärmung beim Verfahren des Normalschneidens, das dem Feinschneiden verwandt ist, liegen bereits vor [EMON10]. Das Feinschneiden mit Erwärmung des Stahlwerkstoffes, obwohl von hoher industrieller Relevanz, war dagegen bislang nur vereinzelt Gegenstand wissenschaftlicher Forschung [GALD23].

Eine systematische Untersuchung der thermomechanischen Wechselwirkungen im Zusammenspiel von Stahlwerkstoff und Feinschneidprozess steht hingegen noch aus. Daraus leitet sich die Forschungshypothese dieser Arbeit ab. Um die Auswirkungen der Temperatur auf das Feinschneidergebnis bewerten zu können, ist ein Verständnis der werkstoffphysikalischen Gegebenheiten erforderlich. Dies wird anhand von Analogieversuchen erarbeitet. Um die Belastung des Werkstoffes bei erhöhten Temperaturen erforschen und die Auswirkungen von der Temperatur und der Schnittgeschwindigkeit auf das Feinschneidergebnis analysieren und bewerten zu können, wird das Feinschneiden von erwärmten Stahlblechen im Realversuch untersucht. Daraus wird ein dehnungs-, dehnraten- und temperaturabhängiges Modell für die Fließspannung des Werkstoffes abgeleitet. Diese Untersuchungen dienen zur Ermittlung eines optimalen Prozessfensters, aus dem nach einer energetischen Bewertung Richtlinien für die Praxis erstellt werden. Eine Zusammenfassung und ein Ausblick schließen die Arbeit ab.

Introduction

With a share of 21%, the industrial sector is the second largest emitter of CO_2 emissions in Germany. A large and in recent years increasing share of these 21% comes from the iron, steel and non-ferrous metal industry. In addition, the transport sector is the third largest source of emissions with a share of 17.7%. Road traffic accounts for 96% of these emissions [WDDB18]. Against this background, the steel-processing industry currently has to find new ways with regard to environmental aspects, especially for automobile production. In particular, weight savings in new vehicles must exploit their potential with the aim of reducing avoidable emissions and conserving non-renewable fossil resources. This is urgently required, especially against the background of the transport transition, since alternatively powered hybrid and battery vehicles regularly have a drive-related additional weight of up to 250 kg [TAB12]. Counteracting the scarcity of resources and emission restrictions, the performance and weight of german automobiles have increased disproportionately since the Second World War. This negates the technical savings potential of modern drive technology [HELM15].

In spite of and because of this rebound effect, great efforts continue to be made to reduce the weight of structural and body components in automobiles. This is done in particular by means of lightweight material construction. High-strength steel plays a special role in this: according to estimates, it will account for between 45 and 48% of the materials used in cars in 2030, depending on the vehicle class [TAB12].

Fineblanking is a highly productive sheet metal processing method and is used in particular in the automotive industry for component production. However, fineblanking reaches a process limit when machining high-strength steel. These steels often beget poor quality of the fine blanked parts [ZHEN19], since the work-hardening properties of the theoretically ideal fine blanked steel are almost opposite to those of a steel optimised for formability [GRAM11]. In particular, fine blanking punches made of powder metallurgical (PM) steel reach the limit of their compressive strength during the sheet separation phase [FEUE16].

Increasing the sheet temperature reduces the flow stress. A combination of fine blanking of high-strength steel materials with increased sheet temperature is promising and offers the potential to process steels of higher strength than before. Heating of the steel material is already established in various areas of forming technology [GEIG07]. There are also studies on heating in the shear cutting process, which is related to fine blanking [EMON10]. Fine blanking with heating of the steel material, although of high industrial relevance, has so far only been subject to few scientific research items [GALD23].

A systematic investigation of the thermomechanical interactions in the interaction of steel material and fine blanking process is still lacking. This will be remedied in the following. In order to be able to evaluate the effects of temperature on the fine blanking result, an understanding of the material-physical conditions is required. This is achieved by means of analogy experiments. The fine blanking of heated steel sheets is being investigated in real-life experiments in order to study the stress on the material at elevated temperatures and to be able to analyze and evaluate the effects of temperature and cutting velocity on the fine blanking result. From this, a strain, strain rate and temperature-dependent model for the flow stress of the material is derived. These investigations serve to determine an optimal process window, from which, after an energetic evaluation, guidelines for practical application are drawn up. A summary and an outlook conclude the work.

2 Stand der Erkenntnisse

State of knowledge

In diesem Kapitel wird der Stand der Erkenntnisse aus Wissenschaft und Industrie zusammengefasst, soweit er sich auf relevante Aspekte des Feinschneidens mit Blecherwärmung bezieht. Unterkapitel 2.1 beschreibt die Grundlagen des Feinschneidprozesses. Unterkapitel 2.2 fügt die Betrachtung des Werkstoffes Stahl im Zusammenhang mit dem Feinschneiden hinzu. Besonderes Augenmerk gilt den Eigenschaften von Stahl bei erhöhten Temperaturen. In Unterkapitel 2.3 werden die bisherigen Erkenntnisse zur thermisch unterstützten Blechtrennung beschrieben, insbesondere mit Bezug zum Feinschneiden. Hierunter werden auch Erwärmungs- und Simulationsmethoden beschrieben. Ein Zwischenfazit in Unterkapitel 2.4 schließt das Kapitel ab.

2.1 Grundlagen des Feinschneidens

Fundamentals of Fine blanking

Das Feinschneiden ist ein Verfahren der Blechtrennung. Nach DIN 8588 ist es der Hauptgruppe Trennen, der Gruppe Zerteilen und der Untergruppe Scherschneiden zugeordnet [DIN8588]. und kommt zum Einsatz, wenn einbaufertige Bauteile mit hoher Maßhaltigkeit und Oberflächenqualität gefordert sind, insbesondere in der Automobil-, Medizin-, Elektro- und Feinmechanikindustrie [SCH06]. Das Teileportfolio reicht bis hin zu hochkomplexen Bauteilen wie Zahnrädern [NUER23] mit Schrägverzahnung [ZIMM15]. Prozessseitig unterscheidet sich das Feinschneiden vom nächst verwandten Verfahren Normalschneiden dadurch, dass infolge der Verwendung eines Gegenhalters sowie einer auch als Matrize bezeichneten Schneidplatte mit Ringzacke während des Prozesses ein hydrostatischer Spannungszustand im Blech erzeugt wird. Dieser führt dazu, dass während des überwiegenden Teils des Schneidwegs plastisches Fließen aufrechterhalten wird und erst gegen Ende des Schneidwegs ein Brechen des Grats erfolgt. [KLOC17]

2.1.1 Prozesseigenschaften des Feinschneidens

Process Properties of Fine Blanking

Als Weiterentwicklung des Normalschneidens wurde das Feinschneiden von FRITZ SCHIESS erfunden und 1923 erstmals patentiert [SCHI23]. Nachdem das Verfahren zunächst nur für dünne Bleche von Blechdicken bis zu $s = 5\ \mathrm{mm}$ Verwendung fand, konnte ROTTER durch systematische Untersuchungen das durch die bearbeitbare Blechdicke begrenzte Prozessfenster erweitern und nachweisen, dass feingeschnittene Teile bezüglich ihrer Lebensdauer nicht hinter zerspanend gefertigten zurückstehen [ROTT84]. Infolge des hydrostatischen Spannungszustands im Blechstreifen während des Feinschneidens und des Werkzeugaufbaus mit Gegenhalter, Ringzacke und Schneidspalten von $u_s < 0{,}01 \cdot s$ ist die Fertigung von Schnittflächen möglich, die einen Glattschnittanteil von regelmäßig mehr als 90 % aufweisen, somit hohen Qualitätsanforderungen genügen und ohne weitere Bearbeitungsschritte als Funktionsflächen Verwendung finden können.

Der Prozessablauf jedes Hubes gliedert sich in vier Schritte. Eine Skizze des Prozessablaufes beim Feinschneiden mit einer schematischen Darstellung der Spannungsverteilung im Blechstreifen während des Feinschneidprozesses ist in Abbildung 2.1 zu finden.

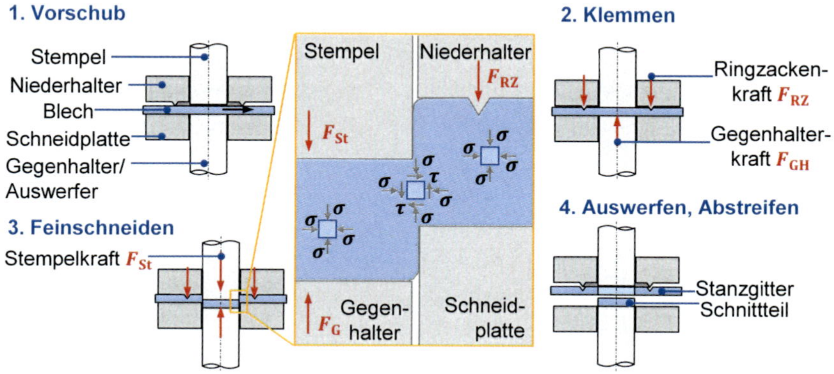

Abbildung 2.1: Verfahrensskizze des Feinschneidprozesses mit Detaildarstellung der Spannungsverteilung während des plastischen Fließens [WEIS19]
Process sketch of the fine blanking process with detailed representation of the stress distribution during plastic flow [WEIS19]

Die in Abbildung 2.1 dargestellten Phasen des Feinschneidprozesses stellen sich wie folgt dar: zunächst wird bei geöffnetem Werkzeug der Blechstreifen in das Werkzeug vorgeschoben (1.). Daraufhin wird der Blechstreifen durch Schließen des Werkzeuges geklemmt und die Ringzacke in den Blechstreifen eingepresst (2.). Im dritten Schritt erfolgt durch Relativbewegung der Schneidplatte bei Aufrechterhaltung des Druckspannungszustandes im Blechwerkstoff durch Gegenhalter- und Pressplattenkraft der eigentliche Feinschneidvorgang (3). Im Anschluss wird das Werkzeug geöffnet, das Schnittteil ausgeworfen und das Stanzgitter vom Stempel abgestreift (4). Daran schließt sich ein weiterer Hub an.

Durch die Klemmung des Blechstreifens und die Verwendung der Ringzacke wird in der Scherzone anfangs ein hydrostatischer Spannungszustand hervorgerufen, der während des Hubweges zunehmend Zugspannungsanteile enthält. Die durch Gegenhalter- und Pressplattenkraft eingebrachten Druckspannungen in der Scherzone ermöglichen die hohe Qualität von feingeschnittenen Bauteilen. Infolgedessen beginnt der MOHRsche Spannungskreis beim Feinschneiden infolge des anfänglich hydrostatischen Druckspannungszustandes im Druckbereich und verlagert sich mit fortschreitendem Hubweg aufgrund zunehmenden Zugspannungsanteil in den Zugspannungsbereich, vgl. Abbildung 2.2.

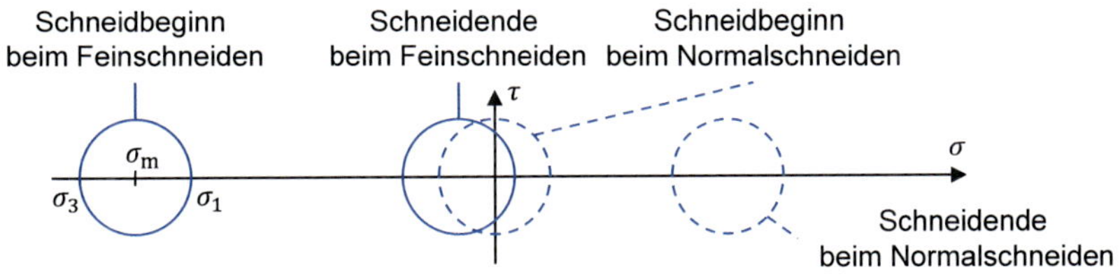

Abbildung 2.2: MOHRscher Spannungskreis beim Feinschneiden und Normalschneiden nach KLOCKE [KLOC17]
MOHR's Circle for fine blanking and shear cutting according to KLOCKE [KLOC17]

Wie in Abbildung 2.2 zu sehen, beginnt das Normalschneiden im Gegensatz zum Feinschneiden bereits mit Zugspannungsanteilen, die mit zunehmendem Stempelweg zunehmen und schließlich zum Abreißen des Bauteils führen. Es existieren auch beim Normalschneiden Ansätze, die Schnittflächenqualität zu verbessern, etwa durch den gezielten Einsatz von Eigenspannungen [STAH21]. Das Abreißen des Bauteils wird beim Feinschneiden durch die überlagerte Druckspannung verhindert oder verzögert.

Die Qualitätsbeurteilung von feingeschnittenen Teilen erfordert die Verwendung genormter Qualitätsmerkmale. Qualitätsmerkmale für das Feinschneiden sind in der VDI-Richtlinie 2906 erfasst und in Abbildung 2.3 dargestellt [VDI2906].

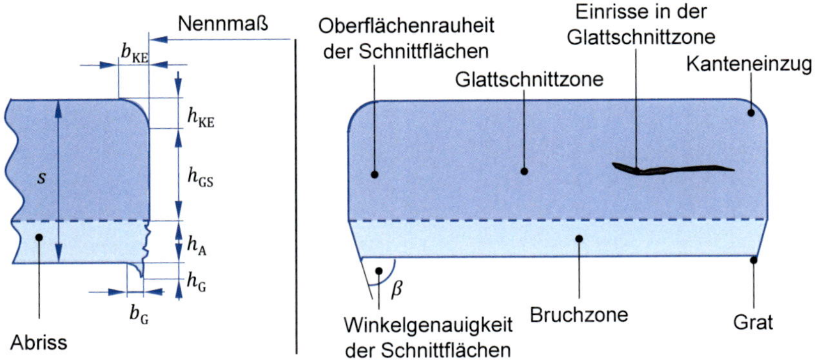

Legende: b_G – Gratbreite, b_{KE} – Kanteneinzugbreite, h_A – Abrisshöhe, h_G – Grathöhe, h_{GS} – Glattschnitthöhe, h_{KE} – Kanteneinzughöhe, s – Blechdicke, β – Winkelgenauigkeit

Abbildung 2.3: Schnittflächenkenngrößen an Bauteilen nach VDI 2906 [VDI2906]
Cutting surface parameters on components according to VDI 2906

Wie in Abbildung 2.3 ersichtlich ist, gehören Breite und Höhe des Kanteneinzugs sowie Grats und der Glattschnittanteil zu den Qualitätsmerkmalen feingeschnittener Teile. Durch nicht völlig vermeidbare Zugspannungen während des Feinschneidens wird Werkstoff in die Scherzone eingezogen. Dies ist am feingeschnittenen Teil als Kantenverrundung sichtbar. Im Gegensatz zum regelmäßig an der Gegenseite entstehenden Grat ist der Kanteneinzug nur mit erheblichem Aufwand zu entfernen: Während man

Schnittgrate durch Bürstpolieren, Gratverprägen oder Flachschleifen entfernen kann, ist die Erzeugung einer kanteneinzugfreien Schnittkante komplexer. Neben Methoden wie Schaben oder Konterschneiden gibt es die Möglichkeit, ein um eine Schleifzugabe dickeres Blech feinzuschneiden, sodass nach dem Feinschneiden eine Blechschicht in Höhe des Kanteneinzugs abgetragen werden kann. Dieser Aufwand wird nur bei höchsten Qualitätsanforderungen in Kauf genommen. Daher ist es ein Ziel der Prozessauslegung, die Bildung von Kanteneinzug zu verringern.

Die Messung des Kanteneinzugs kann optisch unter Verwendung der Streifenlichtprojektionsmethode geschehen. Die Methode ist in Abbildung 2.4 dargestellt.

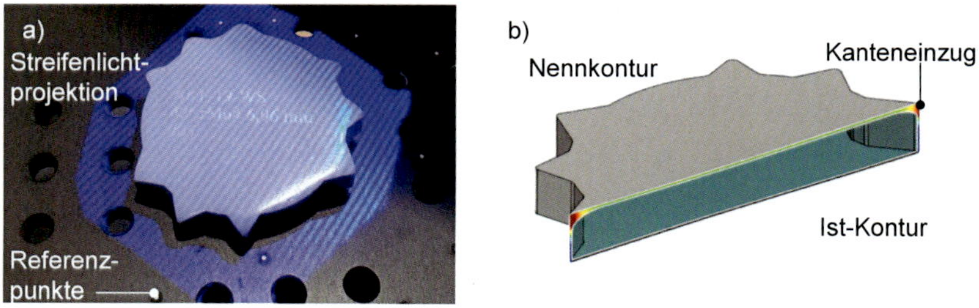

Abbildung 2.4: Optische Vermessung des Kanteneinzuges an einem sternförmigen Feinschnittteil: Streifenlichtprojektion mit HELIAS-System unter Verwendung des GOM Atos a), Vergleich der optisch erfassten Geometrie mit der Soll-Geometrie b)
Optical measurement of the die roll on a star-shaped fine-blanked part: fringe light projection with HELIAS system using the GOM Atos a), comparison of the meaured geometry with the target geometry b)

Bei der in Abbildung 2.4 dargestellten Methode werden feingeschnittene Proben zunächst mit Mattlack eingesprüht, um Spiegel- und Glanzeffekte zu minimieren. Um nachfolgende Messschritte nicht aufgrund des Lacks zu verfälschen, ist die Kanteneinzugmessung regelmäßig der letzte Messschritt an einer gegebenen Probe. Anschließend wird mithilfe einer Streifenlichtprojektion die Geometrie als Punktewolke digitalisiert. Auf den Probenteller aufgebrachte Referenzpunkte helfen bei der optischen Erfassung. Schließlich kann die Punktewolke mit einer CAD-Soll-Geometrie verglichen werden, um Abweichungen, in diesem Fall den Kanteneinzug, zu erkennen. In dieser Forschungsarbeit gilt eine Abweichung von 5° von der Sollkontur als Beginn des Kanteneinzugs.

Glatte Schnittflächen sind gekennzeichnet durch die Abwesenheit von Einrissen und Abrissen. Beides bezeichnet Werkstoffversagen. Einrisse befinden sich auf der Schnittfläche, Abrisse an der Kante der Schnittfläche. Bruch kann durch Spaltung infolge von Zugspannungen auftreten, die senkrecht zu kristallographischen Ebenen mit geringer Bindung, sogenannten Spaltebenen, wirken. Dies wird beim Feinschneiden durch Druckspannungen kompensiert. Ist die Spaltfestigkeit höher als die Scherfestigkeit, so entsteht anstelle des Bruches eine Versetzung und damit Umformung, in der

Praxis also lokaler Glattschnitt. Im umgekehrten Fall entsteht ein Riss, der bei Fortsetzung des Prozesses zu einem Ein- oder Abriss wird. [KELL67]

Die Gratbildung ist in der wissenschaftlichen Betrachtung im Gegensatz zum Kanteneinzug kaum präsent, da sie beim Feinschneiden maßgeblich von der Schneidkante des Stempels abhängt und somit mit scharfkantigen Werkzeugen von untergeordneter Bedeutung ist. Zudem lässt sich ein entstehender Grat in der Praxis durch nachfolgende Prozessschritte wie Gratverprägen, Flachschleifen oder Bürstpolieren entfernen.

Zahlreiche Einflussfaktoren auf die Bauteilqualität wurden beim Feinschneiden bereits untersucht. So postulierten SAHLI ET AL., dass ein kleinerer Schneidspalt grundsätzlich zu einer besseren Schnittfläche führt, da kleinere Schneidspalte das Biegemoment auf der freien Blechoberfläche begrenzen [SAHL21]. Einen Überblick verschiedener Zusammenhänge legten ARAVIND ET AL. vor [ARAV20]: Für den Schneidkantenradius lässt sich kein allgemein gültiges Optimum bestimmen, da ein größerer Schneidkantenradius zwar einen höheren Glattschnittanteil der Schnittfläche, aber auch einen größeren Kanteneinzug und ein höheres Schneidkraftmaximum zur Folge hat. Eine beidseitige Positionierung der Ringzacke führt aufgrund der Limitierung des Werkstoffflusses zu einem Optimum des Glattschnittanteiles der Schnittfläche. Werkzeugverschleiß wird als Hauptursache für abnehmende Schnittflächenqualität angesehen. Dieser ist von der gewählten Werkzeugschmierung abhängig. Ebenso haben die Wahl der Werkzeugwerkstoffe sowie ihre Wärmebehandlung und Beschichtung Einfluss auf die Schnittflächenqualität.

Bezüglich der Prozessparameter machten ARAVIND ET AL. folgende Beobachtungen: Obgleich der Schneidspalt den größten Einfluss auf die Schnittflächenqualität hat, spielen die Niederhalter- und Gegenhalterkräfte ebenfalls eine Rolle, da diese die Druckspannungsverteilung in der Scherzone beeinflussen und einer Biegung des Bleches im Moment des Feinschneidens entgegen wirken. Eine Veränderung der Schnittgeschwindigkeit hat keinen großen Einfluss auf das Feinschneidergebnis, wenngleich eine Zunahme der Kanteneinzughöhe bei höheren Schnittgeschwindigkeiten beobachtet wurde. Dies wurde mit einer effektiveren Behinderung des Werkstoffflusses bei niedrigen Schnittgeschwindigkeiten erklärt. [ARAV20]

Die Klassifizierung der Schwierigkeit einer Feinschneidaufgabe wird maßgeblich durch die Blechstärke festgelegt. Darüber hinaus gelten Stege, Schlitze sowie Eckenradien als bestimmende Elemente für den Schwierigkeitgrad, wobei jeweils das komplexeste Geometrieelement seiner Klasse den Gesamtschwierigkeitsgrad bestimmt.

Der Schwierigkeitsgrad einer Feinschneidaufgabe kann mithilfe des Klassifizierungsschemas der Firma FEINTOOL abgeschätzt werden [FEIN14]. Es ist in Abbildung 2.5 auszugsweise dargestellt.

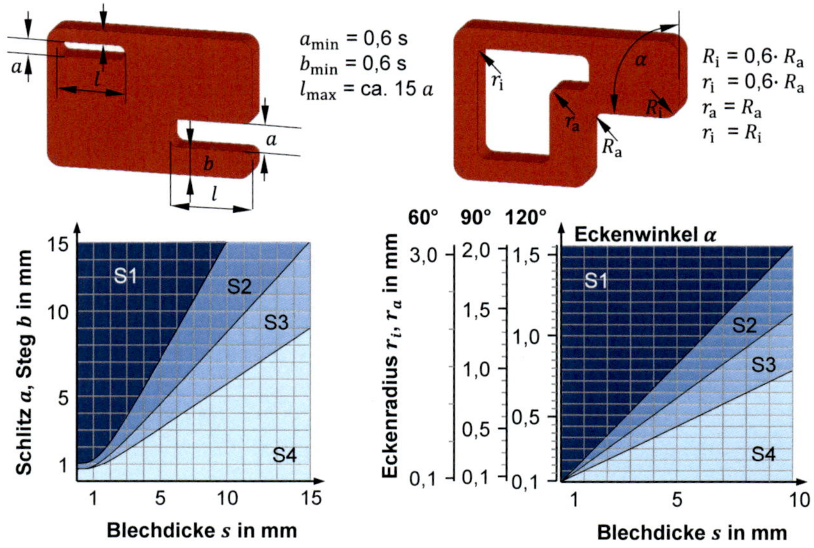

Abbildung 2.5: Abschätzungsschema des Feinschneid-Schwierigkeitsgrades der Firma FEINTOOL [FEIN14]. S1: leicht; S2: mittel; S3: schwierig; S4: sehr schwierig
FEINTOOL company's fine blanking difficulty estimation scheme [FEIN14] S1: easy; S2: medium; S3: difficult; S4: very difficult

Die beim Feinschneiden wirkenden Kräfte können überschlagsmäßig anhand von Handformeln bestimmt werden. Bereits HILBERT [HILB44] nannte als Formel für die Schneidkraft folgenden Zusammenhang:

$$F_S = l \cdot s \cdot \tau_{aB} \tag{2.1}$$

Dabei steht F_S für die Schneidkraft in N, l für die Länge der Schnittlinie in mm, s für die Blechdicke in mm und τ_{aB} für die Scherfestigkeit in MPa. Dieser Zusammenhang setzt sich zusammen aus geometrischen Größen und dem Schneidwiderstand. Damit leitet er sich direkt ab aus dem grundlegenden Zusammenhang

$$\sigma = \frac{F}{A} \tag{2.2}$$

Dabei steht σ für die Spannung in MPa, F für die Kraft in N und A für die Fläche, hier Scherfläche, in mm^2. HILBERT fügt hinzu, dass der Zusammenhang zwischen Scher- und Zugfestigkeit (R_m in MPa) sich wie folgt beschreiben lässt [HILB44]:

$$\tau_{aB} \approx 0{,}8 \cdot R_m \tag{2.3}$$

Hierdurch entsteht die nach ARAVIND geläufige Formel für die Schneidkraft [ARAV20]:

$$F_S = l \cdot s \cdot \tau_{aB} = k_S \cdot l \cdot s = c_1 \cdot R_m \cdot l \cdot s \tag{2.4}$$

Dabei steht k_S für den Schneidwiderstand in N/mm^2. Er beträgt nach KLOCKE [KLOC17]

$$k_S = c_1 \cdot R_m \tag{2.5}$$

Der dimensionslose Korrekturfaktor c_1 beinhaltet eine empirische Abhängigkeit der Schneidkraft von weiteren Werkstoff- und Prozessgrößen. KLOCKE nennt beispielhaft Kohlenstoffgehalt und Bruchdehnung als Werkstoffgrößen sowie Schneidspalt, Werkzeugverschleiß und Schmierung als Prozessgrößen und nennt als Wertebereich $0{,}6 < c_1 < 0{,}9$. Da der genaue Wert aufgrund der Vielzahl an Einflüssen kaum zu ermitteln ist, empfielt KLOCKE die Verwendung der oberen Schranke von $c_1 = 0{,}9$ als Grenzwert der sicheren Seite [KLOC17]. Die qualitative Tendenz der Einflussfaktoren auf den Korrekturfaktor ist in Abbildung 2.6 dargestellt.

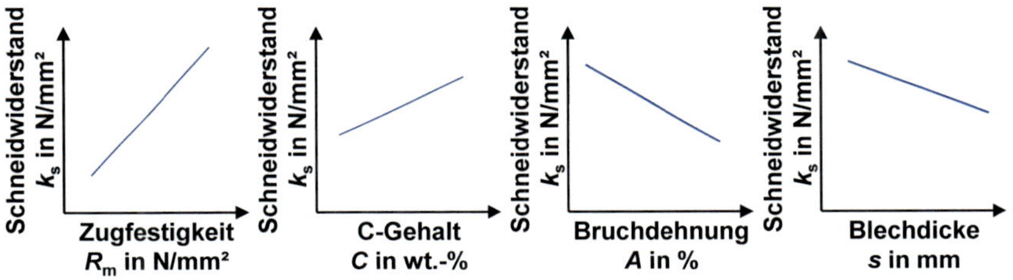

Abbildung 2.6: Qualitativer Verlauf verschiedener Einflussfaktoren auf den Korrekturfaktor nach VOIGTS [VOIG21A] und KLOCKE [KLOC17]
Qualitative course of various factors influencing the correction factor according to VOIGTS [VOIG21A] and KLOCKE [KLOC17]

Die Schneidarbeit berechnet sich wie folgt:

$$W_S = \frac{F_S \cdot h_S \cdot k}{1000} \tag{2.6}$$

Dabei bezeichnet h_S den Schneidweg in mm und k einen dimensionslosen Korrekturfaktor.

Als weitere Prozesskräfte sind Ringzackenkraft F_{RZ} und Gegenhalterkraft F_{GH}, jeweils in N, von Bedeutung. Die Ringzackenkraft ist die Kraft, die nötig ist, um die Ringzacke in den Blechwerkstoff einzupressen, und wird wie folgt festgelegt [ARAV20]:

$$F_{RZ} = f_{RZ} \cdot l_{RZ} \cdot h_{RZ} \cdot R_m \tag{2.7}$$

Dabei steht l_{RZ} für die Länge und h_{RZ} für die Höhe der Ringzacke, jeweils in mm. Der empirische Faktor f_{RZ} hängt von der Geometrie der Ringzacke ab und beträgt für die von der Firma FEINTOOL empfohlene Geometrie $f_{RZ} = 4$ [FEIN14]. Als Richtwert für die Ringzackenkraft nennt Klocke einen Wertebereich von $0{,}3 \cdot F_S < F_{RZ} < F_S$ [KLOC17].

Die Gegenkraft dient dazu, die Durchwölbung des Bleches während des Feinschneidprozesses zu verhindern und den durch den Niederhalter aufgebrachten isostatischen Druckspannungszustand aufrechtzuerhalten. Sie ist der Stempelkraft entgegengesetzt und wird wie folgt festgelegt [ARAV20]:

$$F_{\mathrm{GH}} = A_{\mathrm{q}} \cdot q_{\mathrm{q}} \quad (2.8)$$

A_{q} steht für die Fläche des Feinschnittteiles in mm^2, q_{q} für die spezifische Gegenkraft in $\mathrm{N/mm}^2$. Der Wert für die spezifische Gegenkraft liegt nach Klocke in einem Bereich von $20\,\mathrm{N/mm}^2 < q_{\mathrm{q}} < 70\,\mathrm{N/mm}^2$. Somit wird für die Gegenhalterkraft ein Wertebereich von $0{,}1 \cdot F_{\mathrm{S}} < F_{\mathrm{GH}} < 0{,}2 \cdot F_{\mathrm{S}}$ empfohlen [KLOC17].

Die Stempelkraft ist eine Reaktionskraft. Sie kann mit den bisher genannten Kräften bestimmt werden. Dies gelingt mithilfe des folgenden Zusammenhanges:

$$F_{\mathrm{S}} = F_{\mathrm{St}} - F_{\mathrm{GH}} \quad (2.9)$$

Aufgrund der Vielzahl der Prozesskräfte wird für das Feinschneiden eine dreifach wirkende Presse verwendet. Pressenseitig werden die Nebenkräfte als Kopfkraft (Ringzackenkraft) bzw. Tischkraft (Gegenhalterkraft) aufgebracht. Die hier beschriebenen Zusammenhänge gelten für das Feinschneidsystem des feststehenden Stempels. Das Feinschneiden geschieht hier durch Bewegung der Schneidplatte. Möglich sind jedoch auch Pressensysteme mit bewegten Stempeln [FEIN14].

Beim Feinschneiden nicht korrosionsbeständiger Stahlbleche besteht die Möglichkeit einer Oxidschichtbildung. Dies wird durch eine Erwärmung des Blechs begünstigt [WEIS20]. Eine vorwiegend aus FeO oder Fe_2O_3 bestehende Oxidschicht kann das tribologische System beeinflussen [BARR02]. Die thermischen Wechselwirkungen zwischen den Wirkmedien bilden aufgrund ihrer Komplexität eine separate Forschungsaufgabe, da neben den Medien selbst und ihrer Applikation auch die Beschichtung der Werkzeugaktivelemente eine Rolle spielt. Die genannten Punkte werden daher für diese Forschungsarbeit konstant gehalten.

Es sind Methoden bekannt, um Verschleiß an Feinschneid-Aktivelementen vorherzusagen, etwa mithilfe von Körperschallmessung [UNTE21]. Verschleiß besteht aus einer Überlagerung von Abrasion, Adhäsion, Oberflächenzerrüttung und tribochemischen Effekten, die je nach Konfiguration des tribologischen Systems unterschiedlich stark ausgeprägt sind. So kommt es etwa beim Feinschneiden des hochlegierten Stahls X5CrNi18-10 (1.4301) zu adhäsivem Stempelverschleiß. WELM ET AL. fanden heraus, dass dieser maßgeblich durch den SEEBECK-Effekt ausgelöst wird [WELM20]. TRÖBER widmete dieser Erkenntnis umfassende Untersuchungen und zeigte, dass adhäsiver Stempelverschleiß durch das Anlegen einer Gegenspannung im Werkzeug minimiert werden kann [TROE22]. Andere Stähle neigen eher zu Oberflächenzerrüttung, gefolgt von Kantenausbrüchen. Ein Weg, Werkzeugverschleiß zu minimieren, ist der Einsatz von Hartmetall als Stempelwerkstoff, wie von BAER ET AL. [BAER19] vorgeschlagen und von VOIGTS [VOIG21A] umfassend untersucht wurde. Der erfolgreiche Einsatz von Hartmetall als Stempelwerkstoff bietet Vorteile bezüglich der Werkzeugstandzeit und ermöglicht das Feinschneiden hochfester Stahlwerkstoffe [VOIG21B], erfordert jedoch ein Umdenken der Werkzeugkonstruktion und -fertigung, der Prozessführung und des Streifenlayouts. Da Hartmetall eine hohe Druckfestigkeit, aber eine im Vergleich zu konventionellen pulvermetallurgischen Werkzeugstählen vergleichsweise niedrige

Druck- und Biegestabilität aufweist, kommt es insbesondere beim Abstreifen des Stanzgitters vom Stempel zu Stempelbrüchen. Dies tritt verstärkt bei Biegemomenten im Stempel auf. Somit erfordert der Einsatz von Hartmetall zur Minimierung von Werkzeugbruch ein möglichst symmetrisches Stanzlayout, das sich möglichst mittig im Kraftfluss der Presse befindet.

Die Tribologie des Feinschneidens von 16MnCr5-Stahlblech war bereits Gegenstand der Forschung. Insbesondere RAEDT widmete ihr bereits Untersuchungen [RAED02]. Tribologischer Kontakt zwischen Grund- und Gegenkörper liegt beim Feinschneiden insbesondere zwischen Stempel und Blech vor, namentlich zwischen der Schnittfläche des Stanzgitters und der Mantelfläche des Stempels. Der üblicherweise beschichtete Stempel wird dabei als Grundkörper betrachtet, das Blech als Gegenkörper. Als Zwischenmedium dient beim Feinschneiden regelmäßig ein ölbasierter Schmierstoff, das Umgebungsmedium ist das in der Produktionshalle vorliegende Luftgemisch [CZIC20]. Die die Reibung beschreibende STRIBECK-Kurve [STRI02] mit einer Einteilung der Reibungsbereiche ist in Abbildung 2.7 dargestellt.

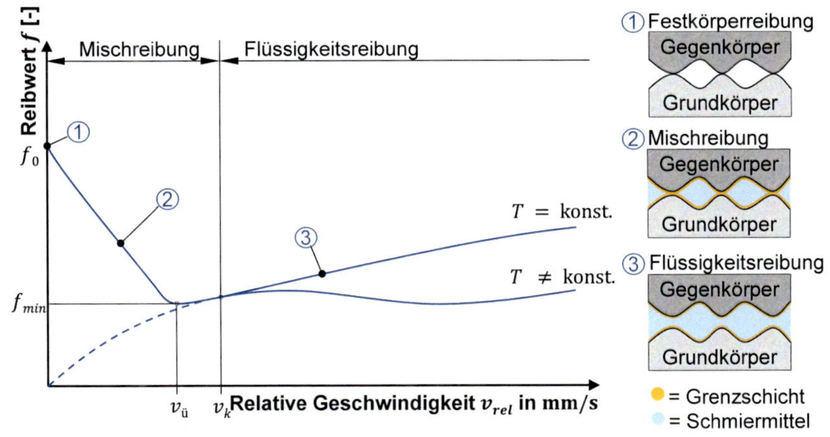

Abbildung 2.7: STRIBECK-Kurve mit Reibungsbereichen nach STRIBECK [STRI02] und TRAUTH [TRAU16]
STRIBECK curve with friction areas according to STRIBECK [STRI02] and TRAUTH [TRAU16]

Der Betriebspunkt beim Feinschneiden befindet sich regelmäßig im Mischreibungsgebiet, da die Schmierung im Allgemeinen nicht ausreichend ist, um über den gesamten Hubweg Flüssigkeitsreibung sicherzustellen. Bei einer Verringerung der Viskosität, wie sie bei einer Erwärmung des Prozesses zu erwarten ist, darf davon ausgegangen werden, dass der Reibwert höher ausfällt.

2.1.2 Ökologische Bilanzierung des Feinschneidens

Life cycle assessment of Fine Blanking

Die zunehmende Bedeutung der Nachhaltigkeit in industriellen Prozessen erfordert ein Werkzeug, diese zu bewerten. Ein solches Werkzeug ist die Ökobilanz. Es ermöglicht die systematische Schätzung der Umweltaspekte und -wirkungen von Produktsystemen über den gesamten Lebenszyklus. Eine Ökobilanz umfasst nach DIN EN ISO 14040 vier Phasen [DINENISO14040]:

In der ersten Phase erfolgt die Festlegung des Ziels und des Untersuchungsrahmens. Von ihrer Definition hängen Systemgrenze und Detaillierungsgrad ebenso ab wie Intention und Anwendungsgebiet der Studie. In Abhängigkeit von der Festlegung des Ziels und des Untersuchungsrahmens können sich Detaillierungsgrad und Zeitrahmen einer Ökobilanz bedeutend unterscheiden. Da eine vollumfängliche Bilanz nicht möglich ist, hat die Methodik notwendigerweise einen relativen Charakter. In der zweiten Phase erfolgt die Sachbilanz. Hier werden Input- und Outputdaten des betrachteten Systems erfasst. In der dritten Phase erfolgt die Wirkungsabschätzung. Hier wird die Bedeutung allfälliger Umweltwirkungen mit Hilfe der Ergebnisse von Phase zwei beurteilt, gefolgt von der Auswertung in der vierten Phase. Diese liefert Ergebnisse, die mit dem in Phase eins festgelegten Ziel und Untersuchungsrahmen übereinstimmen und den relativen Charakter der Ökobilanz widerspiegeln. [DINENISO14040]

Der allgemeine Charakter der DIN EN ISO 14040 erfordert eine Adaptierung auf Produktionsprozesse, um für die vergleichende Beurteilung des Feinschneidens anwendbar zu sein. Eine Herausforderung besteht darin, dass bislang kaum Studien über die Wechselwirkung der verschiedenen Phasen im Lebenszyklus eines Werkzeuges vorliegen [CHIU12]. Auch COOPER ET AL. konstatierten, dass das Werkzeug eine bedeutende Rolle bei der Betrachtung der Umweltauswirkungen spielt [COOP17]. Eine Adaption der Ökobilanzierung zur Bewertung der Zusammenhänge zwischen Fertigung und Umweltauswirkungen legten GRÜNEBAUM ET AL. vor [GRUE19]. Diese adaptierte Methodik betrachtet Werkzeugeigenschaften, Prozessparameter und Prozessvariablen, um ein möglichst detailliertes deskriptives Modell des Werkzeuges zu erzeugen und darauf aufbauend anhand eines Strukturmodelles aufzuzeigen, wie die Fertigungsphase Prozessparameter und Prozessvariablen bedingt. Dieses Strukturmodell wird anschließend um die Fertigungsphase erweitert, um den Einfluss von Fertigungstechnologien auf Werkzeugeigenschaften zu beschreiben. Schließlich werden potenzielle Umweltauswirkungen des Werkzeugs hinzugefügt. Die Ableitung von Handlungsempfehlungen erfordert die Reduktion der Stoff- und Energieströme auf eine gemeinsame Größe, beispielsweise das CO_2-Äquivalent. Anhand des so erzeugten Strukturmodells können Stellgrößen identifiziert werden, anhand derer die Umweltauswirkungen des Werkzeugs beeinflusst werden können.

2.1.3 Zwischenfazit

Intermediate Conclusion

Das Feinschneiden ist ein hochproduktives Fertigungsverfahren und bietet das Potenzial, Bauteile mit hohen Qualitätsanforderungen ohne weitere Arbeitsschritte hervorzubringen. Jedoch hat es eine großen Anzahl von Eingangs- und Ausgangsgrößen mit komplexen Wechselwirkungen. Aufgrund dieser Komplexität ist eine geschlossen analytische Beschreibung des Prozesses nicht möglich. Wesentliche Eingangsparameter bestehen in Art und Zustand des bearbeiteten Werkstoffs. Diesem wird im Folgenden besonderer Augenmerk gewidmet.

2.2 Stahl als Feinschneidwerkstoff

Steel as a fine blanking material

Stahl ist ein vielseitiger Werkstoff. Seine Eigenschaften ermöglichen abhängig von Zusammensetzung und Gefüge eine Einstellung der Eigenschaften je nach Einsatzzweck. Auch zukünftig wird Stahl eine wichtige Rolle im Automobilbau spielen [TAB12]. Aufgrund seiner Bedeutung für die industrielle Fertigung ist auch die Feinschneideignung von Stahl von Interesse. Im Folgenden werden Mikrostruktur und mechanische Eigenschaften von Stahl beschrieben, gefolgt von einer Aufstellung relevanter Werkstoffmodelle für Stahl, die in der Feinschneidtechnik zum Einsatz kommen.

2.2.1 Mikrostruktur und mechanische Eigenschaften von Stahl

Microstructure and mechanical properties of steel

Stahlwerkstoffe sind eisenbasiert und enthalten bis zu 2 % Kohlenstoff sowie gegebenenfalls weitere Legierungselemente [EN10020:2000]. Metallische Werkstoffe im Allgemeinen und Stahl im Besonderen bestehen auf mikroskopischer Ebene aus Kristallgittern. Diese liegen in verschiedenen Orientierungen vor, insbesondere kubisch-raumzentriert (krz, z.B. α-Eisen/Ferrit), kubisch-flächenzentriert (kfz, z.B. γ-Eisen/Austenit) oder hexagonal dichtest gepackt (hdp, z.B. α-Titan). Charakteristisch für das Element Eisen ist dabei, dass es verschiedene Gitterstrukturen annehmen kann [BLEC16].

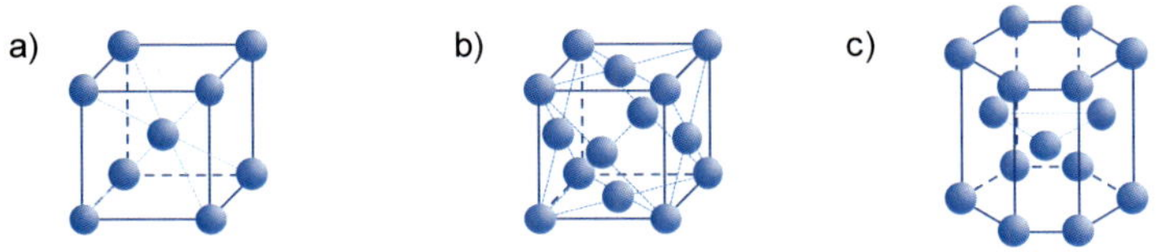

Abbildung 2.8: Verschiedene Elementarzellen metallischer Werkstoffe nach BLECK [BLEC16]: kubisch-raumzentriert (krz) a); kubisch-flächenzentriert (kfz) b); hexagonal-dichtest gepackt (hdp) c)
Different unit cells of metallic materials: body-centered cubic (bcc) a); face-centered cubic (fcc) b); hexagonal close-packed (hcp) c)

Eisen als Grundelement von Stahl kann sowohl kubisch-raumzentriert als sogenannter Ferrit oder α-Eisen als auch kubisch-flächenzentriert als Austenit oder γ-Eisen vorliegen, vgl. Abbildung Abbildung 2.8. Das hexagonal-dichtest gepackte Gitter wird von

Eisen nicht eingenommen und ist daher für diese Arbeit von untergeordneter Bedeutung. Zu beachten ist jedoch, dass Eisen mit dem Gitter auch seine Eigenschaften ändert: so ist ein kubisch-flächenzentriertes Gitter grundsätzlich einfacher umzuformen als ein kubisch-raumzentriertes und dieses wiederum einfacher als ein hexagonal-dichtest gepacktes, da mehr Gleitebenen für die Umformung zur Verfügung stehen. Die vorherrschende Art des Gitters hat unmittelbare Auswirkungen auf die Eigenschaften des Stahles. So sind etwa in Austenit aufgrund seines kubisch-flächenzentrierten Gitters besonders viele Kohlenstoffatome gebunden. Lösen sich diese Bindungen aufgrund von Abkühlung und Umwandlung zu Ferrit mit kubisch-raumzentriertem Gitter und wird durch eine Umformung oder eine besonders schnelle Abkühlung die Kohlenstoffdiffusion verhindert, so werden die nicht im Gitter gebundenen Kohlenstoffatome mechanisch verklemmt. Das so entstandene Gitter ist keine Reinform einer Elementarzelle. Es wird als Martensit bezeichnet und ist gekennzeichnet durch eine höhere Härte, die durch die elastischen Verzerrungen des Gefüges und die hohe Versetzungsdichte entsteht [BLEC16].

Bis zum Erreichen der Fließspannung verhalten sich Stahlkristallgitter elastisch, kehren also nach Wegnahme der Last in ihre Ausgangsform zurück. Bei Überschreiten der Fließspannungsgrenze jedoch erfolgt eine Umordnung des Kristallgitters, die auch nach Wegnahme der Last bestehen bleibt. Diese wird als plastische Deformation bezeichnet und ist in Abbildung 2.9 dargestellt.

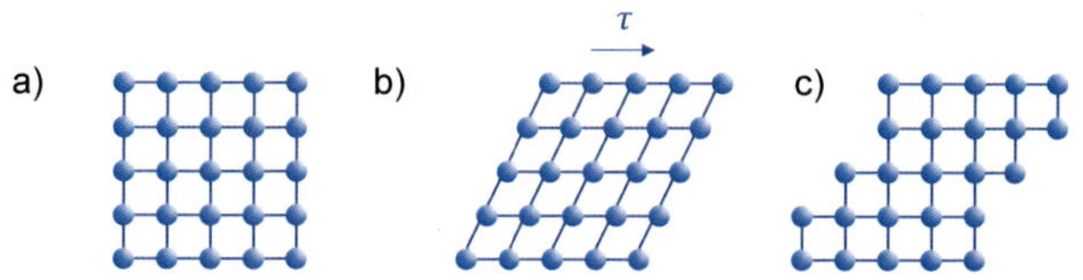

Abbildung 2.9: Ausgangszustand des kubisch-primitiven Gitters a); Dehnung des Gitters unter elastischer Spannung b); bleibende (plastische) Umformung auch nach Ende der Spannung c). Die Darstellung folgt BLECK [BLEC17B]
Initial state of the cubic-primitive lattice a); strain of the lattice under elastic stress b); permanent (plastic) deformation even after the end of the stress c). The representation follows BLECK [BLEC17B]

Umformung geschieht durch mikroskopische Effekte, die in ihrer Summe makroskopische Auswirkungen entfachen. Weitere Effekte im Kristallgitter, die auf makroskopischer Ebene Umformung ermöglichen, sind das Abgleiten von Gitterebenen sowie Zwillingsbildung. Diese sind in Abbildung 2.10 dargestellt.

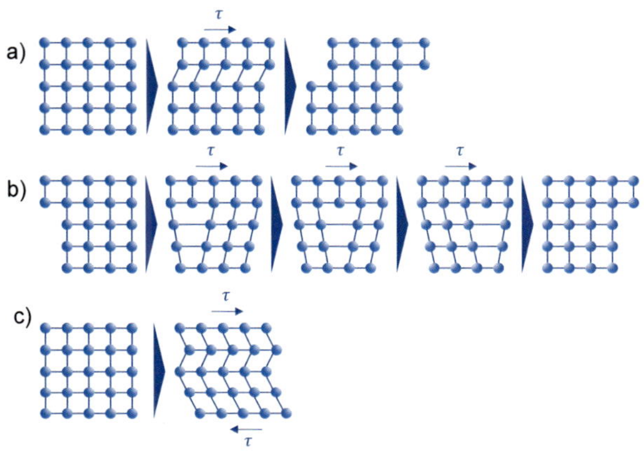

Abbildung 2.10: Umformung durch Gleiten von Gitterebenen a); Umformung durch Versetzungswanderung b); Zwillingsbildung c). Darstellung nach BLECK [BLEC17B] und GOTTSTEIN [GOTT14]
Formation by sliding of lattice planes a); Formation by dislocation movement b); twinning c). The representation follows BLECK [BLEC17B] and GOTTSTEIN [GOTT14]

Die größte Bedeutung hat unter den in Abbildung 2.10 gezeigten Umformmechanismen hat die Wanderung von Versetzungen. Die dazu notwendige mikroskopische Spannung wird als PEIERLS-Spannung bezeichnet [PEIE40]. Da mit zunehmender Temperatur die Schwingung der Atome zunimmt, sinkt die zur Versetzungsbildung nötige PEIERLS-Spannung und damit makroskopisch betrachtet die Streckgrenze des Werkstoffs. Generell erfordert die in Abbildung 2.10 b) dargestellte Wanderung von Versetzungen die geringste Spannung und bildet daher den häufigsten Umformmechanismus. Das in Abbildung 2.10 a) dargestellte Gleiten ganzer Gitterebenen hat einen höheren Spannungsbedarf. Die in Abbildung 2.10 c) dargestellte Zwillingsbildung tritt vergleichsweise selten und vorzugsweise in Stählen mit geringer Stapelfehlerenergie auf, kann aber in dafür entwickelten sogenannten TWIP-(*twinning induced plasticity*, Zwillingsinduzierte Plastizität)-Stählen auch für das Feinschneiden gezielt eingesetzt werden [BABA23]. Diese Umformmechanismen sind jeweils auf einzelne Gefügekörner bezogen und stellen dort einen mikroskopischen Effekt dar. Die Umformung eines makroskopischen Bauteils setzt sich statistisch aus einer Vielzahl solcher mikroskopischen Effekte zusammen. Eine makroskopische Betrachtungsweise wird durch den Begriff der Fließspannung ermöglicht.

Der Betrag der Fließspannung und damit der Beginn plastischen Fließens ergibt sich aus der Fließkurve. Diese leitet sich ab aus dem Spannungs-Dehnungs-Diagramm, das beispielhaft in Abbildung 2.11 dargestellt ist.

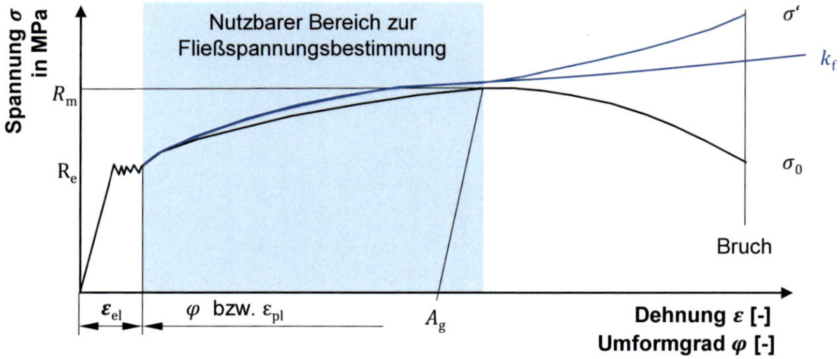

Abbildung 2.11: Spannungs-Dehnungs-Diagramm mit Kennzeichnung der Fließkurve; die Darstellung folgt KLOCKE [KLOC17]
Stress-strain diagram with marking of the flow curve; the representation follows KLOCKE [KLOC17]

Wie in Abbildung 2.11 zu sehen ist, ist die Fließkurve eng mit der Spannungs-Dehnungs-Kurve verwandt. Beim Feinschneiden ist die Ermittlung der Dehnung nichttrivial, da diese in der Scherzone lokal sehr hohe Werte annimmt, global jedoch gering ist [CHEN99]. Die technische Spannung σ_0 bezieht sich auf den Ausgangsquerschnitt der Probe. Dies führt dazu, dass nach dem Bereich der elastischen Deformation, hier mit ausgeprägter Streckgrenze, und dem Spannungsanstieg während der plastischen Deformation ein Abfall der technischen Spannung zu beobachten ist. Dies liegt jedoch an der Einschnürung der Probe im Zugversuch, die dem Bruch vorausgeht, sodass der tatsächliche Probenquerschnitt kleiner wird als der Ausgangsquerschnitt. Im Unterschied zur technischen Spannung bezieht sich die wahre Spannung σ' stets auf den tatsächlichen Probenquerschnitt, berücksichtigt also auch die Einschnürung. Aus der wahren Spannung lässt sich die Fließspannung ableiten. Diese bezieht sich nicht auf die Dehnung nach CAUCHY, sondern auf ihre logarithmische Darstellung, die Dehnung nach HENCKY, auch als Umformgrad bezeichnet [HENC18]. Ihren Anfang hat sie beim Beginn der plastischen Deformation und steigt kontinuierlich an, wie in Abbildung 2.12 zu sehen ist.

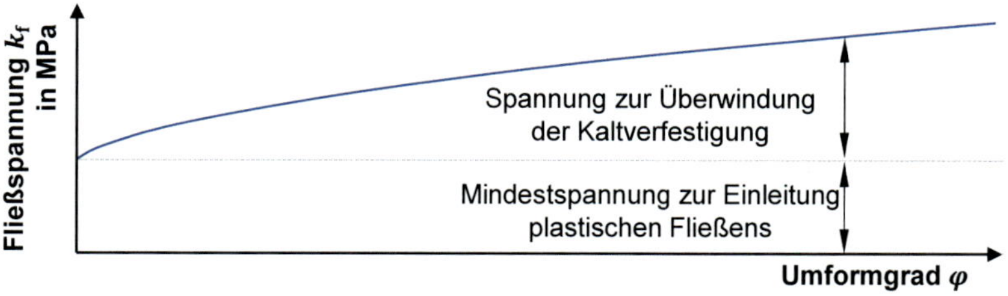

Abbildung 2.12: Fließspannungsanstieg durch Kaltverfestigung nach KLOCKE [KLOC17]
Increasing flow stress with strain hardening acc. to KLOCKE [KLOC17]

Wie in Abbildung 2.12 dargestellt, steigt die Fließspannung mit zunehmendem Umformgrad von ihrem Ausgangswert kontinuierlich an. Dies ist auf Kaltverfestigung zurückzuführen. Metallphysikalisch trifft bei zunehmendem Umformgrad eine zunehmende Anzahl an Versetzungen auf Korngrenzen, was ihre individuelle Wanderung zunächst stoppt. Da dies ein statistischer Vorgang ist und die Anzahl von wanderfähigen Versetzungen mit zunehmendem Umformgrad ansteigt, ist eine höhere Spannung notwendig, um energetisch weniger günstige Gleitsysteme zu aktivieren und die Deformation fortsetzen zu können. Die Feinschneidbarkeit von Stahl ist von einer Vielzahl an Faktoren abhängig. Zu diesen gehören die Zugfestigkeit und Scherfestigkeit, das Streckgrenzenverhältnis, der Kohlenstoffgehalt, das vorherrschende Gefüge, der Glühzustand und die Walzbearbeitung sowie die daraus resultierende Anisotropie. Insbesondere das geglühte Gefüge trägt aufgrund der Vermeidung von lamellarem Zementit zur Feinschneideignung bei. Die endgültigen Eigenschaften erhält der Stahl nach der umformenden Bearbeitung durch eine Einsatzhärtung. In der Möglichkeit, einen nachfolgenden Härteprozess im Wege der Substitution durch direkt feinschneidend bearbeitbaren hochfesten Stahl eliminieren zu können, liegt eines der Nachhaltigkeitspotenziale dieser Forschungsarbeit. Dafür sind jedoch Kenntnisse über die Eigenschaften von Stahl bei erhöhter Temperatur erforderlich.

2.2.2 Eigenschaften von Stahl bei erhöhter Temperatur

Steel properties at elevated temperatures

Bei Temperaturen oberhalb der Raumtemperatur ist das Verhalten des Werkstoffs Stahl auch vor dem Beginn von Schmelzeffekten nicht konstant. Insbesondere zeigt der Schubmodul eine Temperaturabhängigkeit, sodass die Bewegung von Versetzungen erleichtert mit steigender Temperatur erleichtert wird. Zudem nimmt die kritische Spannung zur Bewegung von Versetzungen ab. Auch werden zusätzliche Versetzungsmechanismen wie das Quergleiten von Versetzungen ermöglicht. Durch die ebenfalls thermisch aktivierte Diffusion von Leerstellen durch das Kristallgitter werden das Versetzungskriechen ermöglicht, bei dem Stufenversetzungen ihre Gleitebene wechseln können, außerdem das Diffusionskriechen und die Korngrenzendiffusion. [Smol11]

Zudem laufen bei erhöhter Temperatur Erholungsprozesse ab, mit denen Gitterbaufehler durch Umlagerung von Versetzungen abgebaut werden. Daneben beginnt unter der Voraussetzung einer ausreichend hoher Versetzungsdichte Rekristallisation und Kornvergrößerung, wobei sich das Kristallgitter neu ausbildet und anschließend aus neu gebildeten, größeren und versetzungsarmen Körnern besteht. [Smol11]

Thimm konstatierte, dass die Temperatur- und Dehnratenabhängigkeit metallischer Werkstoffe unterhalb eines Temperaturbereiches von $T \approx 0{,}3 \ldots 0{,}4 \cdot T_S$ (also ca. $T \approx 550 \ldots 600\ °C$) durch thermisch aktivierte Versetzungsbewegungen und ihre Wechselwirkungen mit kurzreichenden Hindernissen bestimmt wird. Diese müssen von gleitfähigen Versetzungen überwunden werden. Weitreichende Hindernisse werden hingegen durch Korn- oder Phasengrenzen erzeugt und können nicht durch thermische Aktivierung überwunden werden. [Thim19]

Zur Beschreibung dieses Verhaltens konstatierte THIMM, dass die Fließspannung aus einem thermischen und einem athermischen Anteil besteht [THIM19]:

$$k_{\mathrm{f}} = \sigma_{\mathrm{the}} + \sigma_{\mathrm{ath}} \tag{2.10}$$

Abgesehen von der Temperaturabhängigkeit des Schubmoduls [SMOL11] gibt es im athermischen Anteil keine Temperatur- oder Dehnratenabhängigkeit. Dieser Anteil wird durch die Wechselwirkung von Versetzungen mit weitreichenden Spannungsfeldern bestimmt. Für eine Versetzungsbewegung notwendige Spannungen müssen durch äußere mechanische Spannung aufgebracht werden.

Der thermische Spannungsanteil ist direkt von der Temperatur abhängig. Durch thermische Aktivierung erhöht sich die Schwingung der Atome, sodass die Überwindung kurzreichender Versetzungshindernisse begünstigt wird. Mit zunehmender Temperatur verringert sich die zur Versetzung aufzubringende mechanische Spannung, da die Überwindung der kurzreichenden Versetzungshindernisse durch die zunehmende Gitterschwingung erleichtert wird. [THIM19]

Dieser Effekt wird im Folgenden als thermische Entfestigung bezeichnet. Er ist in Abbildung 2.13 dargestellt.

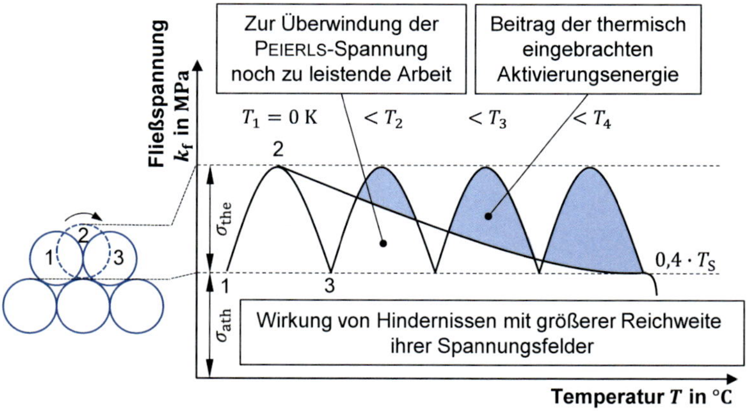

Abbildung 2.13: Abhängigkeit der Fließgrenze von der Temperatur für ein kubisch flächenzentriertes Gitter nach THIMM [THIM19]
Dependence of the yield point on the temperature for a face-centered cubic lattice according to THIMM [THIM19]

Oberhalb eines Temperaturbereiches von $T \approx 0{,}3 \ldots 0{,}4 \cdot T_{\mathrm{S}}$ (also ca. $T \approx 550 \ldots 600$ °C) können Stufenversetzungen ihre Gleitebenen durch Klettern verlassen, da eine Leerstellendiffusion ermöglicht wird. Dies hat eine metallphysikalische Entfestigung zur Folge, da die Mobilität der Versetzungen deutlich gesteigert wird [THIM19].

Vorab eingestellte Stahlgefüge verlieren aufgrund dieses Effektes ihre Eigenschaften. Aus diesem Grund wird eine Erwärmung über diese Grenze hinaus für die Anwendung im erwärmten Feinschneiden als nicht relevant betrachtet. Darüber hinaus konstatierte

Thimm, dass die Temperatur- und Dehnratenabhängigkeit bei kubisch flächenzentrierten Gittern stärker ausgeprägt ist [THIM19]. Dies ist in Abbildung 2.14 dargestellt.

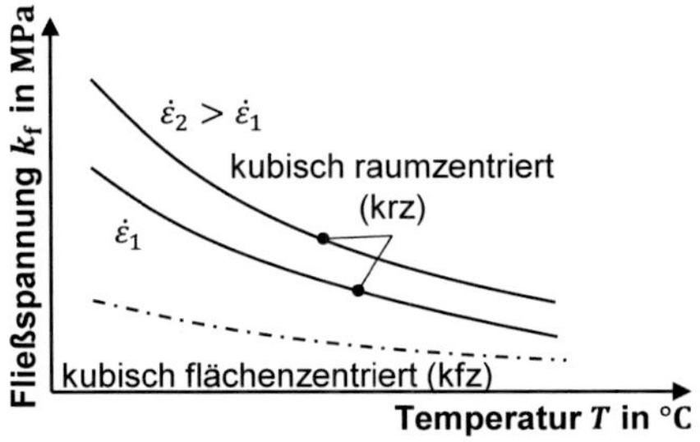

Abbildung 2.14: Abhängigkeit der Fließspannung von kubisch raumzentrierten und kubisch flächenzentrierten Kristallgittern bei unterschiedlichen Dehnraten als Funktion der Temperatur nach THIMM [THIM19]
Dependence of the flow stress of body-centered cubic and face-centered cubic crystal lattices at different strain rates as a function of temperature according to THIMM [THIM19]

Ein weiterer temperaturaktivierter Effekt ist die dynamische Reckalterung. Sie kann nach DOEGE ET AL. einen Wiederanstieg der Fließspannung bei Temperaturen zwischen $T = 200\ °C$ und $T = 400\ °C$ bewirken. Dieser Effekt wird mit der thermisch aktivierten Diffusion von Zwischengitteratomen, insbesondere Kohlenstoff, an Versetzungen und der Bildung von COTTRELL-Wolken identifiziert [DOEG07]. Auch KROMOSER postulierte, dass die Fließspannung grundsätzlich mit zunehmender Temperatur abnimmt, mit Ausnahme der phänomenologisch aufgrund der bläulichen beziehungsweise rötlichen Anlassfarbe als Blausprödigkeit und Rotbrüchigkeit [DOEG07] bezeichneten Temperaturbereiche, die für un- und niedriglegierte Stähle bei $200 - 500\ °C$ bzw. $800 - 900\ °C$ liegen [KROM17]. EL-MAGD und TREPPMANN beschrieben die Notwendigkeit der Berücksichtigung von dynamischer Reckalterung bei der dehnratenabhängigen Beschreibung der Fließkurven von Vergütungsstahl für erhöhte Temperaturen [MAGD22].

COTTRELL-Wolken wurden erstmals beschrieben von COTTRELL und BILBY und bezeichnen die Ablagerung von Fremdatomen an Versetzungen. Dabei kann es sich um Kohlenstoff oder Stickstoff handeln, jedoch ist Kohlenstoff in Stahl definitionsgemäß stets vorhanden und daher in diesem Zusammenhang von größerer Bedeutung [COTT49]. Durch höhere Temperatur, also größere kinetische Energie, sind Kohlenstoffatome in der Lage, die Energiebarriere zu überwinden und so zu anderen Gitterplätzen zu gelangen.

Die Diffusion in Festkörpern lässt sich nach VINEYARD mithilfe des folgenden Zusammenhanges beschreiben:

$$\Gamma = \tilde{\nu} \cdot \mathrm{e}^{-\frac{\Delta E}{\mathrm{k_B} \cdot T}} \tag{2.11}$$

Dabei bezeichnet $\tilde{\nu}$ die von Atomabstand, Sprungfrequenz und Anteil der vakanten Gitterplätze abhängige mittlere thermische Geschwindigkeit der Teilchen in $\mathrm{m^2/s}$, ΔE die zu überwindende Energiedifferenz in J, $\mathrm{k_B}$ die BOLTZMANN-Konstante in $\mathrm{J/K}$ und T die Temperatur in K. Der Diffusionsprozess ist thermisch aktiviert und durch Schwingung der Atome ausgelöst. [VINE57]

Wenn durch das Gitter diffundierende C-Atome auf Versetzungen stoßen, lagern sie sich aufgrund des dort herrschenden Spannungszustandes in unmittelbarer Nähe ab und formen COTTRELL-Wolken. Die Beschreibung der COTTRELL-Wolken ermöglichte die metallphysikalische Erklärung des PORTEVIN-LE CHATELIER-Effektes [COTT53]. BLECK beschrieb COTTRELL-Wolken als Anreicherungen oder Ausscheidungen im Nano-Bereich [BLEC16]. COTTRELL-Wolken erschweren das Wandern der Versetzungen, was sich in einem Wiederanstieg der Fließspannung zeigt. Die durch Alterung hervorgerufene Wiederkehr einer ausgeprägten Streckgrenze kann bei Stählen gezielt zur kontrollierten Kohlenstoffalterung genutzt werden und wird dann als BAKE-HARDENING-Effekt bezeichnet [BLEC22]. Eine schematische Darstellung dieses Effektes findet sich in Abbildung 2.15.

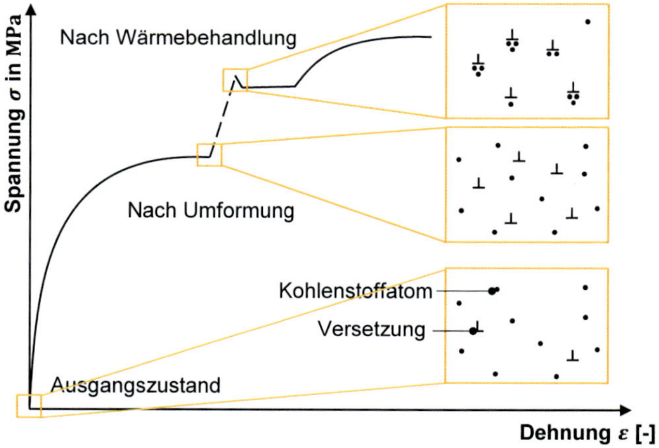

Abbildung 2.15: Schematische Darstellung des Bake-Hardening-Effektes. Die Darstellung folgt BLECK [BLEC22] und GOTTSTEIN [GOTT14]
Schematic representation of the bake-hardening effect. The figure follows BLECK [BLEC22] and GOTTSTEIN [GOTT14]

Es existieren einige Anhaltspunkte, die es ermöglichen, dynamische Reckalterung nachzuweisen. Dazu gehören neben dem Wiederanstieg der Fließspannung die Beobachtung des PORTEVIN-LE CHATELIER-Effektes bei Zugversuchen mit sehr geringen Dehnraten sowie die Beobachtung negativer Dehnratensensitivität. Dass dynamische Reckalterung bei 16MNCR5 prinzipiell auftreten kann und bei diesem Stahl weitgehend unabhängig vom Gefüge ist, wurde bereits beschrieben [MARD18]. Der Reckalterungsbereich liegt für ferritisch-perlitische Stähle zwischen $T = 200\ °\mathrm{C}$ und $T = 400\ °\mathrm{C}$ [ALTE05].

Das Phänomen der dynamischen Reckalterung wurde von COTTRELL [COTT49] und von BLECK [BLEC16] vorrangig für α-Eisen, also Ferrit, beschrieben. Dies steht in Zusammenhang mit der Beobachtung, dass die Löslichkeit von C-Atomen in γ-Fe wesentlich höher ist als in α-Fe, da die Gitterlücken des krz-Gitters kleiner sind als die des kfz-Gitters [GOTT14]. Insbesondere wurde Reckalterung in ferritischen Stählen bereits beobachtet in Stählen mit niedrigem Kohlenstoffgehalt [LAVA01], in unlegiertem Baustahl S275JR (1.0044/St 44-2) [BRNI13], in unlegiertem Vergütungsstahl C22 (1.4020/AISI 1020) [GILA97], in *bake-hardening*-Stahl mit niedrigem Kohlenstoffgehalt [DE99], sowie in den hochlegierten nichtrostendem Stählen X6Cr17 (1.4015/AISI430) [BUON98] und X6Cr13 (1.4000/AISI 403) [GUPT00].

Austenit ist nicht kubisch-raumzentriert, sondern kubisch-flächenzentriert. Dennoch wurde Reckalterung auch vereinzelt bei austenitischen Stählen festgestellt, so bei X2CrNiMoN17-13-2 (1.4429/AISI 316LN) durch VALSAN [VALS10], HONG [HONG04] und PENG [PENG04] oder bei X10CrNi18-8 (1.4310/AISI301/AISI302) und X4CrNi18-12 (1.4303/AISI 305) von RATHBUN [RATH00].

Auch verschiedene Nichteisen-Metalle zeigen einen Reckalterungseffekt. Dieser wurde insbesondere beschrieben für Al-Mg-Si- und Al-Cu-Legierungen von CAI [CAI04], BALÍK [BALÍ00] und GRAFF [GRAF04], in Incoloy MA956 von EL-AZIM [AZIM97] sowie in Ti-Al von MORRIS [MORR96].

2.2.3 Werkstoffmodelle für Stahl in der Feinschneidtechnik

Flow Models in Forming Technology

Zentral für die Simulation von umformenden Trennprozessen sind Modelle für das Fließ- und Schädigungsverhalten des umgeformten Werkstoffes. Ein Fließmodell bestimmt den Beginn plastischen Fließens in Abhängigkeit von Temperatur, Dehnung und Dehnrate, im Fall des Feinschneidens also den Beginn der gewünschten plastischen Formänderung. Zusätzlich ist ein Schädigungsmodell nötig, um die Werkstofftrennung und die Bruchfläche gegen Ende des Feinschneidprozesses abzubilden.

Von grundlegender Bedeutung für die Umformtechnik sind die Fließkurvenmodelle nach LUDWIK, VOCE, HOLLOMON und SWIFT [JOUN22]. Die HOLLOMON-Gleichung zur Modellierung der Fließspannung ist in Gleichung (2.12) dargestellt. Darauf aufbauend folgen die Potenzansätze nach VOCE (2.13), SWIFT (2.14), LUDWIK (2.15), GOSH (2.16) und HOCKETT-SHERBY (2.17).

$$k_{\mathrm{f,H}}(\varphi) = a_{\mathrm{H}} \cdot \varphi^{b_{\mathrm{H}}} \tag{2.12}$$

$$k_{\mathrm{f,V}}(\varphi) = b_{\mathrm{V}} - (b_{\mathrm{V}} - a_{\mathrm{V}}) \cdot e^{-c_{\mathrm{V}} \cdot \varphi} \tag{2.13}$$

$$k_{\mathrm{f,S}}(\varphi) = b_{\mathrm{S}} \cdot (c_{\mathrm{S}} + \varphi)^{b_{\mathrm{S}}} \tag{2.14}$$

$$k_{\mathrm{f,L}}(\varphi) = a_{\mathrm{L}} + b_{\mathrm{L}} \cdot \varphi^{c_{\mathrm{L}}} \tag{2.15}$$

$$k_{f,G}(\varphi) = b_G \cdot (c_G + \varphi)^{b_G} + e \tag{2.16}$$

$$k_{f,HS}(\varphi) = b_{HS} - (b_{HS} - a_{HS}) \cdot e^{-c_{HS}\cdot\varphi^{d_{HS}}} \tag{2.17}$$

Dabei steht $k_{f,X}$ für die Fließspannung nach dem jeweiligen Modell, a_X, b_X, c_X und d_X sind werkstoffabhängige Parameter und φ bezeichnet den Umformgrad. Diesen Modellen ist gemein, dass sie lediglich die Verfestigung beschreiben. Die einzige enthaltene Variable ist der Umformgrad φ. Damit eignen sie sich vorwiegend für die Kaltumformung, da sie insbesondere keinen Temperaturterm beinhalten [FEUE14]. Auch eine Dehnratenabhängigkeit findet sich nicht. Eine Abhängigkeit der Fließspannung von Temperatur und Dehnrate beinhalten insbesondere die Modelle nach JOHNSON und COOK [JOHN85] bzw. nach HENSEL und SPITTEL [HENK11]. Beide Modelle sind unterschiedlich formuliert, zeigen aber im für das Feinschneiden relevanten Bereich von Dehnung, Dehnrate und Temperatur einen ähnlichen Verlauf. Die Fließmodelle nach JOHNSON und COOK bzw. nach HENSEL und SPITTEL sind in Gleichung (2.18) bzw. Gleichung (2.19) dargestellt.

$$k_{f,JC}(\varepsilon, \dot{\varepsilon}, T) = \left[a_{JC} + b_{JC} \cdot \varepsilon_{pl}^{n_{JC}}\right] \cdot \left[1 + c_{JC} \cdot ln\left(\frac{\dot{\varepsilon}}{\dot{\varepsilon}_0}\right)\right] \cdot \left[\left(1 - \left(\frac{T - T_{ref}}{T_{Mp} - T_{ref}}\right)^{m_{JC}}\right)\right] \tag{2.18}$$

$$k_{f,HS}(\varepsilon, \dot{\varepsilon}, T) = a_{HS} \cdot \varepsilon^{c_{HS}} \cdot e^{\frac{e_{HS}}{\varepsilon}} \cdot \dot{\varepsilon}^{d_{HS}} \cdot e^{b_{HS}\cdot T} \tag{2.19}$$

Dabei bezeichnet ε die Dehnung, ε_{pl} die plastische Dehnung (beide dimensionslos), $\dot{\varepsilon}$ in $1/s$ die Dehnrate, $\dot{\varepsilon}_0$ in $1/s$ die Referenz-Dehnrate, T die Temperatur in K, T_{Mp} die Schmelztemperatur des Werkstoffes in K, T_{ref} die Referenztemperatur in K und a_X, b_X, c_X, d_X, e_X (jeweils in MPa sowie m_x und n_x (beide dimenstionslos) werkstoffabhängige Parameter. Beide Modelle werden regelmäßig für die Simulation des Feinschneidens eingesetzt und liefern bei Raumtemperatur ausreichend gute Ergebnisse. Im Temperaturterm beider Modelle wird eine Abnahme der Fließspannung infolge thermischer Entfestigung modelliert. Andere Effekte finden jedoch keine Beachtung. Die einzelnen Terme sind über Multiplikation miteinander verknüpft. Die Terme beeinflussen sich nicht durch gegenseitige Wechselbeziehungen. Somit sind beide Modelle durch einen entkoppelten Ansatz gekennzeichnet [THIM19]. Durch diese modularisierte Darstellung eignen sie sich gut für die Anpassung einzelner Terme [DAHM10].

MEYER ET AL. stellten fest, dass die Modelle nach HODGSON, HAJDUK, HENSEL und SPITTEL, CINGARA und VOCE für Hochtemperaturanwendungen nur bedingt geeignet sind. Sie schlugen vor, die bestehenden Modelle faktoriell zu verfeinern, um von ihnen beobachtete Nichtlinearitäten bei Hochtemperaturumformungen austenitischer Stähle zu modellieren [MEYE97].

Dass die Fließmodelle nach JOHNSON und COOK bzw. nach HENSEL und SPITTEL die Fließspannung bei hohen Temperaturen nicht ausreichend genau modellieren, stellte für das Zerspanen HOPPE fest [HOPP04]. TREPPMANN [TREP01] formulierte sehr genaue stückweise Modelle für das Fließverhalten metallischer Werkstoffe, namentlich Ck45, AA7075 und TiAl6V4. Aufgrund der nicht parametrierten Darstellungsform sind diese jedoch nur für die genannten Werkstoffe anwendbar. Auch bei TREPPMANN entstammt die Modellierung jedoch der Einsicht, dass das Modell nach JOHNSON und COOK aufgrund der einfachen Temperaturmodellierung nur in engen Grenzen zu zufriedenstellenden Ergebnissen führt. SARTKULVANICH [SART07] schlug eine Modifikation des JOHNSON-COOK-Modells (2.18) für Werkstoffe mit Blausprödigkeits-Verhalten vor. Diese ist in (2.22) wiedergegeben.

$$k_{\mathrm{f,Sa}}(\varepsilon,\dot{\varepsilon},T) = \left[\mathrm{a_{Sa}} \cdot \varepsilon_{pl}^{n_{\mathrm{x}}}\right] \cdot \left[1 + \mathrm{b_{Sa}} \cdot ln\left(\frac{\dot{\varepsilon}}{\dot{\varepsilon}_0}\right)\right] \cdot \left[\left(\left(\frac{T_{\mathrm{Mp}} - T}{T_{\mathrm{Mp}} - T_{ref}}\right) + \mathrm{c_{Sa}} e^{-0{,}00005 \cdot (T-700)^2}\right)\right] \tag{2.20}$$

SARTKULVANICH stellte somit fest, dass Dehnungs- und Dehnratenterm des JOHNSON-COOK-Modells auch bei hohen Temperaturen ausreichend gute Ergebnisse liefert, und modifizierte lediglich den Temperaturterm. Zu ähnlichen Überlegungen gelangten LIAN ET AL. [LIAN20]. Im April 2020 haben folgerichtig SHEN, MÜNSTERMANN und LIAN ein temperaturabhängiges Materialmodell mit Modellierung der dynamischen Reckalterung vorgestellt [SHEN20]. Dieses ist bislang noch nicht für die Feinschneidsimulation eingesetzt worden, da bei der Betrachtung des Feinschneidens bei Raumtemperatur die Modelle nach JOHNSON und COOK sowie nach HENSEL und SPITTEL hinreichend genaue Ergebnisse liefern.

Im SHEN-MÜNSTERMANN-LIAN-Modell erfolgt die Beschreibung der Reckalterung mithilfe eines angepassten Temperaturterms. Der Temperaturterm wird dabei zu einer Referenzspannung multipliziert, die alle weiteren Effekte, etwa Dehnungs- und Dehnratenabhängigkeit, enthalten kann.

$$\sigma_{\mathrm{T}} = \sigma_{\mathrm{ref}} \cdot f(T) \tag{2.21}$$

Die Temperaturmodellierung $f(T)$ teilt das thermische Verhalten der Fließspannung in einen Term für die thermische Entfestigung (*thermal softening*, TS) und einen Term für die dynamische Reckalterung (*dynamic strain aging*, DSA) auf. Letzteres Phänomen ist in den Modellen nach JOHNSON und COOK sowie nach HENSEL und SPITTEL nicht modelliert.

$$f(T) = f_{\mathrm{TS}}(T) + f_{\mathrm{DSA}}(T) \tag{2.22}$$

Die Modellierung der thermischen Entfestigung geschieht ähnlich zur Temperaturmodellierung nach HENSEL und SPITTEL.

$$f_{\mathrm{TS}}(T) = \mathrm{C}_1 \cdot e^{-\mathrm{C}_2 \cdot T} + \mathrm{C}_3 \tag{2.23}$$

Die dynamische Reckalterung kann nach SHEN, MÜNSTERMANN und LIAN mithilfe eines GAUSS-Terms modelliert werden.

$$f_{\mathrm{DSA}}(T) = \mathrm{C}_4 \cdot e^{-\left(\frac{T-\mathrm{C}_5}{\mathrm{C}_6}\right)^2} \tag{2.24}$$

Somit ergibt sich für die Temperaturmodellierung nach SHEN, MÜNSTERMANN und LIAN der folgende Ausdruck:

$$\sigma_\mathrm{T} = \sigma_\mathrm{ref} \cdot \left(\mathrm{C}_1 \cdot e^{-\mathrm{C}_2 \cdot T} + \mathrm{C}_2 + \mathrm{C}_4 \cdot e^{-\left(\frac{T-\mathrm{C}_5}{\mathrm{C}_6}\right)^2} \right) \tag{2.25}$$

Dabei ist σ_T die temperaturabhängige Spannung in MPa und σ_ref eine Referenzspannung bei Raumtemperatur in MPa. In σ_ref kann darüber hinaus eine Dehnungs- und Dehnratenabhängigkeit enthalten sein. C_1 bis C_6 sind werkstoffabhängige Parameter.

Neben Fließmodellen ist beim Feinschneiden aufgrund der prozessimmanenten Werkstofftrennung die Verwendung eines Schädigungsmodelles geboten. Dabei ist zu beachten, dass Schädigung kein Bauteilversagen bezeichnet, sondern einen mikroskopischen Vorgang im Werkstoffgefüge, der freilich den Ausgangspunkt für Bauteilversagen bilden kann. Die bekannten Schädigungsmodelle teilen sich nach RÜF ET AL. in makro- und mikroskopische Modelle [RUEF04]. Den makroskopischen Modellen nach COCKROFT und LATHAM, OYANE, BROZZO, RICE-TRACEY etc. ist dabei der Vergleich der vorherrschenden Spannung mit einer Vergleichsspannung gemein. Ein Überschreiten der Vergleichsspannung führt zu Materialtrennung. Daneben ist eine Einteilung nach Modellierungsansätzen gebräuchlich. Ungekoppelte Modelle konstatieren Schädigung bei Überschreiten eines Schädigungskriteriums, das als solches das Werkstoffverhalten nicht beeinflusst. Gekoppelte Schädigungsmodelle hingegen ermöglichen die Beeinflussung des Werkstoffverhaltens, insbesondere von Kaltverfestigung und Elastizitätsmodul, durch das Schädigungskriterium [TEKK20]. Ein Standard in der Umformtechnik ist das in Gleichung (2.26) dargestellte Schädigungskriterium nach COCKROFT-LATHAM [ANDR17].

$$D_\mathrm{krit} = \int_0^{\varphi_\mathrm{V}} \frac{\sigma_1}{\sigma_\mathrm{V}} \mathrm{d}\varphi_\mathrm{V} \tag{2.26}$$

σ_1 in $\mathrm{N/mm^2}$ bezeichnet dabei die Hauptspannung, σ_V in $\mathrm{N/mm^2}$ die Vergleichsspannung und φ_V in $\mathrm{N/mm^2}$ den Vergleichsumformgrad.

Darüber hinaus haben etwa BIGLARI ET AL. einen erfolgreichen simulativen Vergleich zwischen Scher- und Feinschneiden auf Basis des FREUDENTHAL-CLIFT-Kriteriums vorgelegt. Dabei zeigte sich eine deutlich höhere Neigung zur Rissbildung im Vergleich zum Kriterium der maximalen Vergleichsformänderung [BIGL04]. ZHAO ET AL. hingegen befanden die Kriterien nach OH-COCKROFT-LATHAM, MCCLINTOCK, RICE-TRACEY und FREUDENTHAL als bedingt geeignet für die Rissvorhersage im Feinschneidprozess und entwickelten ein neues Modell auf Basis des Modells nach RICE-TRACEY [ZHAO08]. Jedoch sind die Maxima der Prozesskräfte unabhängig von der Betrachtung der Schädigung, da diese zu Beginn des Feinschneidvorgangs auftreten [GRAM11]. Da die maximalen Prozesskräfte im Fokus der vorliegenden Arbeit stehen, ist die Wahl eines Schädigungskriteriums daher von untergeordneter Bedeutung.

2.2.4 Zwischenfazit

Intermediate Conclusion

Stahl ist grundsätzlich als Werkstoff für die Blechumformung und -trennung gut geeignet. Es bestehen jedoch gefügeabhängige Unterschiede zwischen unterschiedlichen Stahlklassen bezüglich ihrer Umformeignung. Die Fließspannung ist in verschiedenen makroskopischen Modellen beschreibbar, die sich aus mikromechanischen Effekten bestehenden makroskopischen Zusammenhänge zusammensetzen. Die bislang für das Feinschneiden überwiegend verwendeten Fließmodelle nach JOHNSON und COOK sowie nach HENSEL und SPITTEL sind jedoch für Hochtemperaturanwendungen nur bedingt geeignet. Eine neben der thermischen Entfestigung auch die dynamische Reckalterung modellierende Temperaturformulierung wurde von SHEN, MÜNSTERMANN und LIAN vorgestellt.

2.3 Thermisch unterstützte Blechtrennung

Thermally supported sheet metal separation

In diesem Unterkapitel wird der Stand der Erkenntnisse in Bezug auf die thermisch unterstützte Blechtrennung untersucht. Auch auf die in Frage kommenden Methoden der Blecherwärmung wird eingegangen. Ein Zwischenfazit schließt das Unterkapitel.

2.3.1 Wirkmechanismen thermisch unterstützter Blechtrennung

Acting mechanisms of thermally supported sheet metal separation

In Kapitel 1 wurde dargelegt, dass eine Reduktion der Prozesskräfte beim Feinschneiden bei gleichbleibend hoher Produktqualität wünschenswert ist. Zwar ist es möglich, beim Normalschneiden durch konstruktive Maßnahmen wie Schräg- oder Dachschliffe der Stempelkanten Kraftpeaks abzuschwächen [MACK10]. Vergleichbare Möglichkeiten bestehen beim Feinschneiden jedoch nicht. Eine Reduktion der Prozesskräfte oder Verbesserung der Umformbarkeit ist somit nur durch Einbringung von zusätzlicher Energie [KANT12] in Form einer Hybridisierung möglich [BREC11].

Höherfeste Stähle weisen ein anderes Formänderungsvermögen und Rückfederungsverhalten auf als konventionelle Feinschneidstähle. Die Einbringung von Wärme in den Prozess steigert das Formänderungsvermögen und ermöglicht eine Verringerung der Prozesskräfte [GEIG07]. Infolgedessen wird eine höhere Formänderung ermöglicht [NEUG09] und die Rückfederung verringert [YANA05]. Eine wesentliche Herausforderung beim Feinschneiden von höherfesten Stählen ist die Werkzeuglebensdauer. Diese hängt maßgeblich vom Spannungszustand während des Prozesses ab [GRAM11]. Somit führt ein günstigerer Spannungszustand während des Feinschneidens zu einer erhöhten Werkzeuglebensdauer.

MORI ET AL. untersuchten das dem Feinschneiden verwandte Verfahren des Normalschneidens mit Unterstützung durch lokale Widerstandserwärmung an den hochfesten Stählen der japanischen Stahlklassen SPFC980 und SPFC440 (entspricht HC300LA, Werkstoffnummer 1.0489) bei hohen Blechtemperaturen an einer Rundgeometrie und erreichten bei einer Blechtemperatur von $T = 1.070\ °C$ mit einem Schneidspalt von $u_S = 6\ \%$ bzw. $u_S = 0{,}5\ \%$ der Blechdicke eine dem Feinschneiden vergleichbare Schnittfläche mit nahezu vollständigem Glattschnitt. Jedoch beobachteten sie eine Zunahme von Kanteneinzug und Grat. Sie erklärten dies mit der temperaturbedingt abnehmenden Festigkeit des Blechs [MORI08]. Bereits bei $T = 800\ °C$ konnte eine Schneidkraftreduktion um 80 % erreicht werden [MORI12]. Auch EMONTS untersuchte das Normalschneiden mit Laserunterstützung [EMON10]. Dabei konzentrierte er sich auf verschiedene einfache Lochgeometrien und Blechdicken bis $s \leq 3\ \mathrm{mm}$. Als Versuchswerkstoffe verwendete er X5CRNI18-10 (1.4301), TIAL6V4 (3.7035), CK75 (1.1248) und X10CRNI18-8 (1.4310). Durch eine lasergestützte gezielte Erwärmung der Scherzone auf Temperaturen oberhalb der Rekristallisationstemperatur des jeweiligen Versuchswerkstoffes gelang es ihm, die Schneidkräfte um bis zu 70 % zu reduzieren und zusätzlich den Kanteneinzug zu reduzieren, wodurch er zugleich eine Steigerung des Glattschnittanteils erzielen konnte. SO ET AL. untersuchten das Normalschneiden von 22MNB5 (1.5528) bei erhöhten Temperaturen sowohl experimentell als auch simulativ und konnten einen direkten Zusammenhang zwischen den Eingangsgrößen Temperatur und Schneidspalt sowie den Ausgangsgrößen Schnittflächenqualität und Prozesskraft herstellen. Sie fanden heraus, dass die Schneidkraft exponentiell mit zunehmender Blechtemperatur abnimmt und bei größeren Schneidspalten geringer ist. Zudem gelang bei höheren Temperaturen die Ausprägung höherer Schnittflächenqualitäten in der Kategorie des Glattschnittanteils. Auch hier wurde als zweiter entscheidender Faktor der Schneidspalt benannt. Jedoch bleibt festzuhalten, dass die Schnittflächenqualität nach den Erkenntnissen von SO ET AL. sich bei gleichbleibendem Schneidspalt mit steigender Temperatur verbessert. Gleichwohl erkannten sie eine zunehmende Schrumpfung der Schnittteile bei hohen Blechtemperaturen. Für den Werkstoff 22MNB5 konnten sie eine Blechtemperatur von $T = 550\ °C$ als geeignet identifizieren, um möglichst gute Schnittflächenqualität bei geringer Schneidkraft zu erzielen [SO12].

DEMMEL untersuchte die Blitztemperatur an der Stempelschneidkante beim Normalschneiden. Dabei stellte er fest, dass eine höhere Schnittgeschwindigkeit zu einer höheren Temperatur an der Stempelkante führt [DEMM14].

Somit liegen Arbeiten zum Normalschneiden mit Blecherwärmung vor. Zwischen den Verfahren Normalschneiden und Feinschneiden bestehen jedoch Unterschiede, insbesondere in Bezug auf den Spannungszustand, den Werkzeugaufbau und die erzielten Schnittgeschwindigkeiten. Daher dienen beim Normalschneiden erzielte Ergebnisse zwar als Indikator, lassen sich jedoch nicht ohne Weiteres auf das Feinschneiden übertragen.

Auch zum Feinschneiden mit Blecherwärmung liegen bereits Forschungsarbeiten vor. So untersuchte WESNER das Feinschneiden von 22MNB5 bei Blechtemperaturen von $T = 200\ °C$. Dabei stellte er eine im Vergleich zu Raumtemperatur um 10 % verringerte Schneidkraft fest. Eine Erhöhung des Glattschnittanteils der Schnittfläche konnte er nicht eindeutig nachweisen. Die Schnittgeschwindigkeit variierte er zwischen $10\,\frac{\mathrm{mm}}{\mathrm{s}} <$

$v_S < 30 \frac{mm}{s}$ und konnte dabei keinen Einfluss von der Schnittgeschwindigkeit auf die Schneidkraft feststellen. [WESN17]

Ob eine Erwärmung des Stahlwerkstoffes den Glattschnittanteil erhöhen kann, ist fraglich. So zeigte etwa das Feinschneiden von pressgehärtetem 22MNB5 (1.5528) trotz Erwärmung keine zufriedenstellende Schnittflächenqualität [WEIS22B], wenngleich ungehärtete Mangan-Bor-Stähle vielversprechende Ergebnisse zeigten [WEIS21C].

Eine Übersicht über die bisherigen Forschungsarbeiten zum Feinschneiden mit Blecherwärmung legten GALDOS ET AL. vor [GALD23]. Zu den von ihnen identifizierten Arbeiten gehörte insbesondere ein industrielles Entwicklungsprojekt, das 2018 von der Firma FEINTOOL durchgeführt wurde. In einem mittlerweile nicht mehr abrufbaren Blogeintrag beschrieb MAURER Versuche zum Feinschneiden verschiedener Stahlwerkstoffe, darunter 42CRMO4 (1.7225) und X5CRNI18-10 (1.4301), bei Variation der Blechtemperatur und des Schneidspaltes. Er konnte in mehreren Versuchsreihen eine Abnahme der Schneidkraft bei zunehmender Blechtemperatur feststellen. Gleichzeitig postulierte er, dass die Schnittflächenqualität zwar maßgeblich vom Schneidspalt abhängt, bei gleichbleibendem Schneidspalt, aber höherer Blechtemperatur jedoch günstiger ausfällt [MAUR18]. Wesentliche Ergebnisse für 42CRMO4 sind in Abbildung 2.16 dargestellt.

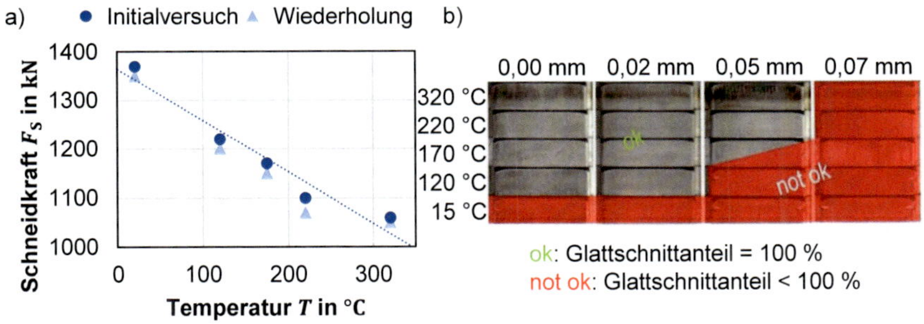

Abbildung 2.16: Ergebnisse der Firma FEINTOOL für das Feinschneiden von erwärmtem 42CRMO4-Blech: Schneidkraft a) und Schnittflächenqualität b) [MAUR18]
FEINTOOL results for fineblanking of heated 42CRMO4 sheet: cutting force a) and cut surface quality b) [MAUR18]

Neben diesen Ergebnissen untersuchten ZHENG ET AL. das Feinschneiden von X5CRNI18-10 bei Blechtemperaturen von $T = 25\ °C$, $T = 100\ °C$, $T = 150\ °C$, $T = 200\ °C$, $T = 250\ °C$ sowie $T = 300\ °C$ bei einer Schnittgeschwindigkeit von $v = 1\ mm/s$. Insbesondere betrachteten sie den Glattschnittanteil, die Bildung von Grat und Kanteneinzug sowie Härte und Martensitanteil der Schnittteile. Die Erwärmung führten sie im Ofen durch. Die Ergebnisse zeigten eine Zunahme des Glattschnittanteils mit steigender Blechtemperatur und bestätigen somit die Ergebnisse von MAURER. Die Höhe des Kanteneinzugs zeigte an konvexen Geometrieelementen nichtlineares Verhalten ab $T = 200\ °C$, jedoch insgesamt wenig Variation. Die Gratbildung nahm mit steigender Blechtemperatur zu und wurde von ZHENG ET AL. mit zunehmendem Umformvermögen bei höheren Blechtemperaturen erklärt. Besonderen Augenmerk legten ZHENG ET AL. auf den umforminduzierten Martensitanteil am Stahlgefüge. Sie konnten ein Optimum eines besonders geringen Martensitanteils in Höhe von 2,44 % bei $T = 250\ °\mathrm{C}$ feststellen und empfahlen diese Temperatur daher für das Feinschneiden von X5CRNI18-10. Die Prozessnebenkräfte wurden konstant gehalten, Stempel- und Schneidkraft waren nicht Gegenstand der Untersuchung [ZHEN20].

Neben den genannten Ergebnissen liegen keine Erkenntnisse zum Feinschneiden von erwärmtem Stahlblech vor. Somit gibt es bereits Erkenntnisse zu Feinschneidergebnissen verschiedener Stähle bei erhöhten Blechtemperaturen. Ein Erklärungsmodell der thermomechanischen Zusammenhänge beim Feinschneiden von erwärmtem Stahlblech ist bislang jedoch nicht verfügbar.

2.3.2 Erwärmungsmethoden in der Blechtrennung

Heating methods in sheet metal separation

Für das Feinschneiden werden unterschiedliche grundlegende Anforderungen an die Erwärmungseinheit gestellt. So muss sie grundsätzlich in der Lage sein, Stahl auf bis zu $T = 500\ °\mathrm{C}$ zu erwärmen. Neben einer geeigneten Blechtemperatur ist eine ausreichende Erwärmungsgeschwindigkeit notwendig, sodass das Blech in der Fertigungslinie auf die erforderliche Temperatur erwärmt wird. Der zur Verfügung stehende Presseneinbauraum limitiert den Bauraum für das Erwärmungsaggregat. Außerdem muss eine wirtschaftliche Integrierbarkeit der Erwärmungseinheit in die Fertigungslinie möglich sein.

Angezielt wird ein Erwärmungsbereich zwischen $T = 100\ °\mathrm{C}$ und $T = 500\ °\mathrm{C}$, da die Werkstoffeigenschaften von Stahl in diesem Temperaturbereich eine vergleichsweise geringe Schneidkraft bei relativ geringem prozessseitigem Aufwand vermuten lassen (vgl. Abschnitt 2.2.2). Bei höheren Temperaturen, insbesondere bei Überschreitung der Rekristallisationstemperatur, kommt es zu Erholungseffekten und zu Gefügeumwandlung, was die mechanischen Eigenschaften unter unkontrollierten Bedingungen deutlich verschlechtert [Weis05]. Infolge von Zunderbildung sind veränderte tribologische Randbedingungen und Oberflächen zu erwarten, wie MORI ET AL. [MORI08] sowie WEISER ET AL. [WEIS20] untersuchten. Weitere Konsequenzen hoher Blechtemperaturen sind Schwindung und Verzug [BEHR08]. Zur Bestimmung letzterer lässt sich die eingebrachte Wärmeenergie wie folgt berechnen:

$$Q = m \cdot c \cdot \Delta T = \rho \cdot A_{\mathrm{q}} \cdot s \cdot c \cdot \Delta T \tag{2.27}$$

Dabei steht Q für die Wärmemenge in J und c_{p} für die spezifische Wärmekapazität in $\mathrm{J/kgK}$.

In einer umfangreichen Technologieanalyse stellten VEITENGRUBER ET AL. [VEIT19] verschiedenste Erwärmungsmethoden gegenüber, insbesondere, direkte und indirekte induktive, Lichtbogen- und Widerstandserwärmung sowie Infrarot-, Plasmastrahl-, Elektronenstrahl-, Laserstrahl- und dielektrische Erwärmung. Sie erfassten die geeigneten Prozessbedingungen und technischen Restriktionen. In Anwendung ihrer Arbeit auf die Blechtrennung ergibt sich, dass die Erwärmung mittels fossiler Brennstoffheizung, indirekter Widerstandserwärmung sowie Infraroterwärmung nicht wirtschaftlich in eine Feinschneidpresse integrierbar sind, da eine gezielte Erwärmung der Schnittlinie nicht möglich ist. Die dielektrische Erwärmung ist für die meisten Stahlklassen nicht geeignet, da lediglich elektrisch nicht leitfähige Werkstoffe mit diesem Verfahren erwärmt werden können. Die Erwärmung mittels Lichtbogen, Plasmastrahl und Elektronenstrahl sind für höhere Temperaturbereiche, wie sie beispielsweise für Schmelzverfahren benötigt werden, ausgelegt. Die direkte Widerstandserwärmung weist eine zu geringe Erwärmungsgeschwindigkeit auf, sodass dieses Verfahren die Taktzeit der Fertigungslinie beim Feinschneiden einschränken und einen großen Bauraum benötigen würde. Das induktive Erwärmen sowie das Laserstrahlerwärmen verbleiben als erfolgversprechende Erwärmungsmethoden [VEIT19]. Mittels Laser ist eine gezieltere Erwärmung der Schnittlinie möglich. Induktive Erwärmung bietet hingegen den Vorteil hoher Energieeinbringung innerhalb von kurzer Zeit bei hohem Wirkungsgrad bei – im Vergleich zu Lasererwärmung – geringen Kosten.

Die induktive Erwärmung ist gut etabliert und weitgehend erforscht. Auch ihre FE-Simulation war Gegenstand verschiedener Forschungsarbeiten. So legte etwa FISK eine grundlegende Darstellung der zugrunde liegenden Zusammenhänge vor [FISK08]. WANG ET AL. untersuchten die FE-Simulation von induktiver Wärmebehandlung und legten hier besonderes Augenmerk auf die Entwicklung thermisch induzierter Spannungen [WANG92]. YANG ET AL. untersuchten auf simulativem Weg Veränderungen im Stahlgefüge während induktiver Erwärmung [YANG10]. Eine weitere Simulation mit sehr guter Übereinstimmung der Werte veröffentlichten NIAN ET AL. [NIAN14].

HAMMERSCHMIDT stellte fest, auch unter Berufung auf BENKOWSKY [BENK90], dass Induktion aufgrund der Wärmeerzeugung direkt im Werkstück die höchste Leistungsübertragung aller Wärmeübertragungsmechanismen aufweist [HAMM18]. Darüber hinaus konstatierte NAUVERTAT, dass für die induktive Erwärmung von Blechbändern die Querfeldinduktion aufgrund des hohen erreichbaren thermischen Wirkungsgrades von Vorteil ist [NAUV00]. Aufgrund der Würdigung dieses Standes der Erkenntnisse wird die induktive Erwärmung für das Feinschneiden als geeignet und zielführend betrachtet.

Ebenso bedeutsam wie die Erwärmung selbst ist die Temperaturmessung. Nach CHILDS ET AL. kommen dafür regelmäßig Thermoelement, Pyrometer oder Infrarotthermografie zum Einsatz [CHIL00]. Infrarotthermografie bietet den Vorteil, dass sie nicht zerstörend ist [USAM14], ist jedoch auf direkten Sichtkontakt zum Messpunkt angewiesen. DEMMEL entwickelte in seiner Dissertation eine Methode der In-Situ-Differenztemperaturmessung für das Scherschneiden. Diese Methode verwendet den Scherschneidstempel selbst als Thermoelement und leitet aus elektrischen Differenzen eine Temperaturdifferenz ab. Dies bietet den Vorteil einer direkten Datengewinnung ohne zusätzlichen Eingriff ins Werkzeug, ist jedoch apparativ aufwändig [DEMM14]. Das Thermoelement ist eine häufig eingesetzte und zuverlässige Methode der Temperaturmessung. Bei seinem Einsatz ist zu beachten, dass es nicht gequetscht werden darf. Somit ist es unzuverlässig, wenn es auf der Stempeloberfläche platziert wird [TERC01].

2.3.3 Zwischenfazit

Intermediate Conclusion

Einbringung von Energie in Form von Wärme in den Blechwerkstoff ist ein vielversprechender Ansatz, um das Prozessfenster der Blechtrennung zu erweitern und Prozesskräfte sowie Teilequalität zu beeinflussen. Zum Verfahren des Normalschneidens mit Blecherwärmung existieren bereits vielfältige Untersuchungen. Diese sind nur begrenzt auf das Verfahren des Feinschneidens übertragbar. Vereinzelte Untersuchungen liegen auch für das Feinschneiden mit Blecherwärmung vor. Eine systematische Erforschung der thermomechanischen Wechselwirkungen beim Feinschneiden von induktiv erwärmtem Blech ist jedoch noch nicht vorhanden.

Von den vielfältigen Möglichkeiten der Blecherwärmung eignen sich für den Einsatz in Prozesskombination mit dem Feinschneiden lediglich die induktive Erwärmung und die Lasererwärmung. Aufgrund der höheren möglichen Energieeinbringung und der geringeren leistungsbezogenen Kosten ist die induktive Erwärmung der industriell relevantere Ansatz.

2.4 Zusammenfassung des Stands der Erkenntnisse

Conclusion of the State of the Art

Die Analyse des Stands der Erkenntnisse hat gezeigt, dass eine thermische Energieeinbringung in Form einer Erwärmung der Blechwerkstoffe das Potenzial aufweist, die Fließspannung des Werkstoffs und damit die Prozesskräfte bei der Blechtrennung signifikant zu reduzieren. Aufgrund der zu erwartenden Abnahme der Fließspannung bei erhöhten Blechtemperaturen wird die Hypothese abgeleitet, dass die Wahl der Blechtemperatur entscheidenden Einfluss auf die Prozesskräfte hat. Aus der Kenntnis der thermomechanischen Wechselwirkungen zwischen Stempel und erwärmtem Blech können Maßnahmen abgeleitet werden, um die Belastung des Werkzeugs zu minimieren. Jedoch wurde das Feinschneiden bislang kaum mit Erwärmung kombiniert. Es liegt bislang keine umfassende Untersuchung des Zusammenhanges zwischen Stempelkraft und Blechtemperatur mit Erklärung der Wirkzusammenhänge unter Berücksichtigung des Werkstoffgefüges noch nicht vor.

Untersuchungen zum Verhalten von Stählen bei erhöhten Temperaturen haben ergeben, dass dieses mittels einer quasi-linearen Fließspannungsabnahme infolge thermischer Entfestigung, wie sie in den für das Feinschneiden überwiegend verwendeten Fließmodellen nach JOHNSON und COOK sowie nach HENSEL und SPITTEL modelliert ist, nicht ausreichend genau beschrieben werden kann. Bislang zur Modellierung des Feinschneidens verwendete Werkstoffmodelle sind somit nicht in der Lage, die Kombination des Feinschneidens mit Blecherwärmung abzubilden.

Es existieren verschiedene Möglichkeiten zur Einbringung thermischer Energie. Laser-induzierte Erwärmung von dünnen Blechen wurde beim dem Feinschneiden verwandten Verfahren des Normalschneidens bereits erfolgreich eingesetzt und zeigte positive Ergebnisse hinsichtlich der Erhöhung des Glattschnittanteils sowie der Reduktion des Kanteneinzugs. Induktive Erwärmung wurde trotz ihres identifizierten hohen Potenzials bislang nicht in Kombination mit dem Feinschneiden eingesetzt.

3 Zielsetzung und Forschungsmethodik

Objective and Research Methodology

Die im vorherigen Kapitel dargestellte Ausgangssituation evoziert die **wirtschaftliche Problemstellung**: *Ein sinkender Markt für Feinschnittteile aus konventionellen Stahlwerkstoffen steht einem wachsenden Markt für Leichtbauteile aus hochfestem Stahl gegenüber. Hochfester Stahl ist aktuell jedoch nur bedingt feinschneidbar.*

Ein vielversprechender Ansatz zur Lösung dieser Herausforderung liegt im Senken der Fließspannung mittels Erwärmung, wie vom verwandten Verfahren des Normalschneidens bereits bekannt ist. Die **wissenschaftliche Problemstellung** lautet somit: *Die Wechselwirkungen zwischen thermischen und mechanischen Zustandsgrößen in der Scherzone beim Feinschneiden sind bisher unbekannt. Die Kenntnis derselben ist jedoch zwingend erforderlich für eine wissensbasierte Prozessauslegung des Feinschneidens bei erhöhten Temperaturen mit dem Ziel, höherfeste Stähle feinschneidbar zu machen.*

Hinzu kommt eine **ökologische Problemstellung**: *Ressourcenverbrauch und Treibhausgasemissionen haben negative Auswirkungen auf die Umwelt. Prozessanpassungen müssen in ihren Auswirkungen auf die Emission von Treibhausgasen, insbesondere von CO_2, positiv, zumindest aber neutral sein.*

Zur Lösung des wirtschaftlichen sowie des wissenschaftlichen und ökologischen Problems wird das folgende **Forschungsziel** formuliert:

Das Ziel besteht darin, auf Basis eines Erklärungsmodells Feinschneidprozesse mit induktiver Erwärmung prozesssicher auszulegen und ein hinsichtlich von Prozesskräften und Schnittteilqualität optimales Temperaturfenster zu bestimmen.

Um das Forschungsziel zu erreichen, werden Untersuchungen gemäß der folgenden **Forschungshypothese** durchgeführt:

Mittels einer induktiven Blecherwärmung beim Feinschneiden können infolge verringerter Fließspannung höherfeste Stahlwerkstoffe mit reduzierter Stempelkraft feingeschnitten werden.

Um die Eignung der induktiven Erwärmung als probates Mittel zur prozesssicheren Feinschneidbearbeitung von Stahlblechen nachzuweisen, müssen die folgenden **Forschungsfragen** beantwortet werden:

1. Welchen Einfluss haben Dehnung, Dehnrate und Temperatur auf die Fließspannung von geglühtem 16MnCr5-Einsatzstahl?
2. Welchen Einfluss hat eine erhöhte Blechtemperatur auf die Stempelkraft und die Schnittteilqualität (Geometrie, Schnittflächenqualität, Kanteneinzug) beim Feinschneiden von geglühtem 16MnCr5-Einsatzstahl?
3. Wie lässt sich das Temperatur-Fließspannung-Verhalten beim Feinschneiden von induktiv erwärmten Blechen unter Verwendung eines angepassten Materialmodelles abbilden?

4. Welchen Einfluss haben Unterschiede im Werkstoffgefüge auf die Stempelkraft beim Feinschneiden von erwärmten Stahlblechen?

Die Forschungsfragen werden in den Kapiteln dieser Arbeit adressiert. Eine schematische Abbildung des Forschungsvorgehens befindet sich in Abbildung 3.1.

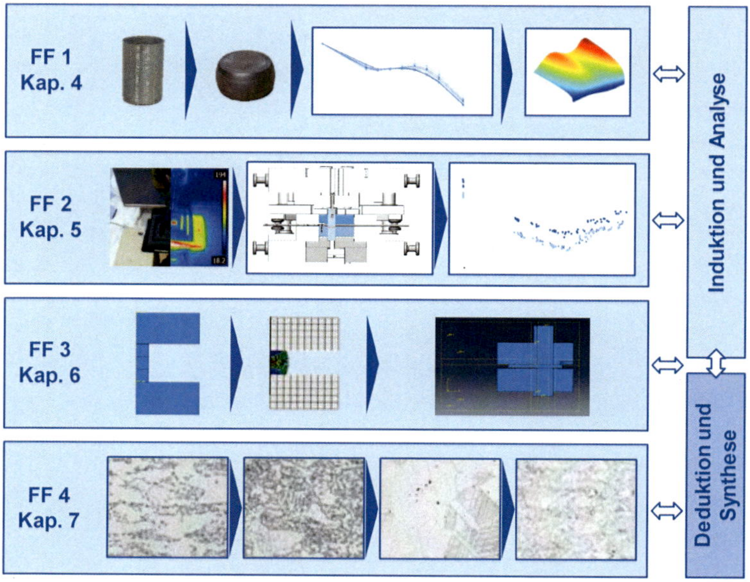

Abbildung 3.1: Forschungsmethodik und Lösungsweg innerhalb dieser Arbeit
Research methodology and approach within this thesis

Die in **Forschungsfrage 1** adressierten werkstoffwissenschaftlichen Aspekte des Verhaltens von Stahlwerkstoffen unter Stauch- und Scherbelastung bei erhöhten Temperaturen werden in **Kapitel 4** erklärt. Die Herausforderung besteht hier in der Identifikation und Parametrierung eines Fließmodells, das die für diese Arbeit zentralen Werkstoffphänomene abbildet.

Forschungsfrage 2 wird in **Kapitel 5** diskutiert. Die Herausforderung besteht darin, mechanische und thermische Inputparameter mithilfe von Realversuchen mit mechanischen und geometrischen Outputparametern in Verbindung zu setzen und somit die Schnittteileigenschaften und die Prozesskräfte des Feinschneidens des untersuchten Werkstoffs bei erhöhten Temperaturen zu beschreiben. Ein experimenteller Ansatz wird verfolgt, um dieses Ziel zu erreichen.

Forschungsfrage 3 wird in **Kapitel 6** durch den Aufbau eines Prozessmodells für das Feinschneiden von erwärmten Stahlblechen beantwortet. Dieses wird experimentell mittels Kraftmessungen validiert.

In **Kapitel 7** wird **Forschungsfrage 4** durch die Untersuchung verschiedener Stahlwerkstoffe mit Unterschieden in Zusammensetzung und Verfestigungsverhalten bearbeitet.

Nach der Beantwortung sämtlicher Forschungsfragen wird in **Kapitel 8** die **Forschungshypothese** durch die Ermittlung eines optimalen Prozessfensters und die energetische Bewertung des Verfahrens untermauert. Somit wird die Beantwortung der wissenschaftlichen sowie der wirtschaftlichen Fragestellung sichergestellt.

Die **Forschungsmethodik**, die in dieser Arbeit zur Anwendung kommt, besteht aus *induktiven* und *deduktiven* Komponenten. *Empirische Studien* zur *Beobachtung physischer Phänomene* bilden die Grundlage für jede Forschungsfrage. *Numerische Modelle* kommen zum Einsatz, um *die beobachteten physischen Phänomene* aus wissenschaftlicher Sicht zu *erklären*. Darüber hinaus wird ein *analytisches Modell* entwickelt, das die Grundlagen *beschreibt und erklärt*. Die Verifikation der Forschungshypothese ist *deduktiv*.

4 Untersuchung des Fließverhaltens des Einsatzstahls 16MnCr5

Investigation of the temperature-dependent flow behavior of the case-hardening steel 16MnCr5

In Kapitel 2 wurde dargelegt, dass das Fließverhalten beim Feinschneiden regelmäßig mit den Fließmodellen nach Johnson und Cook sowie nach Hensel und Spittel beschrieben wird. Die in Abschnitt 2.2 vorgestellten Erkenntnisse zeigen jedoch, dass diese Modelle aufgrund ihres lediglich die thermische Entfestigung abbildenden Temperaturterms nicht ausreichen, um das Hochtemperaturfließverhalten des Einsatzstahls 16MnCr5 zu modellieren. Aufgrund dieses Sachverhalts ist es für eine wissensbasierte Auslegung des Feinschneidens mit induktiver Blecherwärmung notwendig, das Fließverhalten des untersuchten Bandwerkstoffes 16MnCr5 genauer zu betrachten und die wirkenden werkstoffphysikalischen Effekte zu identifizieren, um ein Modell zu erstellen, das die Charakteristika für FE-Simulationen anwendbar macht.

4.1 Werkstoffeigenschaften

Material properties

Beim für die Versuche eingesetzten Bandwerkstoff handelte es sich um den Einsatzstahl 16MnCr5 (Werkstoffnummer 1.7131), geglüht zu kugeligem Zementit (GKZ), leicht nachgewalzt (AC+LC), nach Din En 10132-2 [DinEn10132] der Firma Brockhaus Stahl, der häufig feinschneidend verarbeitet wird [Kloc17]. Die elementare Zusammensetzung des hier untersuchten Stahles wurde vom Hersteller aus der Schmelzeanalyse (S-Analyse) angegeben und im Wege der optischen Emissionsspektrometrie (OES) überprüft. Die Ergebnisse sind in Tabelle 4.1 zu sehen.

Tabelle 4.1: Elementare Zusammensetzung des Werkstoffes im Vergleich zur Norm DIN EN ISO 683-3 [DinEnIso683-3]
Elementary composition of the material compared to the standard DIN EN ISO 683-3 [DinEnIso683-3]

Element	**C**	**Si**	**Mn**	**P**	**S**	**Al**	**Cr**
DIN EN ISO 683-3	0,14-0,16	max. 0,40	1,00-1,30	max. 0,025	max. 0,035	max. 0,05	0,80-1,10
S-Analyse	0,157	0,034	1,050	0,011	0,0008	0,048	1,020
OES	0,174	0,0733	0,987	0,0291	0,0105	0,0068	0,817
Element	**V**	**Nb**	**Ti**	**N**	**Cu**	**Mo**	**Ni**
DIN EN ISO 683-3	max. 0,03	max. 0,03	max. 0,025		max. 0,40	max. 0,05	max. 0,3
S-Analyse	0,005	0,002	0,001			0,004	
OES	0,0028	0,002	0,0024	0,0042	0,0086	0,002	0,0199

Wie aus Tabelle 4.1 hervorgeht, erfüllt der untersuchte Werkstoff die Vorgaben der Norm sowohl nach der Schmelzeanalyse als auch nach der OES. Dabei ist zu beachten, dass die OES stets eine lokale Analyse der Randzone ist. Darüber hinaus sind nach Wärmebehandlungsprozessen regelmäßig Elemente wie Phosphor, Schwefel und Stickstoff in höheren Konzentrationen als im Werkstoffgefüge vorzufinden. Der Schmelzeanalyse ist daher größere Bedeutung beizumessen.

Um neben der elementaren Zusammensetzung des Werkstoffs auch das Gefüge zu untersuchen, wurden Flach-, Quer- und Längsschliffe des Bandstahles angefertigt. Diese sind in Abbildung 4.1 zu sehen.

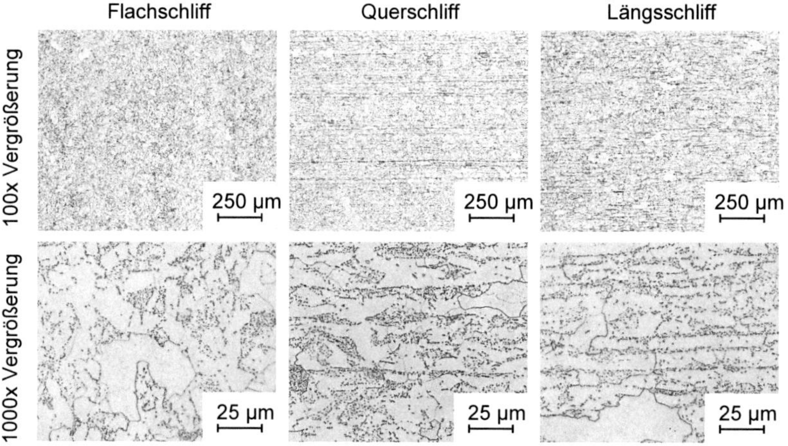

Abbildung 4.1: Gefügeschliffe des Versuchswerkstoffes 16MNCR5
Microstructure of the test material 16MNCR5

Die Gefügeschliffe in Abbildung 4.1 wurden mit dreiprozentiger Nitalätzung angefertigt. Sie zeigen eine ferritische Matrix mit globular eingeformtem Zementit. Es handelt sich um geglühtes Gefüge mit sichtbarer Zeiligkeit in Quer- und Längsrichtung. Dies entspricht dem Sollzustand des Werkstoffs, der zu kugeligem Zementit geglüht und als leicht nachgewalzt spezifiziert ist. Somit weist der Stahl die geforderten Eigenschaften auf, die eine hohe Umformung ermöglichen [KLOC17].

4.2 Rekristallisation

Recrystallization

Ein Effekt, der bei hohen Temperaturen im metallischen Gitter auftritt, ist die Rekristallisation. Rekristallisation bezeichnet die Neubildung des Gitters infolge Deformation verzerrter Gitterbereiche. Dafür muss neben einer Gitterverzerrung eine ausreichend hohe Temperatur für eine ausreichend lange Zeitspanne zur Verfügung stehen. [RAAB14]

Es ist zu untersuchen, ob Rekristallisation beim Feinschneiden von erwärmten Stahlblechen eine Rolle spielt, entweder in Form statischer Rekristallisation während der Erwärmung sowie der Temperaturhaltezeit in Form von Neubildung der während vorhergegangener Walzprozesse verzerrten Gitterbereiche oder in Form von dynamischer Rekristallisation während des Feinschneidprozesses. Zu prüfen ist daher, ob bei den vorliegenden Versuchen die Voraussetzungen für das Vorliegen signifikanter Rekristallisationseffekte vorlagen.

Zu diesem Zweck wurden bei Raumtemperatur 16MnCr5-Proben feingeschnitten, um eine ähnliche Verzerrung des Metallgitters hervorzurufen. Die so erzeugten Proben wurden aufgetrennt, metallografisch präpariert und mithilfe eines Lichtmikroskops des Typs KEYENCE VHX 6000 und sowie eines Rasterelektronenmikroskops (REM) des Typs ZEISS GEMINI SIGMA 500 VP untersucht. Ort der Probenaufnahme und Beispiele der erzeugten Aufnahmen sind in Abbildung 4.2 dargestellt.

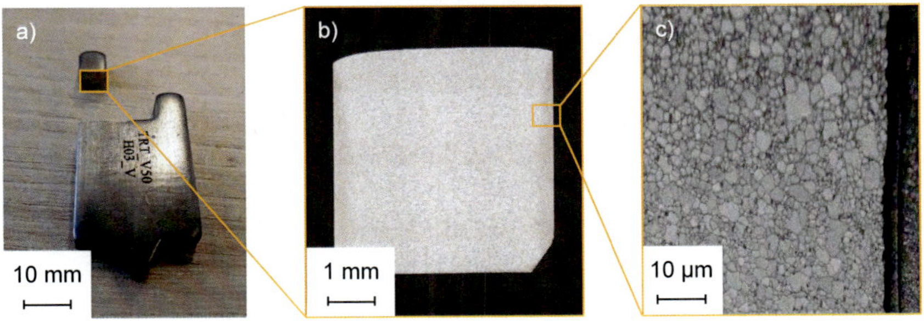

Abbildung 4.2: Ort der Probenentnahme a); Lichtmikroskopie b); REM c)
Location of sample collection a); light microscopy b); SEM image c)

Wie in Abbildung 4.2 zu sehen ist, zeigen die Lichtmikroskopaufnahmen eine Übersicht der Gefügestruktur, wohingegen in der REM-Aufnahme aufgrund der stärkeren Vergrößerung auch einzelne Korngrenzen deutlich zu erkennen sind.

Dabei wurde die Temperaturhaltezeit auf $t_{\mathrm{H}} = 5\ \mathrm{min}$ und $t_{\mathrm{H}} = 60\ \mathrm{min}$ festgelegt, um zum einen eine Erwärmungszeit wie bei den Versuchen in Kapitel 5 zu simulieren und zum anderen festzustellen, ob bei Blechtemperaturen und Erwärmungszeiten, die denen beim Feinschneiden von induktiv erwärmten Blechen entsprechen, Rekristallisationseffekte zu beobachten sind. Als niedrigste Zieltemperatur für die Rekristallisationsuntersuchung von $T_{\mathrm{Z}} = 500\ ^{\circ}\mathrm{C}$ diente die höchste Zieltemperatur der Versuche in Kapitel 5. Höhere Temperaturen wurden zwecks Vergleichs der Rekristallisationseffekte hinzugenommen. Die Versuchsmatrix ist in Tabelle 4.2 dargestellt.

Tabelle 4.2: Versuchsmatrix der Rekristallisationsversuche
Test matrix of the recrystallization tests

	Zieltemperatur T_Z in °C				
	20	**500**	**600**	**700**	**800**
Temperaturhaltezeit t_H in min	5	5	5	5	5
	10	10	10	10	10
	60	60	60	60	60

Bereits in den Lichtmikroskopaufnahmen zeigten sich deutliche Unterschiede zwischen den Proben. Eine Übersicht ist in Abbildung 4.3 zu sehen.

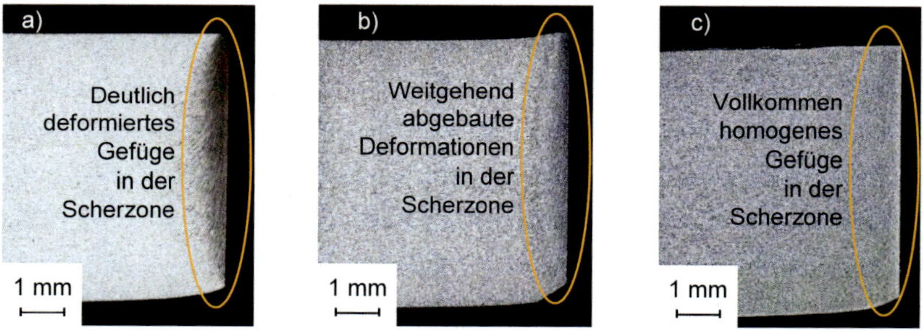

Abbildung 4.3: Rekristallisierte Proben im Querschliff: nach $t_H = 5$ min bei $T = 600$ °C a); nach $t_H = 5$ min bei $T = 800$ °C b); nach $t_H = 60$ min bei $T = 800$ °C c)
Recrystallized samples in transverse section: after $t_H = 5$ min at $T = 600$ °C a); after $t_H = 5$ min at $T = 800$ °C b); after $t_H = 60$ min at $T = 800$ °C c)

In Abbildung 4.3 a) ist in der Probe, die für $t_H = 5$ min bei $T = 600$ °C gehalten wurde, deutlich deformiertes Gefüge an der Schnittebene zu erkennen. Dieses zeigt sich durch signifikante Streckung und Verdichtung der Zementitkörner, deren Ansammlung dunkler wirkt als das Grundgefüge. Nach $t_H = 5$ min bei $T = 800$ °C, wie in Abbildung 4.3 b) zu sehen, ist hingegen die Rekristallisation bereits weitgehend abgeschlossen. Die gestreckte Zementitstruktur ist weitgehend abgebaut und durch die Neubildung von heterogenem Gefüge mit Kornvergröberung in der Übergangszone ersetzt. Nach $t_H = 60$ min bei $T = 800$ °C ist die Rekristallisation abgeschlossen und ein vollkommen homogenes Gefüge auch im vormals deformierten Randbereich der Probe festzustellen. Es kann daher festgehalten werden, dass die Proben bei einer Temperatur von $T = 800$ °C bereits nach wenigen Minuten signifikante Rekristallisationseffekte zeigen. Um festzustellen, ob und inwieweit dies bereits bei geringeren Blechtemperaturen der Fall ist, wurde die Rekristallisation bei $T = 600$ °C näher betrachtet. Entsprechende Lichtmikroskopaufnahmen sind in Abbildung 4.4 dargestellt.

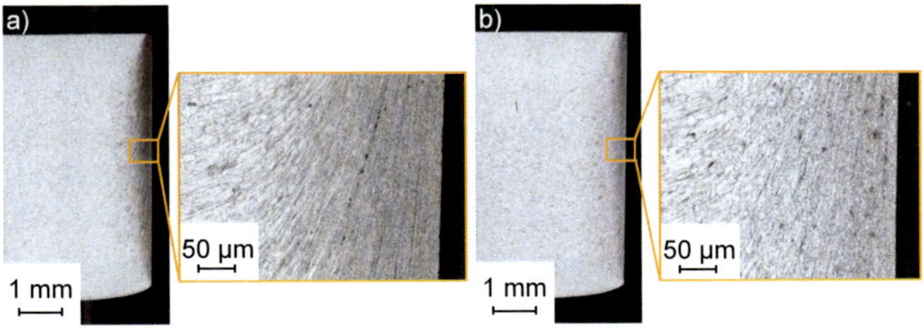

Abbildung 4.4: Rekristallisierte Proben im Querschliff: nach $t_{\mathrm{H}} = 5\,\mathrm{min}$ bei $T = 600\,°\mathrm{C}$ a); nach $t_{\mathrm{H}} = 60\,\mathrm{min}$ bei $T = 600\,°\mathrm{C}$ b)
Recrystallized samples in transverse section: after $t_H = 5\,\mathrm{min}$ at $T = 600\,°\mathrm{C}$ a); after $t_H = 60\,\mathrm{min}$ at $T = 600\,°\mathrm{C}$ b)

In Abbildung 4.4 (a) ist eine Probe nach $t_{\mathrm{H}} = 5\,\mathrm{min}$ bei $T = 600\,°\mathrm{C}$ dargestellt. Die Deformation ist deutlich erkennbar, keine Rekristallisation kann festgestellt werden. Nach $t_H = 60\,\mathrm{min}$ bei $T = 600\,°\mathrm{C}$ ist Rekristallisation zwar erkennbar, jedoch wesentlich schwächer als bei $T = 800\,°\mathrm{C}$ (vgl. Abbildung 4.3). Dies wurde in feinerer Vergrößerung näher betrachtet. Entsprechende Aufnahmen finden sich in Abbildung 4.5.

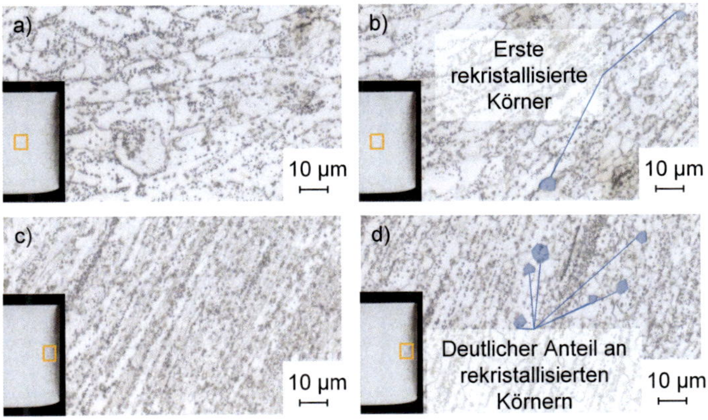

Abbildung 4.5: Rekristallisierte Proben im Querschliff: Übergangsbereich nach $t_{\mathrm{H}} = 5\,\mathrm{min}$ bei $T = 600\,°\mathrm{C}$ a) und nach $t_{\mathrm{H}} = 60\,\mathrm{min}$ bei $T = 600\,°\mathrm{C}$ b); Deformationsbereich nach $t_{\mathrm{H}} = 5\,\mathrm{min}$ bei $T = 600\,°\mathrm{C}$ c) und nach $t_{\mathrm{H}} = 60\,\mathrm{min}$ bei $T = 600\,°\mathrm{C}$ d)
Recrystallized samples in transverse section: transition region after $t_{\mathrm{H}} = 5\,\mathrm{min}$ at $T = 600\,°\mathrm{C}$ a) and after $t_{\mathrm{H}} = 60\,\mathrm{min}$ at $T = 600\,°\mathrm{C}$ b); deformation region after $t_{\mathrm{H}} = 5\,\mathrm{min}$ at $T = 600\,°\mathrm{C}$ c) and after $t_{\mathrm{H}} = 60\,\mathrm{min}$ at $T = 600\,°\mathrm{C}$ d)

Folgende Effekte sind in Abbildung 4.5 feststellbar: Abbildung 4.5 a) zeigt ein Schliffbild des Übergangsbereich zwischen undeformiertem und deformiertem Kristallgitter nach $t_{\mathrm{H}} = 5\,\mathrm{min}$ bei $T = 600\,°\mathrm{C}$. Hier sind keine rekristallisierten Körner zu sehen. In

Abbildung 4.5 b) sind erste rekristallisierte Körner zu sehen, beginnende Rekristallisation kann daher angenommen werden. In Abbildung 4.5 c) ist der deformierte Bereich nach $t_{\mathrm{H}} = 5\,\mathrm{min}$ bei $T = 600\,°\mathrm{C}$ c) zu sehen. Auch hier zeigt sich keine erkennbare Rekristallisation. In Abbildung 4.5 d) hingegen zeigt sich im deformierten Probenbereich nach $t_{\mathrm{H}} = 60\,\mathrm{min}$ bei $T = 600\,°\mathrm{C}$ eine vorangeschrittene Rekristallisation. Es ist ein deutlicher Anteil an rekristallisierten Körnern festzustellen.

Um die Rekristallisation in Abbildung 4.5 d) qualitativ einordnen zu können, wurde sie einem Schliffbild des Deformationsbereiches nach $t_{\mathrm{H}} = 5\,\mathrm{min}$ bei $T = 800\,°\mathrm{C}$ geggenübergestellt. Diese Gegenüberstellung befindet sich in Abbildung 4.6.

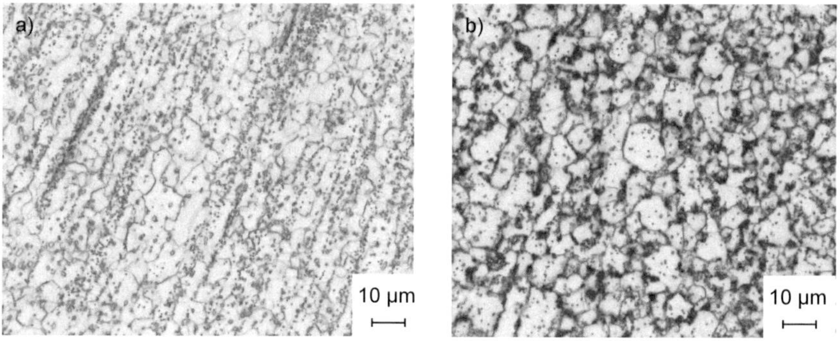

Abbildung 4.6: Rekristallisierte Proben im Querschliff: Deformationsbereich nach $t_{\mathrm{H}} = 60\,\mathrm{min}$ bei $T = 600\,°\mathrm{C}$ a); Deformationsbereich nach $t_{\mathrm{H}} = 5\,\mathrm{min}$ bei $T = 800\,°\mathrm{C}$ b)
Recrystallized samples in transverse section: deformation region after $t_{\mathrm{H}} = 60\,\mathrm{min}$ at $T = 600\,°\mathrm{C}$ a); deformation region after $t_{\mathrm{H}} = 5\,\mathrm{min}$ at $T = 800\,°\mathrm{C}$ b)

In Abbildung 4.6 a) ist ein Bereich starker Verformung mit vorangeschrittener Rekristallisation zu sehen. Die Zementitkörner sind infolge der vorhergegangenen Deformation stark gestaucht und in Umformungsrichtung texturiert. In Abbildung 4.6 b) stellt sich der gleiche Probenbereich nach $t_{\mathrm{H}} = 5\,\mathrm{min}$ bei $T = 800\,°\mathrm{C}$ völlig anders dar. Das Gefüge ist infolge Rekristallisation vollständig neugebildet, die Rekristallisation ist abgeschlossen. Es ist eine komplette Neuanordnung des Zementits festzustellen, die Umformungstextur ist nicht mehr festzustellen.

Um die Neuordnung des Gefüges zu quantifizieren, wurde zusätzlich eine *Electron Backscatter Diffraction-* (EBSD)-Untersuchung mehrerer Proben durchgeführt. Die dazu verwendeten REM-Aufnahmen sind in Abbildung 4.7 dargestellt.

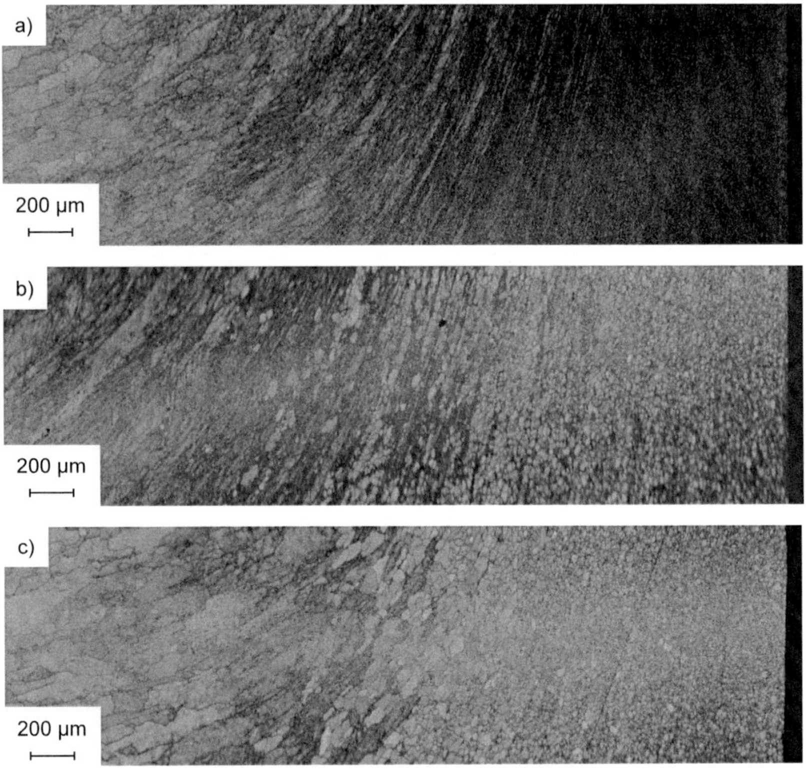

Abbildung 4.7: REM-Aufnahmen: Deformationsbereich Referenzprobe ohne Erwärmung a); Deformationsbereich nach $t_{\mathrm{H}} = 10\ \mathrm{min}$ bei $T = 600\ °\mathrm{C}$ b); Deformationsbereich nach $t_{\mathrm{H}} = 60\ \mathrm{min}$ bei $T = 600\ °\mathrm{C}$ c)
SEM Images: deformation region without heating a); deformation region after $t_{\mathrm{H}} = 5\ \mathrm{min}$ *at* $T = 600\ °\mathrm{C}$ *b); deformation region after* $t_{\mathrm{H}} = 60\ \mathrm{min}$ *at* $T = 600\ °\mathrm{C}$ *c)*

Wie in Abbildung 4.7 a) zu sehen ist, wirkt das deformierte Gefüge der Referenzprobe ohne Erwärmung auch in der REM-Aufnahme dunkel und konturarm. Eine automatisierte Auswertung ist damit nur bedingt möglich. In Abbildung 4.7 b) und Abbildung 4.7 c) hingegen sind infolge Rekristallisation einzelne Körner deutlich erkennbar. Diese Aufnahmen genügen daher den Anforderungen einer automatisierten Auswertung. Diese Körner wurden in einer *Inverse pole figure map* dargestellt, die mittels Unterscheidung der Kornorientierung insbesondere einen Rückschluss auf die Kornflächen ermöglicht. Diese ist in Abbildung 4.8 dargestellt.

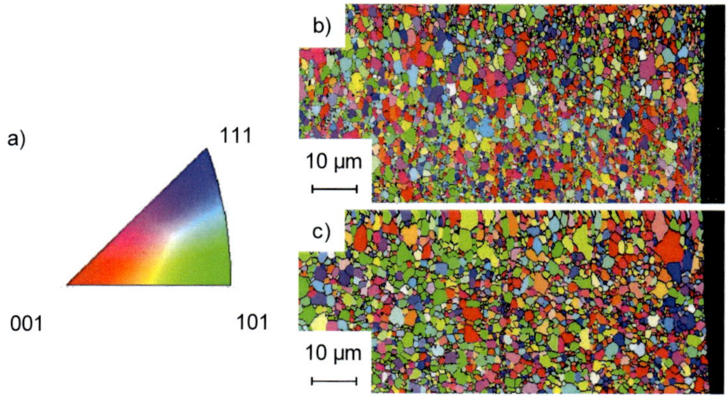

Abbildung 4.8: Inverse pole figure map: Orientierung a); Deformationsbereich nach $t_H = 5\ \mathrm{min}$ bei $T = 600\ °\mathrm{C}$ b); Deformationsbereich nach $t_H = 60\ \mathrm{min}$ bei $T = 600\ °\mathrm{C}$ c)
Electron backscatter diffraction (EBSD), Inverse pole figure map: orientation a); deformation region after $t_H = 5\ \mathrm{min}$ at $T = 600\ °\mathrm{C}$ b); deformation region after $t_H = 60\ \mathrm{min}$ at $T = 600\ °\mathrm{C}$ c)

Wie in Abbildung 4.8 ersichtlich, nimmt die durchschnittliche Korngröße zu. Die automatisierte Auswertung ergibt für die in Abbildung 4.8 b) dargestellte Aufnahme nach $t_H = 10\ \mathrm{min}$ bei $T = 600\ °\mathrm{C}$ einen Mittelwert von $A = 1{,}6\ \mu\mathrm{m}^2$ für die Fläche der Korn-Schnittebenen bei einer Anzahl von $n = 4.794$ erkannten Körnern. In Abbildung 4.8 c) wurden $n = 2.695$ Körner mit einer durchschnittlichen geschnittenen Fläche von $A = 3{,}0\ \mu\mathrm{m}^2$ erkannt. Somit ist eine Zunahme der Rekristallisation bei längerer Temperaturhaltezeit bei $T = 600\ °\mathrm{C}$ feststellbar.

Aufgrund des bei $T = 600\ °\mathrm{C}$ erkannten Rekristallisationsbeginns für deformierten 16MnCr5-Stahl und der Erkenntnis, dass die Rekristallisation bei $T = 600\ °\mathrm{C}$ bei einer Temperaturhaltezeit von $t_H = 5\ \mathrm{min}$ noch nicht erkennbar ist, kann geschlossen werden, dass bei den in Kapitel 4 beschriebenen Versuchen, die eine maximale Erwärmungstemperatur von $T = 500\ °\mathrm{C}$ nicht überschritten und insgesamt nicht länger als $t = 5\ \mathrm{min}$ dauerten, keine ausreichende Rekristallisation vorgelegen haben kann, um die beobachteten makroskopischen Krafteffekte hervorzurufen.

Dies bestätigt KROMOSERS Aussage, dass die Rekristallisation von Ferrit bei Temperaturen oberhalb von $T = 500\ °\mathrm{C}$ einsetzt. Die Perlitlamellen formen sich nach KROMOSER oberhalb von $T = 600\ °\mathrm{C}$ kugelig ein. [KROM17]

Zusammenfassend kann festgehalten werden: Prinzipiell ist bei $T = 500\ °\mathrm{C}$ bereits beginnende Rekristallisation möglich, jedoch nur bei sehr langen Temperaturhaltezeiten. Die geschätzte Hubdauer von maximal $t = 5\ \mathrm{min}$ beim Feinschneiden mit induktiver Blecherwärmung ist zu kurz, um nennenswerte Rekristallisationseffekte beobachten zu können. Somit haben diese keinen signifikanten Einfluss auf Feinschneidergebnisse bei begrenzter Versuchsdauer.

4.3 Thermische Entfestigung und dynamische Reckalterung

Thermal softening and dynamic strain aging

Zur Identifikation der wirkenden werkstoffphysikalischen Effekte nach dem Ausschluss der Rekristallisation wurden weitere Analogieversuche durchgeführt. Die Proben wurden aus demselben Stahlband gefertigt, das auch für die Versuche in Kapitel 4 genutzt wurden. Die Werkstoffeigenschaften sind somit identisch zu den dort beschriebenen. Es wurden Schichtstauchversuche durchgeführt, da aus Blechwerkstoff keine Massivstauchproben gefertigt werden können. Die Probengeometrie mit der Höhe $h_\mathrm{P} = 15\,\mathrm{mm}$ und dem Probendurchmesser $D_\mathrm{P} = 10\,\mathrm{mm}$ ist in Abbildung 4.9 zu sehen.

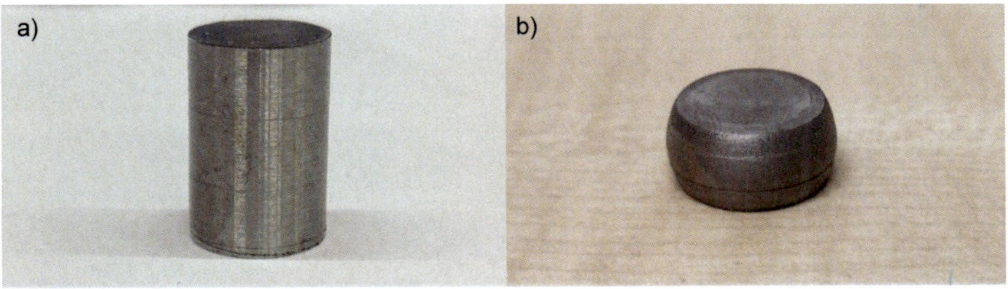

Abbildung 4.9: Schichtstauchprobe aus 16MnCr5 vor a) und nach Umformung b)
Layer compression specimen of 16MnCr5 before a) and after forming b)

Die Versuche wurden am Institut für Bildsame Formgebung (IBF) der RWTH Aachen University durchgeführt. Dabei kam eine servohydraulische Prüfmaschine des Typs Schenck P0ZN mit einer maximalen Stauchkraft von 630 kN zum Einsatz. Das Versuchsfenster umfasste je zwei Wiederholungen in 27 Konfigurationen, die Wiederholgenauigkeit war stets sehr hoch. Die Versuchsmatrix ist Tabelle 4.3 zu entnehmen.

Tabelle 4.3: Versuchsmatrix der Schichtstauchversuche
Test matrix oft he layer compression tests

	Zieltemperatur T_Z in °C								
	20	**200**	**250**	**300**	**350**	**400**	**450**	**500**	**600**
Dehnrate $\dot{\varepsilon}$ in s^{-1}	0,1	0,1	0,1	0,1	0,1	0,1	0,1	0,1	0,1
	1	1	1	1	1	1	1	1	1
	10	10	10	10	10	10	10	10	10

Mit den in Tabelle 4.3 aufgeführten Dehnraten von $\dot{\varepsilon} = 0{,}1\,\mathrm{s}^{-1}$; $\dot{\varepsilon} = 1\,\mathrm{s}^{-1}$ und $\dot{\varepsilon} = 10\,\mathrm{s}^{-1}$ sind die für den Realversuch beim Feinschneiden vorliegenden durchschnittlichen Dehnraten von $\dot{\varepsilon}_{10} = 1{,}47\,\mathrm{s}^{-1}$; $\dot{\varepsilon}_{50} = 7{,}36\,\mathrm{s}^{-1}$ beziehungsweise $\dot{\varepsilon}_{90} = 13{,}25\,\mathrm{s}^{-1}$ gut abgedeckt. Mit diesen Versuchen wurden mit sehr hoher Wiederholgenauigkeit Fließkurven ermittelt, die in Abbildung 4.10 zu sehen sind.

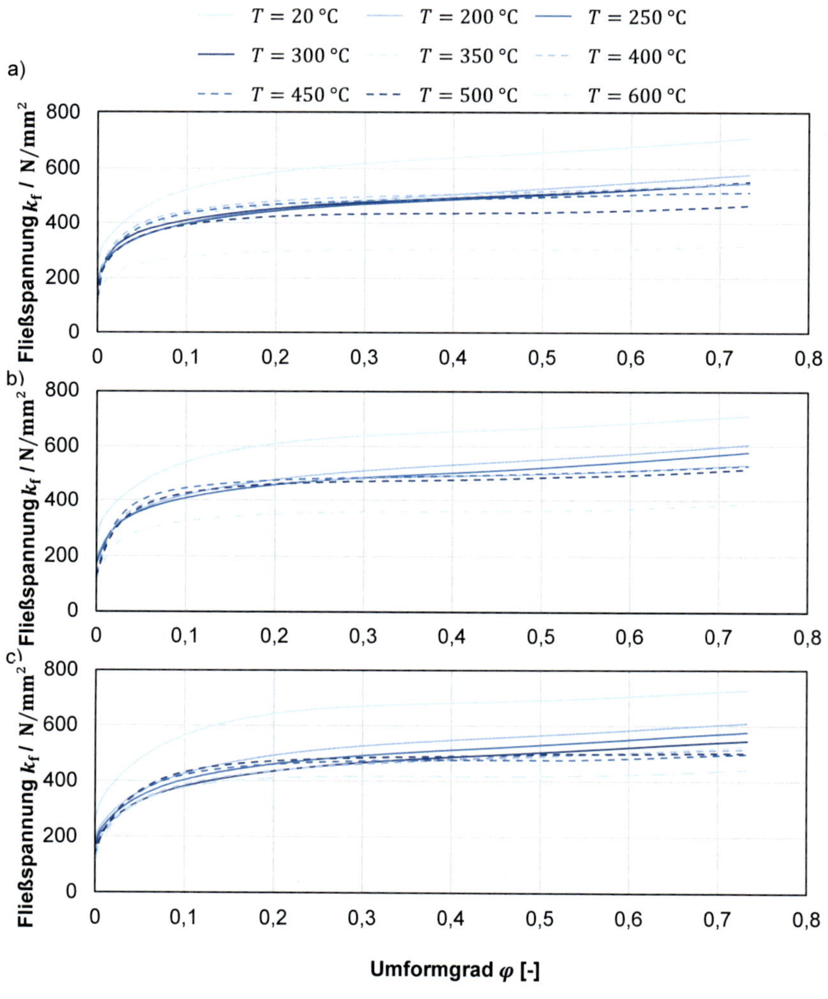

Abbildung 4.10: Fließkurven bei verschiedenen Dehnraten und Temperaturen bei $\dot{\varepsilon} = 0{,}1\ \mathrm{s}^{-1}$ a); $\dot{\varepsilon} = 1\ \mathrm{s}^{-1}$ b) und $\dot{\varepsilon} = 10\ \mathrm{s}^{-1}$c)

Flow curves at different strain rates and temperatures at $\dot{\varepsilon} = 0{,}1\ \mathrm{s}^{-1}$ a); $\dot{\varepsilon} = 1\ \mathrm{s}^{-1}$ b) and $\dot{\varepsilon} = 10\ \mathrm{s}^{-1}$c)

Wie in Abbildung 4.10 zu sehen ist, zeigen die Dehnraten typische Formen. Ihre relative Lage ist jedoch in der oben gezeigten Darstellungsform nur bedingt nachzuvollziehen.

Um die Temperatursensitivität der Fließkurven beurteilen zu können, wurde das in den Schichtstauchversuchen aufgenommene Fließverhalten auch nach der Temperatur bewertet. Die Ergebnisse sind in Abbildung 4.11 dargestellt.

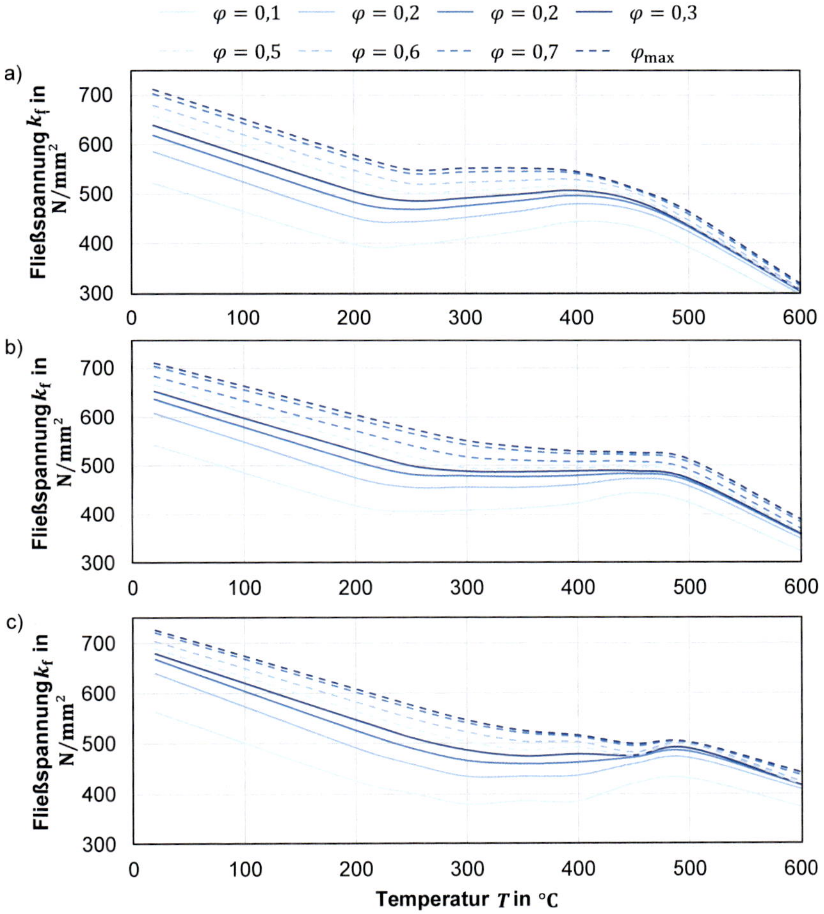

Abbildung 4.11: Fließverhalten von 16MNCR5 bei verschiedenen Umformgraden und Temperaturen bei $\dot{\varepsilon} = 0{,}1\,\mathrm{s}^{-1}$ a); $\dot{\varepsilon} = 1\,\mathrm{s}^{-1}$ b) und $\dot{\varepsilon} = 10\,\mathrm{s}^{-1}$ c)
Flow curves of 16MNCR5 at different strain rates and temperatures at $\dot{\varepsilon} = 0{,}1\,\mathrm{s}^{-1}$ *a);* $\dot{\varepsilon} = 1\,\mathrm{s}^{-1}$ *b) and* $\dot{\varepsilon} = 10\,\mathrm{s}^{-1}$*c)*

Wie in Abbildung 4.11 zu sehen ist, zeigen die Versuche kein linear abfallendes Fließverhalten bei zunehmender Temperatur. Vielmehr ist der Effekt der thermischen Entfestigung mit einem weiteren Effekt überlagert. Dieser weitere Effekt führt zu einem Wiederanstieg der Fließspannung zwischen $T = 200\,°\mathrm{C}$ und $T = 400\,°\mathrm{C}$, bevor die thermische Entfestigung zu einem erneuten Spannungsabfall führt. Dies geht besonders deutlich aus den Kurven bei $\dot{\varepsilon} = 0{,}1\,\mathrm{s}^{-1}$ hervor, ist aber auch bei höheren Dehnraten festzustellen.

Die Dehnratensensitivität gibt an, wie stark die Fließspannung von der Dehnrate abhängt. Normalerweise ist diese positiv; höhere Dehnraten führen dann zu höheren

Fließspannungen, da während der Umformung auftretende dynamische Erholungsprozesse durch höhere Dehnraten behindert werden [BERG16]. Aus diesem Grund ist der Vorzeichenwechsel der Dehnratensensitivität ein Indikator für dynamische Reckalterung, da die höhere Dehnrate ein Losreißen der Versetzungen von allfälligen COTTRELL-Wolken bewirkt und die Umformung aus diesem Grund eine gegenüber höheren Dehnraten verringerte Spannung erfordert. Daher wurde die Dehnratensensitivität untersucht. Die Ergebnisse sind in Abbildung 4.12 dargestellt.

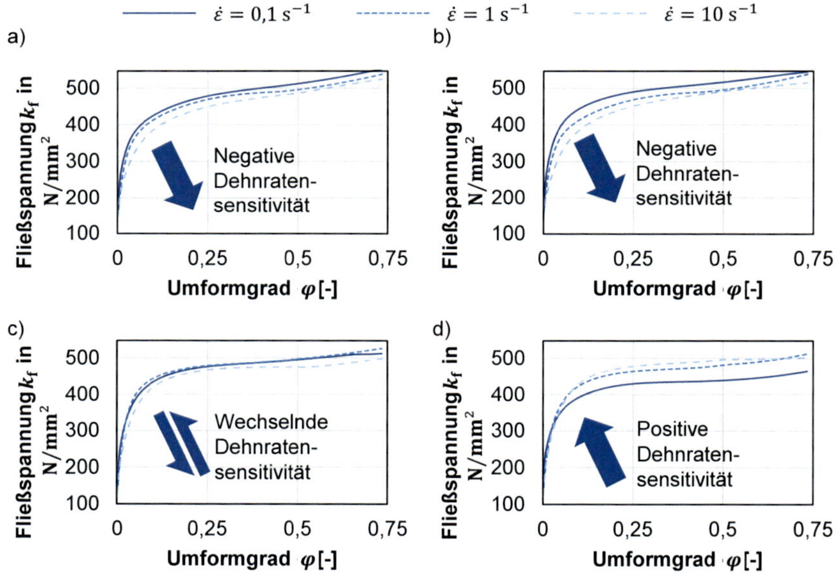

Abbildung 4.12: Fließkurvenvergleich bei verschiedenen Temperaturen mit Indikation der Dehnratensensitivität bei $T = 350\ °\mathrm{C}$ a); $T = 400\ °\mathrm{C}$ b); $T = 450\ °\mathrm{C}$ c); $T = 500\ °\mathrm{C}$ d)
Flow curve comparison at different temperatures with indication of strain rate sensitivity at $T = 350\ °C$ a); $T = 400\ °C$ b); $T = 450\ °C$ c); $T = 500\ °C$ d)

Wie in Abbildung 4.12 zu sehen ist, zeigt der Werkstoff bei $T = 350\ °\mathrm{C}$ und $T = 400\ °\mathrm{C}$ negative Dehnratensensitivität. Bei $T = 450\ °\mathrm{C}$ kehrt sich der Trend um. Die Dehnratensensitivität ist bei $T = 500\ °\mathrm{C}$ wieder positiv. Somit konnte gezeigt werden, dass im fraglichen Temperaturbereich die Dehnratensensitivität negativ ist. Dies gilt als klares Anzeichen für dynamische Reckalterung.

Um die Bedeutung des Vorliegens von dynamischer Reckalterung zu evaluieren, wurde die Änderung der relativen, also auf die Referenzfestigkeit bei Versuchsbeginn bezogenen, Festigkeit in Abhängigkeit von Temperatur und Umformgrad untersucht. Die Ergebnisse sind in Abbildung 4.13 dargestellt.

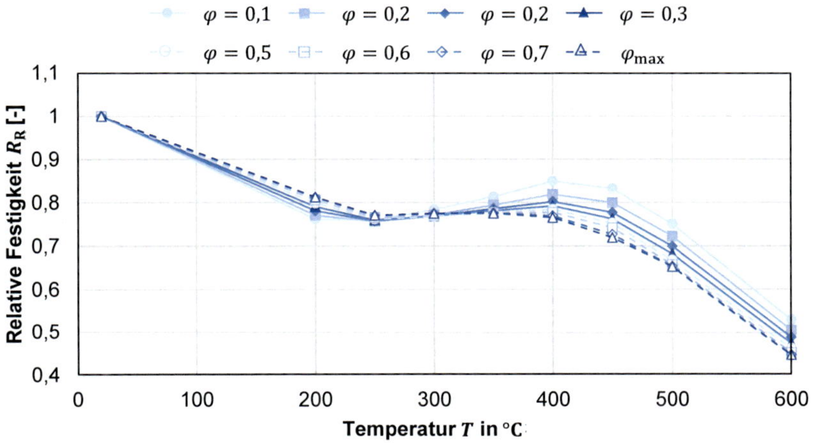

Abbildung 4.13: Relative Festigkeit bei Variation des Umformgrades
Relative strength with variation of the degree of forming

Wie in Abbildung 4.13 zu sehen ist, erfährt die relative Festigkeit mit zunehmenden Temperaturen deutliche Änderungen. Die relative Festigkeit nimmt stets temperaturabhängig ab und erreicht bei $T = 250\,°\mathrm{C}$ ein lokales Minimum bei ca. 77 % der Ausgangsfestigkeit. Diesem folgt ein Wiederanstieg der relativen Festigkeit, die ein lokales Maximum bei ca. $T = 400\,°\mathrm{C}$ bei bis zu 85 % der Ausgangsfestigkeit erreicht. Es ist ferner festzustellen, dass die relative Festigkeit abhängig vom Umformgrad ist. Da beim Feinschneiden bis zur Werkstofftrennung umgeformt wird, werden im Realversuch jedoch sämtliche Umformgrade durchlaufen, sodass ein einheitlicher Umformgrad für das Feinschneiden nur bedingt anzugeben ist. Die höchsten Kräfte und mithin das Maximum der Kraftkurve treten jedoch zu Beginn des Hubes, also bei geringen Umformgraden auf, da der Schneidwiderstand des Blechs mit zunehmendem Hubweg abnimmt. Daher besitzen diese für die Betrachtung der Kraftmaxima die höchste Relevanz.

4.4 Zwischenfazit

Intermediate Conclusion

Mithilfe der Grundlagenuntersuchungen in Abschnitt 4.2 und 4.3 wurde betrachtet, welche werkstoffphysikalischen Effekte der Umformung des Einsatzstahls 16MnCr5 bei erhöhter Blechtemperatur zugrunde liegen. Es wurde festgestellt, dass die **Rekristallisation** bei den betrachteten Blechtemperaturen und Prozesszeiten keine maßgebliche Rolle spielt. Als maßgeblich wirkender Effekt wurde die **dynamische Reckalterung** identifiziert.

Diese Identifikation wurde im Folgenden durch mehrere Indizien gestützt. Dazu gehörte insbesondere die negative Dehnratensensitivität im fraglichen Temperaturbereich. Somit wurde **Forschungsfrage 1**, welchen Einfluss Dehnung, Dehnrate und

Temperatur auf die Fließspannung von geglühtem 16MnCr5-Stahl haben, beantwortet. Im Folgenden sind Versuche zum Feinschneiden des genannten Stahls durchzuführen, um festzustellen, ob die hier identifizierten Effekte Einfluss auf den Feinschneidprozess ausüben.

5 Einfluss der Blechtemperatur auf Schnittteileigenschaften und Stempelkraft

Influence of Metal Sheet Temperature on Fine Blanking Parts and Punch Force

In diesem Kapitel werden Vorgehensweise und Ergebnisse der Untersuchung des Einflusses der Blechtemperatur auf den Feinschneidprozess dargestellt. Zum Einsatz kamen insbesondere Praxisversuche des Feinschneidens, die bei Variation der Blechtemperatur sowie der Schnittgeschwindigkeit Rückschlüsse auf die thermomechanischen Wechselwirkungen zuließen.

5.1 Versuchsrandbedingungen

Boundary conditions of the experiments

Dieses Unterkapitel enthält die Randbedingungen der durchgeführten Versuche. Besonderes Augenmerk liegt dabei auf den verwendeten thermischen und mechanischen Gegebenheiten der Feinschneidversuche von 16MnCr5-Stahl mit einer Blechdicke von $s = 6\ \mathrm{mm}$.

Die Feinschneidversuche wurden in acht Zieltemperaturstufen in äquidistanten Schritten zwischen $T_Z = 150\ °\mathrm{C}$ und $T_Z = 500\ °\mathrm{C}$ durchgeführt, ergänzt um Referenzversuche bei Raumtemperatur, diese entsprach $T_Z = T = 23 \pm 1\ °\mathrm{C}$. Darüber hinaus wurde die Hubrate und somit mittelbar die Schnittgeschwindigkeit in drei Stufen variiert. Die Versuche folgten einem vollfaktoriellen Versuchsplan. Jeder Versuch wurde zwecks Schaffung einer ausreichend großen Datenbasis zur statistischen Absicherung sechsmal durchgeführt, ergänzt um einen weiteren Versuch ohne zusätzlichen Einsatz von Schmierstoff, um etwaige tribologische Einflüsse auf das Kraftergebnis festzustellen. Die Versuchsmatrix ist Tabelle 5:1 zu entnehmen.

Tabelle 5:1: Versuchsmatrix der Feinschneidversuche
Test matrix of the fine blanking tests

	Zieltemperatur T_Z in °C								
	23	**150**	**200**	**250**	**300**	**350**	**400**	**450**	**500**
Hubrate H in s^{-1}	10	10	10	10	10	10	10	10	10
	50	50	50	50	50	50	50	50	50
	90	90	90	90	90	90	90	90	90

Im Folgenden werden die Presse, das Feinschnittlayout, der Versuchswerkstoff, die Tribologie und die Erwärmungsparameter detailliert vorgestellt. Diese ermöglichen die Einordnung und Bewertung der Versuchsergebnisse.

5.1.1 Prozessführung und Werkzeug

Process guidance and tool

Zur Durchführung der Feinschneidversuche wurde die am WZL vorhandene servomechanische Feinschneidpresse FEINTOOL XFT 2500 SPEED eingesetzt. Diese ermöglicht aufgrund ihrer direkten Verbindung zwischen Servomotor und Pressentisch eine Hubrate von bis zu $H = 140\ \mathrm{min}^{-1} \approx 2{,}3\ \mathrm{s}^{-1}$ [FEIN17].

Der Zusammenhang zwischen Hubrate und Schnittgeschwindigkeit hängt von der Kinematik der Presse ab. Der Zusammenhang für die verwendete servomechanische Presse FEINTOOL XFT 2500 SPEED ist in Abbildung 5.1 dargestellt.

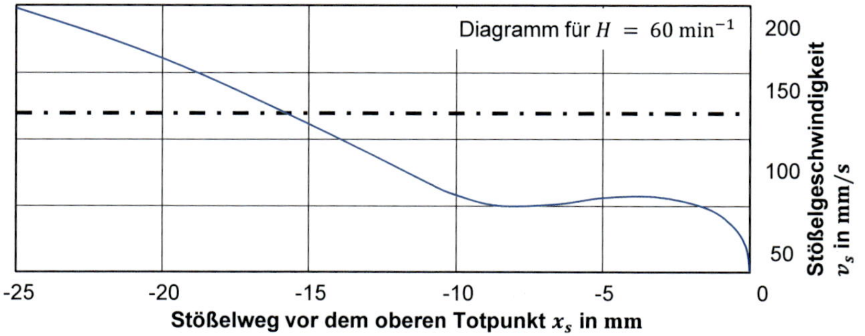

Abbildung 5.1:Zusammenhang zwischen Stößelweg und -geschwindigkeit [FEIN16A]
Relation between ram distance and speed [FEIN16A]

Da das in Abbildung 5.1 gezeigte Diagramm ausschließlich für $H = 60\ \mathrm{min}^{-1}$ Gültigkeit besitzt, ist der abgelesene Wert mit der folgenden Formel auf die verwendete Hubrate anzupassen [FEIN16A]:

$$v_{\mathrm{H}} = \frac{v_{60} \cdot H}{60} \tag{5.1}$$

Dabei steht v_{H} für die Schnittgeschwindigkeit bei beliebiger Hubrate H und v_{60} für die theoretische Schnittgeschwindigkeit bei der Hubrate $H = 60\ \mathrm{min}^{-1}$, jeweils in $\mathrm{mm/s}$. Die Indizes bezeichnen jeweils die Hubrate. Mit Gleichung (5.1) ergibt sich für die untersuchten Hubraten eine Schnittgeschwindigkeit von $v_{10} = 8{,}83\ \mathrm{mm/s}$ für $H = 10\ \mathrm{min}^{-1}$, $v_{50} = 44{,}17\ \mathrm{mm/s}$ für $H = 50\ \mathrm{min}^{-1}$ und $v_{90} = 79{,}5\ \mathrm{mm/s}$ für $H = 90\ \mathrm{min}^{-1}$. Mit der Blechdicke von $s = 6\ \mathrm{mm}$ ergeben sich somit durchschnittliche Dehnraten von $\dot{\varepsilon}_{10} = 1{,}47\ \mathrm{s}^{-1}$; $\dot{\varepsilon}_{50} = 3{,}25\ \mathrm{s}^{-1}$ beziehungsweise $\dot{\varepsilon}_{90} = 7{,}36\ \mathrm{s}^{-1}$. Der Wahl der Hubraten liegt die Überlegung zugrunde, ausgehend von $H = 50\ \mathrm{min}^{-1}$ den Einfluss von der Schnittgeschwindigkeit auf die Stempelkraft anhand zweier weiterer, äquidistant verteilter Hubraten zu untersuchen. Die Hubrate von $H = 90\ \mathrm{min}^{-1}$ ist als für das Feinschneiden sehr hoch zu bewerten und liegt nahe am Hubratenmaximum der Feinschneidpresse für eine Blechdicke von $s = 6\ mm$. Das äquidistante Pendant, die Hubrate von $H = 10\ \mathrm{min}^{-1}$, ist als langsam zu bewerten. Dies bietet während des

Hubes Zeit für den Temperaturausgleich im Blech und bietet daher die Gelegenheit, das Feinschneiden mit Temperaturausgleich dem Feinschneiden bei hohen Hubraten gegenüberzustellen, bei dem ein Temperaturausgleich aufgrund der kurzen Hubdauer nur eingeschränkt stattfindet [DEMM14].

Als Zwischenmedium kam in dieser Forschungsarbeit der chlorhaltige Feinschneidschmierstoff HOLIFA HFF22 zum Einsatz. Dieser weist bei 40 °C eine kinematische Viskosität von $\nu = 160\,mm^2/s$ auf [HOLI17]. Es ist zu beachten, dass Feinschneidöle aufgrund ihrer NEWTONschen Eigenschaften eine begrenzte Temperaturstabilität aufweisen. Da es keine hochtemperaturfähigen Feinschneidschmierstoffe im Handel gibt, wurde ein chlorbasiertes Feinschneidöl gewählt, da diese über einen vergleichsweise breiten Temperaturbereich Schmierwirkung erzielen [FEIN16B].

Die Messung der Prozesskräfte geschah direkt im Werkzeug mithilfe von im Kraftfluss verbauten Kraftmesssensoren des Typs KISTLER 9102A. Diese wurden vor Versuchsdurchführung mithilfe einer Kraftmessplattform kalibriert.

Die Prozessnebenkräfte wurden als Standardwerte nach Literaturempfehlungen von SCHULER [SCHU98] gewählt. Bei $R_\mathrm{m} \approx 415\ \mathrm{MPa}$ laut Prüfzeugnis des verwendeten Bandstahles wird die Schneidkraft bei Raumtemperatur mit $s = 6\ \mathrm{mm}$, $c_1 = 0{,}9$ und $l_s = 246{,}1\ \mathrm{mm}$ gemäß Gleichung (2.4) abgeschätzt zu $F_\mathrm{S} = 550\ \mathrm{kN}$. Gemäß den Empfehlungen von SCHULER [SCHU98] wurde die Kopfkraft (entsprechend der Niederhalterkraft bzw. Ringzackenkraft) festgelegt auf $F_\mathrm{NH} = F_\mathrm{RZ} = 240\ \mathrm{kN} \approx 0{,}4\ F_\mathrm{S}$, da nach SCHULER die Ringzackenkraft zwischen $30\ \%$ und $100\ \%$ der Schneidkraft betragen sollte. Die Tischkraft (entsprechend der Gegenhalterkraft bzw. Auswerferkraft) wurde festgelegt auf $F_\mathrm{GH} = 80\ \mathrm{kN} \approx 0{,}15\ F_\mathrm{S}$, da nach SCHULER die Gegenhalterkraft $0{,}1\ F_\mathrm{S} \leq F_\mathrm{GH} \leq 0{,}2\ F_\mathrm{S}$ betragen sollte. Diese Prozessnebenkräfte wurden für alle weiteren Versuche konstant gehalten. Der Schneidspalt wurde über die Matrize festgelegt und betrug umlaufend $u_s = 20\ \mu\mathrm{m} < s \cdot 0{,}5\ \%$. Die Matrize wies eine $0{,}5 \times 35°$-Fase auf.

Es wurde ein modulares Feinschneidwerkzeug mit festem Stempel und beweglicher Matrize verwendet. Der Werkzeugaufbau ist in Abbildung 5.2 zu sehen.

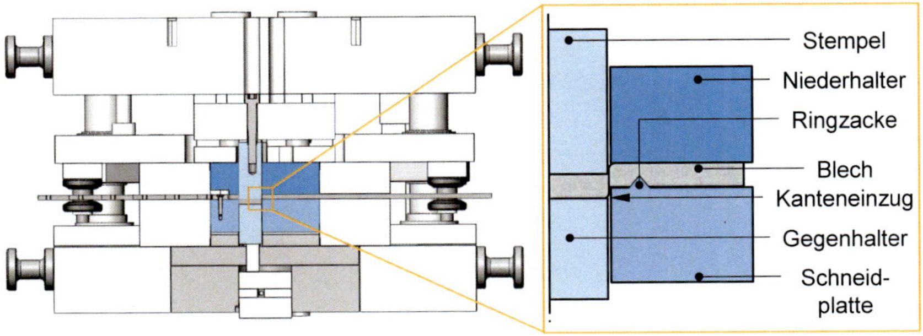

Abbildung 5.2: Schnittdarstellung des Versuchswerkzeuges
Sectional view of the experimental tool

Zum in Abbildung 5.2 dargestellten Werkzeugaufbau ist zu beachten, dass Art und Position der Ringzacke Einfluss auf den Spannungszustand und Materialfluss in der Scherzone besitzen [AOKI03]. Für diese Forschungsarbeit wurde eine einseitig an der Schneidplatte angebrachte Ringzacke verwendet, wie sie aufgrund ihrer positiven Auswirkungen auf den Spannungszustand im Blech für industrielle Anwendungen den Standard darstellt.

5.1.2 Feinschnittlayout

Fine blanking layout

Der für die Versuche gewählte Feinschnittlayout zeigt eine industrienahe, zweifach fallende Geometrie mit verschiedenen konkaven und konvexen Geometrieelementen. Es ist in Abbildung 5.3 dargestellt.

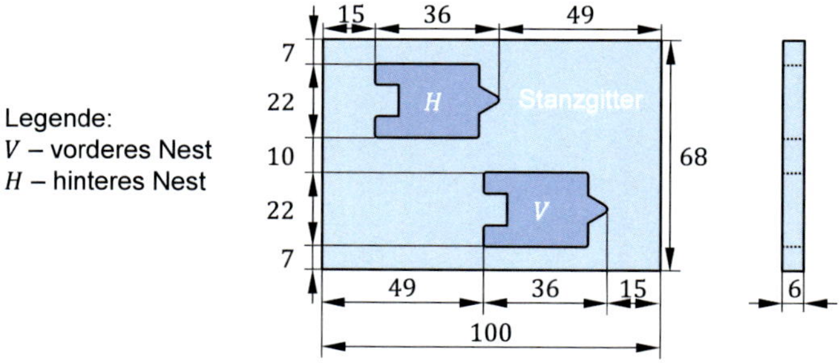

Abbildung 5.3: Feinschnittlayout, alle Maße in mm
Fine blanking layout, all measures in mm

Wie in Abbildung 5.3 zu sehen, besteht das für diese Forschungsarbeit gewählte Feinschnittlayout aus zwei identischen Nestern, die im Folgenden als das in Bedienerrichtung hintere (H) beziehungsweise vordere (V) Nest bezeichnet und gleichzeitig, also zweifach fallend, feingeschnitten werden. Die Geometrie selbst besteht aus einem Umriss mit rechteckiger Grundform, die als weitere Geometrieelemente über eine vorspringende Pfeilspitze mit $\delta = 30°$ Spitzenwinkel sowie über rechteckig vorspringende Stege verfügt. Diese Geometrieelemente dienen dazu, unterschiedliche konvexe und konkave Geometrieelemente auf ihre Qualitätsmerkmale hin untersuchen zu können. Eine weitere Eigenschaft des Versuchslayouts, das im Folgenden als Pfeilteil bezeichnet wird, ist die lange Seitenfläche, an der die Ausprägung der Schnittfläche mit taktilen und optischen Messmitteln einfach untersucht werden kann.

Die Pfeilteil-Geometrie entspricht der Klasse S3 (schwierig) im FEINTOOL-Abschätzungsschema, vgl. Unterkapitel 2.1. Dies entspricht der Intention, ein industrienahes Feinschnittlayout zu untersuchen. Die Stadienfolge des Feinschnittlayouts, beginnend mit der Einprägung der Ringzacke bis zur vollständigen Werkstofftrennung, ist in Abbildung 5.4 zu sehen.

Abbildung 5.4: Stadienfolge beim Feinschneiden im Einzelhub vom Einprägen der Ringzacke bis zur vollständigen Werkstofftrennung
Sequence of stages in fine blanking in single stroke from indentation of the V-ring to complete material separation

Die in Abbildung 5.4 dargestellte Stadienfolge versinnbildlicht die Klassifikation des Feinschneidens als Umformverfahren, da die Werkstofftrennung durch Werkstofffließen ohne Entstehung formlosen Abfalls geschieht. Dies begünstigt die hohe Qualität der so produzierten Feinschnittteile.

5.1.3 Erwärmungsparameter

Heating Parameters

Die induktive Erwärmung wurde außerhalb der Presse mit einer Induktionsanlage vom Typ iew TTH25 durchgeführt. Diese verfügt über eine Nennleistung von $P = 25\,\mathrm{kW}$ [IEW14]. Zum Einsatz kam ein einseitiger, dreiwindiger Induktionsaufsatz, der aus einem wassergekühlten Kupferrohr mit keramischer Isolationsbeschichtung bestand. Der Abstand zwischen Induktor und Werkstück sollte möglichst gering sein, um einen möglichst hohen Wirkungsgrad der Übertragung zu erzielen [SAMS19]. Dennoch muss eine Berührung zwischen Induktor und Blech während der Versuche, auch während des Transfers des erwärmten Blechs in die Presse, ausgeschlossen sein. Daher wurde die Entfernung zwischen Blech und Induktor auf $a_{\mathrm{IB}} = 5\,\mathrm{mm}$ festgelegt und konstant gehalten. Dies wurde im Wege einer Messschieber-Messung vor jedem Versuch sichergestellt.

Im Rahmen dieser Forschungsarbeit dient die induktive Erwärmung jedoch nicht der Gefügeumwandlung, sondern der Herstellung einer reproduzierbaren, homogenen Blechtemperatur. Anhand von einer FE-Simulation mit dem System ABAQUS wurde gezeigt, dass die induktive Erwärmung auf diese Weise mit sehr geringen Abweichungen simuliert werden kann. Eine vergleichende Übersicht dieser Simulation und einem entsprechenden Validierungsversuch nach einer Erwärmungszeit von $t = 10{,}6\,\mathrm{s}$ ist in Abbildung 5.5 abgebildet.

Abbildung 5.5: Vergleich zwischen FE-Simulation und Validierungsversuch der Erwärmung
Comparison between FE simulation and validation test of heating

Die in Abbildung 5.5 gezeigte Validierung der FE-Simulation zeigte nach einer Erwärmungszeit von $t_E = 10{,}6\,\text{s}$ am Validierungspunkt in der Blechmitte auf der Induktorseite eine simulierte Temperatur von $T_S = 562{,}3\,°\text{C}$ und damit eine relative Abweichung von $A_w = 1{,}2\,\%$ gegenüber der gemessenen Validierungstemperatur von $T_V = 550{,}0\,°\text{C}$. Der Validierungspunkt auf der Gegenseite wies eine simulierte Temperatur von $T_S = 552{,}2\,°\text{C}$ und eine Validierungstemperatur von $T_V = 545{,}0\,°\text{C}$, also eine relative Abweichung von $A_w = 1{,}3\,\%$ auf. Damit kann angenommen werden, dass bestehende Modelle für die Abbildung der induktiven Erwärmung gut geeignet sind und im Rahmen dieser Forschungsarbeit nicht der Ergänzung bedürfen.

Aufgrund des in Abschnitt 2.2.2 identifizierten Potenzials wurde für die Realversuche als Untersuchungsraum der Temperaturbereich zwischen den Zieltemperaturen $T_Z = 150\,°\text{C}$ und $T_Z = 500\,°\text{C}$ gewählt, ergänzt durch Referenzversuche ohne Erwärmung, also bei Raumtemperatur ($T_Z = T = 23 \pm 1\,°\text{C}$).

Die Temperaturhaltezeit von $t_H = 120\,\text{s}$ ist ausreichend lang, um eine homogene Temperaturverteilung innerhalb des Blechs sicherzustellen. Temperaturunterschiede zwischen Blechoberfläche und -kern aufgrund der begrenzten Eindringtiefe der induzierten Wirbelströme werden innerhalb dieses Zeitraumes durch Wärmeleitung ausgeglichen. Nach CALTA kann es bei langen Erwärmungszeiten zu einer Überhitzung der Oberfläche oder des Kerns führen. Im Idealfall ist die Oberfläche vor dem Umformen um wenige zehn Grad höher als die Kerntemperatur [CALT20]. Mit Hilfe der Temperaturregelung des Induktionsgerätes wird ein Überhitzen des Blechs vermieden.

Da die induktive Erwärmungsanlage außerhalb der Presse platziert war, musste ein manueller Transfer der erwärmten Bleche in Kauf genommen werden. Aufgrund der somit zu erwartenden Abkühlung der Bleche vor dem Feinschneiden konnte nicht damit gerechnet werden, dass die Bleche in der Presse noch die Zieltemperatur aufwiesen. Darüber hinaus konnte aufgrund der verschiedenen Einflüsse auf die Temperatur nicht davon ausgegangen werden, dass die Temperatur auf wenige Grad genau eingestellt werden könne. Infolgedessen wurde Wert auf die Temperaturmessung gelegt.

Die induktive Erwärmung wurde mit zwei Pyrometern des Typs Sirius SI23 geregelt, die jeweils auf die Mitte der Probenober- und -unterseite gerichtet waren, also der dem Induktor zu- beziehungsweise abgewandten Blechseite. Diese sind für einen Temperaturmessbereich von $M_T = 150\,°\mathrm{C}\ ...\ 900\,°\mathrm{C}$ geeignet und wurden im Wege der Schwarzkörperkalibrierung auf die Erwärmungssituation eingerichtet. Als Verhältnis der Wärmestrahlung des Stahlblechs bezogen auf die Wärmestrahlung des theoretischen Schwarzkörpers, also als Emissionsgrad des Stahlblechs, wurde $\varepsilon_\mathrm{B} = \varphi_\mathrm{B}/\varphi_\mathrm{S} = 0{,}65$, also $65\,\%$ der Schwarzkörperstrahlung, ermittelt. [WEIS20]

Zusätzlich zur Pyrometermessung an der induktiven Erwärmungsstation, die auch zur Regelung der Induktion genutzt wurde, wurde jeweils in eine Bohrung im Blech zwischen beiden Feinschneidnestern ein Thermoelement Typ K eingebracht und mit Wärmeleitpaste kontaktiert, das während Erwärmung, Transfer und Feinschneidversuch dort verblieb und die Temperaturentwicklung über den gesamten Versuch erfasste. Dieses hat eine Fehlertoleranz von $\vartheta = 0{,}75\,\%$, mindestens jedoch von $\vartheta_\mathrm{min} = 2{,}2\,°C$. Die Positionen der Temperaturmessungen sind in Abbildung 5.6 dargestellt.

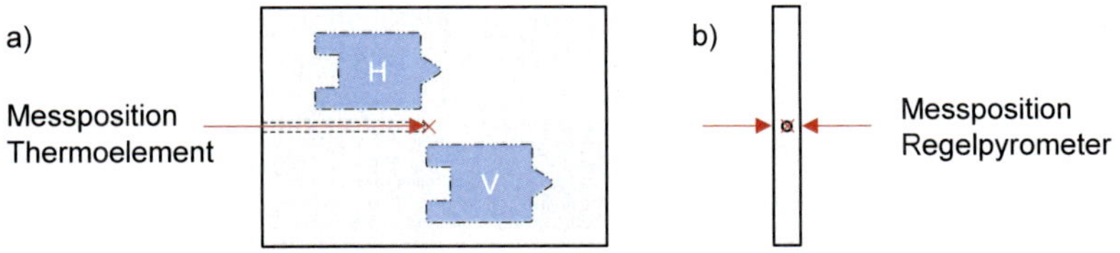

Abbildung 5.6: Messpositionen des Thermoelementes und der Regelpyrometer in Vorderansicht a) und Seitenansicht von links b)
Measuring positions of the thermocouple and the control pyrometers in front view a) and side view from the left b)

Zusätzlich zu den in Abbildung 5.6 gezeigten Temperaturmessungen wurden die Versuche mit einer Hochgeschwindigkeits-Thermografiekamera des Typs FLIR X8500SC begleitet. Eine solche Aufnahme des Blechs ist in Abbildung 5.7 zu sehen.

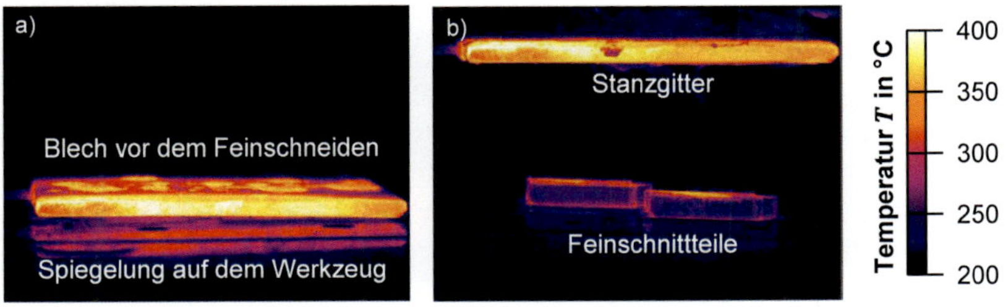

Abbildung 5.7: Hochgeschwindigkeits-Thermografieaufnahme des erwärmten Blechs vor dem Feinschneiden a) sowie unmittelbar nach dem Feinschneiden b)
High speed thermography image of the heated sheet metal before fine blanking a) and immediately after fine blanking b)

Anhand von Abbildung 5.7 können verschiedene Beobachtungen gemacht werden. So zeigt die Blechoberfläche vor dem Feinschneiden ein fleckiges Aussehen. Dieses wird interpretiert als Folge der Lichtbrechung durch den auf der Blechoberseite applizierten Schmierstoff. Die dem Betrachter zugewandte Blechkante zeigt ein weitgehend homogenes Temperaturbild im Bereich von $350\,°\mathrm{C} < T < 400\,°\mathrm{C}$. Darüber hinaus ist eine Spiegelung des Blechs auf der Werkzeugoberfläche zu erkennen. Dies ist keine Wiedergabe der Temperaturverteilung, sondern ein rein optischer Effekt (vgl. Abbildung 5.7 a). Farbabweichungen können in der Thermografieaufnahme nicht nur durch Temperaturabweichungen, sondern auch durch Unterschiede im Beobachtungswinkel oder in der Oxidschichtbildung sowie der Schmierstoffbenetzung begründet sein.

Nach dem Feinschneiden können das an der oberen Werkzeughälfte haftende Stanzgitter und die zwei feingeschnittenen Teile unterschieden werden. Während die dem Betrachter zugewandte Kante des Stanzgitters nach wie vor eine homogene Temperatur im Bereich von $350\,°\mathrm{C} < T < 400\,°\mathrm{C}$ aufweist, erscheinen die Feinschnittteile bereits merklich abgekühlt. Hellere Bereiche sind lediglich in der Mitte der Schnittteiloberfläche und an den sichtbaren Kanten wahrzunehmen (vgl. Abbildung 5.7 b).

Zudem wurden Thermokamera-Aufnahmen auf ihre Eignung zur Temperaturüberwachung hin untersucht. Der induktive Erwärmungsaufbau mit paralleler Thermokamera-Aufnahme ist in Abbildung 5.8 zu sehen.

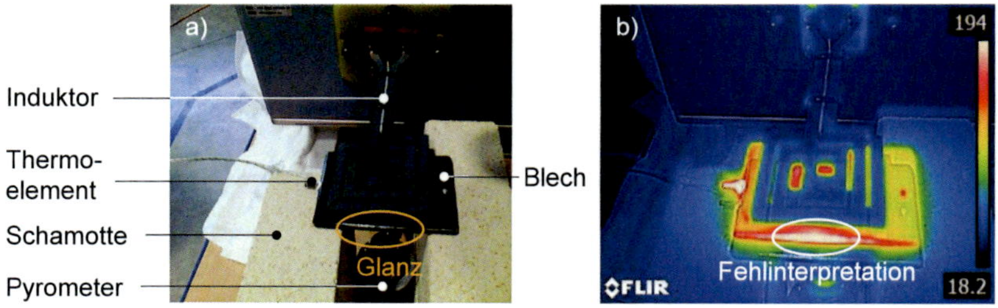

Abbildung 5.8: Induktive Erwärmung in Kamera- a) und Thermokamera-Aufnahme b)
Inductive heating station in camera a) and thermo camera image b)

Wie in Abbildung 5.8 etwa an dem von der Thermokamera als Ort hoher Temperatur fehlinterpretierten Glanzbereich an der vorderen Blechkante zu erkennen ist, ist die Thermokamera-Aufnahme von den Reflexionseigenschaften und damit auch von der Winkelstellung relativ zu den betrachteten Körpern abhängig. Daher wurde sie in der vorliegenden Forschungsarbeit nicht zur absoluten Messung, sondern lediglich zur Plausibilisierung der Pyrometer- und Thermoelementmessungen verwendet. Im Folgenden werden daher vorwiegend Ergebnisse der Thermoelementmessungen dargestellt.

Für die Realversuche wurde die jeweilige Zieltemperatur induktiv erzeugt und für eine Temperaturhaltezeit von $t_{\mathrm{H}} = 120\,\mathrm{s}$ aufrechterhalten, um eine homogene Blecherwärmung sicherzustellen. Im Anschluss erfolgte der manuelle Transfer in die Presse, wozu aufgrund der hohen Blechtemperatur eine Zange zu Hilfe genommen wurde. Der mit dem Thermoelement gemessene Temperaturverlauf einer auf $T_{\mathrm{Z}} = 500\,°\mathrm{C}$ erwärmten Probe ist in Abbildung 5.9 dargestellt.

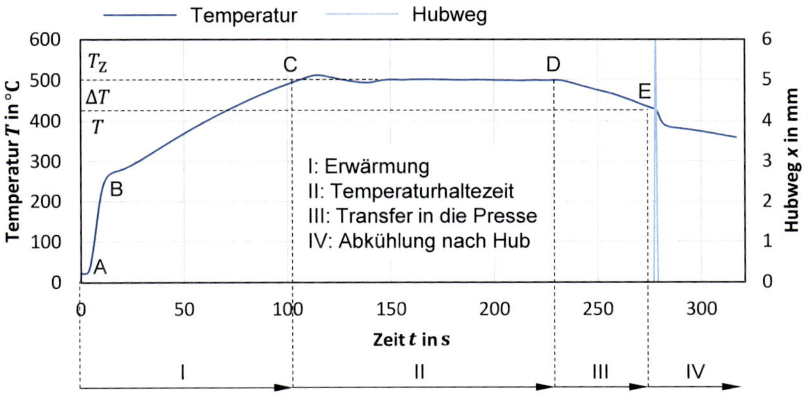

Abbildung 5.9: Temperaturverlauf eines Hubes mit Zieltemperatur $T_Z = 500\ °C$ und Hubrate $H = 50\ s^{-1}$ gemäß Thermoelementmessung
Temperature curve of a stroke with target temperature $T_Z = 500\ °C$ *and stroke rate* $H = 50\ s^{-1}$ *according to thermocouple measurement*

Wie in Abbildung 5.9 zu sehen ist, beginnt die Erwärmung in Punkt A mit einem steilen Temperaturanstieg, der nach Erreichen der halben Zieltemperatur in Punkt B abgeregelt wird. Mit dem erstmaligen Erreichen der Zieltemperatur mit leichtem Überschwingen in Punkt C ist der Abschnitt der Erwärmung (I) abgeschlossen. Es beginnt der Abschnitt der Temperaturhaltezeit (II), der in Punkt D abgeschlossen ist. Dieser dient dazu, eine homogene Temperaturverteilung innerhalb des Blechs infolge von Wärmeleitung sicherzustellen. Daran schließt sich der Abschnitt des Transfers in die Presse (III) an, der in der Temperaturkurve durch eine Abkühlung infolge von Wärmestrahlung und Konvektion gegenüber der Zieltemperatur zu erkennen ist. In Punkt E ereignet sich das Feinschneiden, gefolgt von weiterer Abkühlung in Abschnitt IV. Der Feinschneidvorgang selber ist als Nichtlinearität in der Temperaturkurve deutlich zu erkennen. Die in Punkt E beobachtbare Nichtlinearität der Temperaturkurve zeigte sich unabhängig davon, ob Feinschneiden durchgeführt oder lediglich das Werkzeug geschlossen wurde. Sie liegt daher ausschließlich im Temperaturverlust durch Wärmeübergänge infolge Werkzeugschließens begründet und geschieht wesentlich rascher als die in Abschnitt III beobachtete Abkühlung infolge von Wärmestrahlung und Konvektion. Eine Temperaturerhöhung durch innere Reibung fällt bei erhöhter Blechtemperatur nicht ins Gewicht und ist in der Temperaturkurve nicht zu erkennen. Der gesamte Temperaturverlauf konnte mithilfe des Thermoelements aufgezeichnet werden. Die Messung von Thermoelement und Regelpyrometer stimmte überein, wie an der Blechzieltemperatur in Abschnitt II festzustellen ist.

Darüber hinaus ist in Abbildung 5.9 die Abkühlung zwischen Erwärmung und Feinschneidhub zu erkennen, die im vorliegenden Fall ca. $\Delta T \approx 80\ °C$ betrug. Um die Zielgenauigkeit der Erwärmung einschätzen zu können, wurden die tatsächlichen Blechtemperaturen in sämtlichen Feinschneidversuchen, also je Temperaturstufe 21, mit den Zieltemperaturen verglichen. Das Ergebnis ist in Abbildung 5.10 zu sehen.

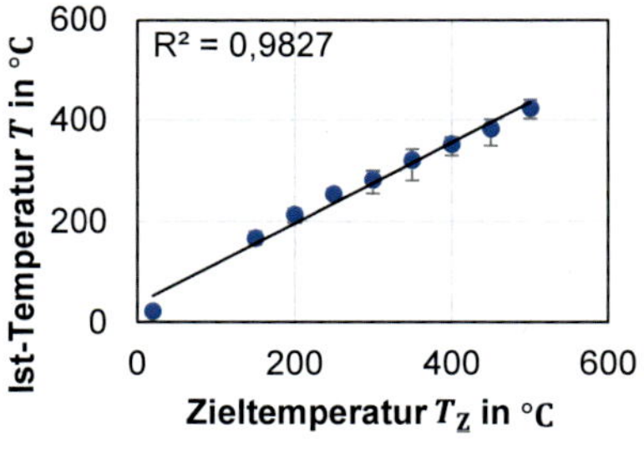

Abbildung 5.10: Vergleich der Ziel- und Ist-Temperatur nach der Erwärmung
Comparison of the set and actual temperature after heating

Wie in Abbildung 5.10 zu sehen ist, wurde die Zieltemperatur T_Z bei Temperaturen bis $T = 300\,°\mathrm{C}$ akkurat getroffen. Bei höheren Temperaturen wich sie dagegen deutlicher ab. Da der Temperaturverlust beim Einlegen in die Presse nicht präzise vorherbestimmt und ausgeglichen werden konnte, wurde die Temperatur gemessen und für die Bewertung der Versuchsergebnisse die tatsächliche Temperatur herangezogen.

Der durch innere Reibung erzeugte Temperaturunterschied kann jedoch beim Feinschneiden bei Raumtemperatur untersucht werden. Ein entsprechender Messschrieb befindet sich in Abbildung 5.11.

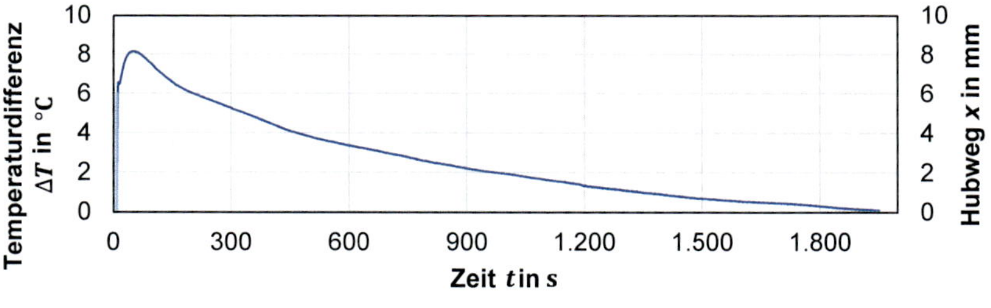

Abbildung 5.11: Temperaturverlauf eines Hubes ohne Blecherwärmung gemäß Thermoelementmessung bis zur vollständigen Abkühlung
Temperature curve of a stroke without sheet heating according to thermocouple measurement until complete cooling down

Wie in Abbildung 5.11 zu erkennen ist, ist im Augenblick des Schnitts am Thermoelement ein rascher Temperaturanstieg um $\Delta T \approx 6\,°\mathrm{C}$ festzustellen, gefolgt von einem langsameren Anstieg bis auf eine Temperaturdifferenz von $\Delta T \approx 8\,°\mathrm{C}$. Bis zur vollständigen Abkühlung des Blechs auf Raumtemperatur ohne erzwungene Konvektion vergehen $t \approx 2.000\ \mathrm{s}$, also etwa eine halbe Stunde. Da der Augenblick des Hubes von größtem Interesse ist, wurde dieser genauer betrachtet. Er ist in Abbildung 5.12 zu sehen.

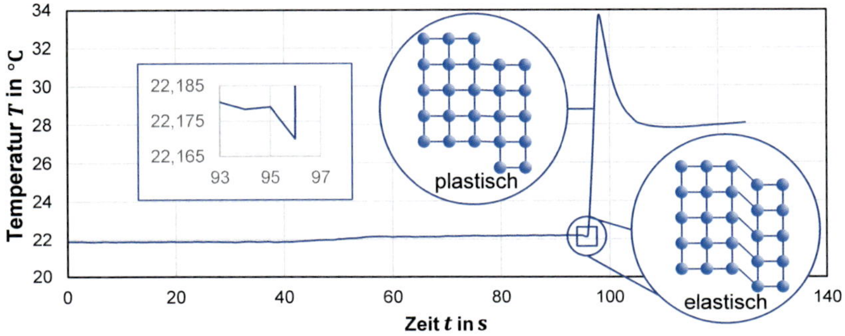

Abbildung 5.12: Temperaturverlauf eines Hubes ohne Blecherwärmung gemäß Thermoelementmessung
Temperature curve of a stroke without sheet heating according to thermocouple measurement

Wie in Abbildung 5.12 zu sehen ist, ist der Moment des Hubes gekennzeichnet durch einen starken kurzzeitigen Anstieg der Temperatur. Dies ist eine indirekte Abbildung des als Blitztemperatur bezeichneten Phänomens. Es wurde bereits verschiedentlich beschrieben, so beispielsweise von RAEDT [RAED02]. Unmittelbar vor Beginn des kurzzeitigen Temperaturanstieges zeigt sich eine geringe Abnahme der Temperatur. Obwohl diese innerhalb der Messungenauigkeit des Thermoelementes liegt und somit zu gering ist, um auf diese Weise nachgewiesen zu werden, ist eine solche geringe Temperaturabnahme zu Beginn der Umformung theoretisch vorhanden: Zu Beginn der Umformung, im elastischen Bereich, kommt es zu einer Dehnung des Werkstoffes und damit zu einem geringen Temperaturabfall, da das Gesetz der Volumenkonstanz nur für plastische Umformung Gültigkeit besitzt. Plastischer Fließbeginn ist der Zeitpunkt der Abweichung der Temperaturkurve vom linearen Verhalten [JOCH18]. Nach Abklingen der Blitztemperatur kommt es zu einem geringen weiteren Temperaturanstieg infolge thermischer Ausgleichsvorgänge innerhalb des Blechs, bevor die Abkühlung auf Raumtemperatur beginnt.

5.2 Schnittteileigenschaften

Properties of Fine Blanked Specimens

Um die Eigenschaften der bei unterschiedlichen Blechtemperaturen und Hubraten feingeschnittenen Teile zu bewerten, wurden diese vermessen. Insbesondere die Makrogeometrie, die Makro- und Mikrohärte, der Kanteneinzug sowie der Schnittflächenzustand wurden betrachtet. Dabei wurde die Terminologie nach VDI 2906 verwendet [VDI2906]. Diese ist in Abbildung 5.13 dargestellt.

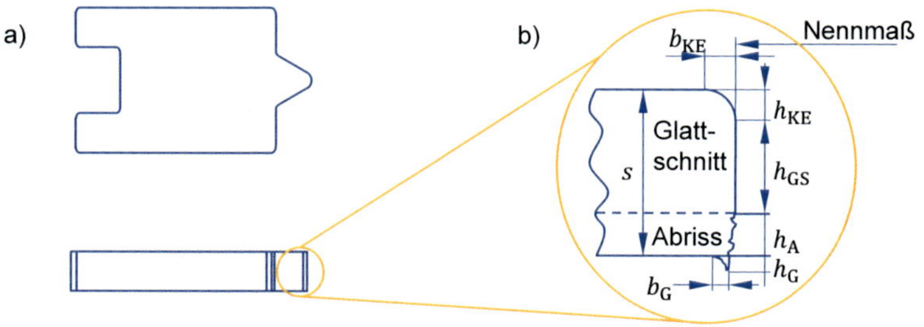

Abbildung 5.13: Pfeilteilgeometrie in Vorderansicht und Draufsicht a) sowie Merkmale des Ist-Feinschneidergebnisses nach VDI 2906 [VDI2906] b)
Arrow part geometry in front view and top view a) as well as Characteristics of the actual fine blanking result acc. to VDI 2906 [VDI2906] b)

Die einzelnen vermessenen Größen werden im Folgenden genauer betrachtet. Die in Abbildung 5.13 dargestellte Terminologie kam dabei zum Einsatz.

5.2.1 Makrogeometrie

Macro geometry

Die Makrogeometrie von Feinschnittteilen ist von großer Bedeutung, da sie innerhalb gegebener Toleranzen unabhängig vom Fertigungsprozess zwingend eingehalten werden muss. Dies muss dementsprechend auch beim Feinschneiden mit induktiver Blecherwärmung gewährleistet werden. Daher wurde die Makrogeometrie der feingeschnittenen Proben mithilfe der Messschraube überprüft. Die Messstellen sind in Abbildung 5.14 dargestellt.

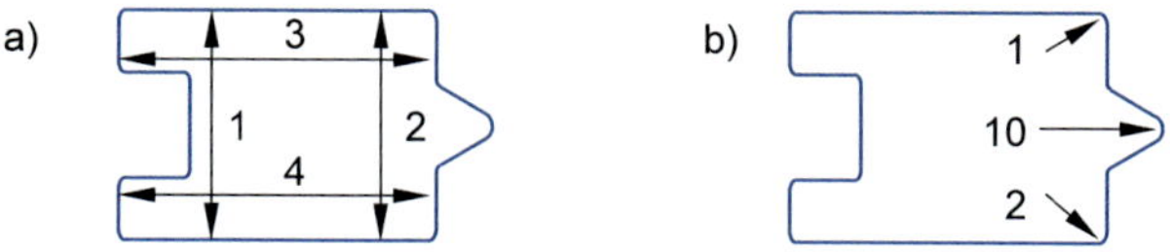

Abbildung 5.14: Messstellen der Makrogeometrie a) und des Kanteneinzugs b)
Measuring points of macro geometry a) and die roll b)

Vermessen wurde, wie in Abbildung 5.14 zu sehen, die Länge und die Breite des Pfeilteils an jeweils zwei verschiedenen Positionen. Beide Positionen bieten den Vorteil, dass der Vermessung gegenüberliegende glatte Flächen zur Verfügung stehen. Die Ergebnisse für die Breitenmaße 1 und 2 sind in Abbildung 5.15 zu sehen.

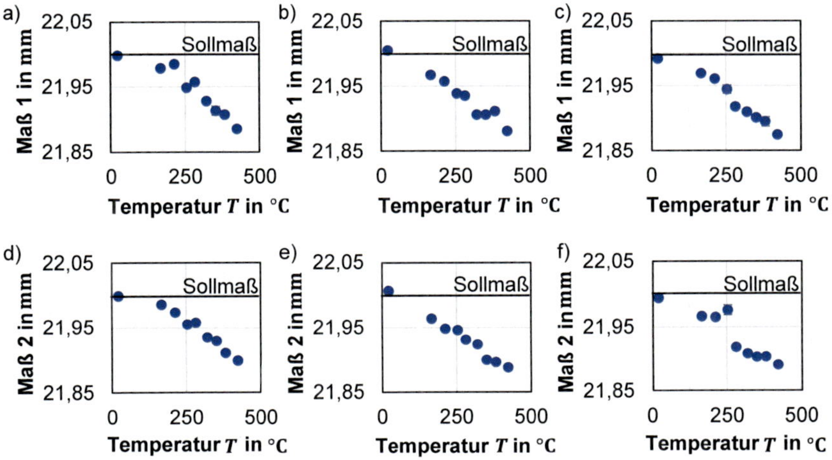

Abbildung 5.15: Makrogeometrie der Pfeilteile: Maß 1 bei $H = 10\,\mathrm{s}^{-1}$ a); $H = 50\,\mathrm{s}^{-1}$ b) und $H = 90\,\mathrm{s}^{-1}$ c); Maß 2 bei $H = 10\,\mathrm{s}^{-1}$ d); $H = 50\,\mathrm{s}^{-1}$ e) und $H = 90\,\mathrm{s}^{-1}$ f)
Macro geometry of the arrow parts: Dimension 1 at $H = 10\,s^{-1}$ a); $H = 50\,s^{-1}$ b) and $H = 90\,s^{-1}$ c); dimension 2 at $H = 10\,s^{-1}$ d); $H = 50\,s^{-1}$ e) and $H = 90\,s^{-1}$ f)

Anhand von Abbildung 5.15 ist zu beobachten, dass die vermessenen Maße ausgehend von der Referenz bei Raumtemperatur mit zunehmender Blechtemperatur linear abnehmen. Die sehr klein ausgeprägten Fehlerbalken indizieren eine nur geringe Streuung. Die Ergebnisse zeigen somit eine lineare thermische Schrumpfung der feingeschnittenen Teile nach Abkühlung auf Raumtemperatur an. Wesentliche Unterschiede zwischen den Werten der drei betrachteten Hubraten $H = 10\,\mathrm{s}^{-1}$; $H = 50\,\mathrm{s}^{-1}$ und $H = 90\,\mathrm{s}^{-1}$ sind nicht festzustellen. Daher ist davon auszugehen, dass die thermische Schrumpfung sich qualitativ unabhängig von der Schnittgeschwindigkeit ausbildet.

Analog zu Abbildung 5.15 wurden auch die Längenmaße vermessen. Die Ergebnisse sind in Abbildung 5.16 dargestellt.

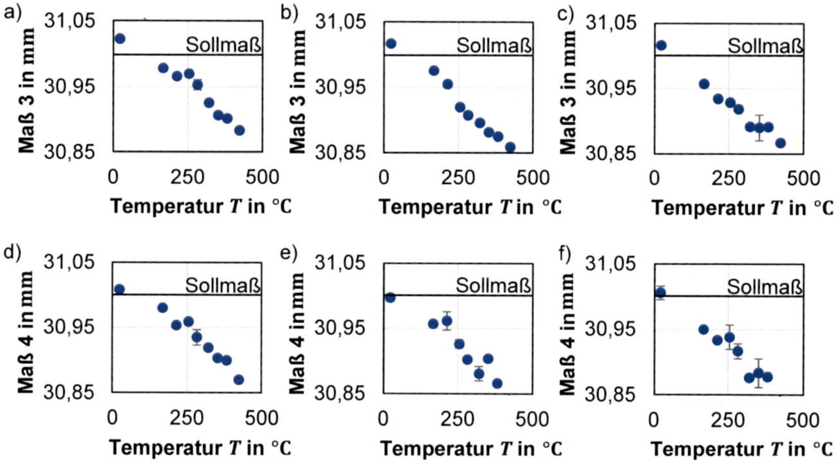

Abbildung 5.16: Makrogeometrie der Pfeilteile: Maß 3 bei $H = 10\,\mathrm{s}^{-1}$ a); $H = 50\,\mathrm{s}^{-1}$ b) und $H = 90\,\mathrm{s}^{-1}$ c) sowie Maß 4 bei $H = 10\,\mathrm{s}^{-1}$ d); $H = 50\,\mathrm{s}^{-1}$ e) und $H = 90\,\mathrm{s}^{-1}$ f)
Macro geometry of the arrow parts: Dimension 3 at $H = 10\,s^{-1}$ a); $H = 50\,s^{-1}$ b) and $H = 90\,s^{-1}$ c) and dimension 4 at $H = 10\,s^{-1}$ d); $H = 50\,s^{-1}$ e) and $H = 90\,s^{-1}$ f)

Wie in Abbildung 5.15 zeigte sich auch in Abbildung 5.16 bei den Längenmaßen 3 und 4 eine lineare Abnahme der makrogeometrischen Schnittteilmaße. Auch hier ist die Streuung der Werte überwiegend gering. Weiterhin zeigt sich auch hier kein Unterschied zwischen den Werten der drei betrachteten Hubraten $H = 10\,\mathrm{s}^{-1}$; $H = 50\,\mathrm{s}^{-1}$ und $H = 90\,\mathrm{s}^{-1}$.

Zur Plausibilitätsprüfung wurde die thermische Dehnung $\varepsilon_{\mathrm{th}}$ rechnerisch ermittelt. Dies geschah mithilfe des folgenden Zusammenhanges [MAIE19]:

$$\varepsilon_{\mathrm{th}} = \frac{\Delta l}{l_0} = \alpha \cdot \Delta T \tag{5.2}$$

Dabei bezeichnet Δl die Längenänderung gegenüber der Anfangslänge l_0 in mm, α den Wärmeausdehnungskoeffizienten in $1/\mathrm{K}$ und ΔT die Temperaturdifferenz in K. Der Wärmeausdehnungskoeffizient α ist werkstoffabhängig. Für 16MNCR5 beträgt er ca. $\alpha = 11{,}5\ \mu K^{-1}$ [RAED02]. Die anhand von Gleichung (5.2) ermittelten Werte sind den experimentell bestimmten in Abbildung 5.17 gegenübergestellt.

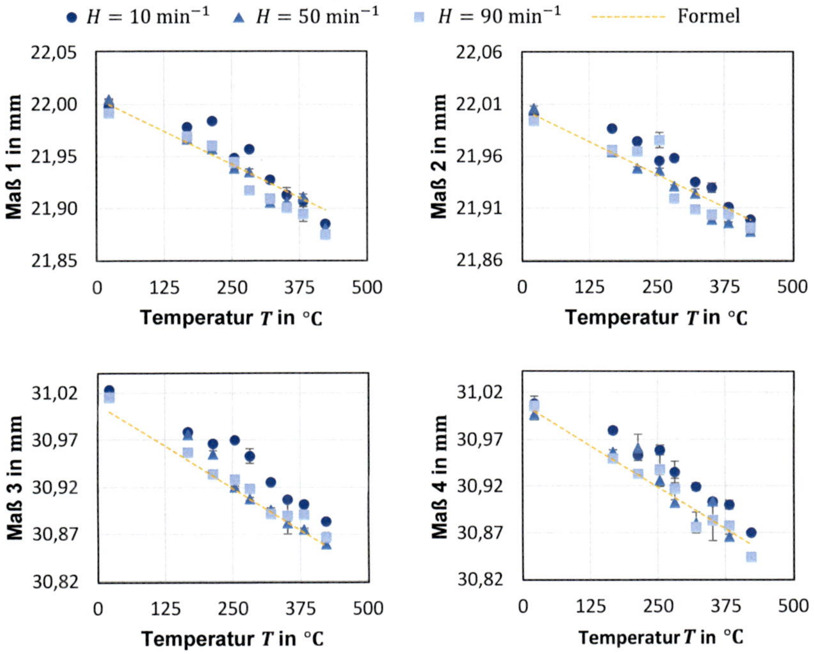

Abbildung 5.17: Makrogeometrie der Pfeilteile im Vergleich mit dem berechneten Wert
Macro geometry of the arrow parts compared to the calculated value

Wie in Abbildung 5.17 zu sehen ist, stimmt der linear abnehmende Verlauf der experimentell gemittelten Werte sehr gut mit den errechneten Werten überein. Eine signifikante Abhängigkeit der thermischen Schrumpfung von der Hubrate ist nicht festzustellen, jedoch liegen die Werte für $H = 10\ \mathrm{s}^{-1}$ stets am höchsten, was für eine leicht geringere Temperatur im Augenblick des Schnittes spricht.

Somit bleibt zusammenzufassen: Die makrogeometrischen Maße der feingeschnittenen Teile zeigen eine lineare thermische Schrumpfung, die sehr gut mit dem theoretischen Wert übereinstimmt. Dies ist ein Indiz für die Verlässlichkeit der Temperaturmessung. Die Schrumpfung muss bei der Prozessauslegung im Interesse maßgerechter Produkte zwingend Beachtung finden. Jedoch kann thermischer Schrumpfung konstruktiv [PETE17] oder durch Prozesskompensation [THYS20] begegnet werden, sodass dies zwar eine Komplexitätssteigerung in der Auslegung, jedoch kein Ausschlusskriterium für die induktive Blecherwärmung in Verbindung mit dem Feinschneidprozess darstellt. Im Folgenden ist zu untersuchen, ob sich infolge der Blecherwärmung neben der Makrogeometrie auch die Härte ändert.

5.2.2 Makro- und Mikrohärte

Macro and micro hardness

Eine weitere zu untersuchende Größe ist die Härte der feingeschnittenen Teile. Diese wurde im Wege von Eindringhärteprüfungen nach BRINELL gemessen. Dabei wird eine Hartmetallkugel mit einer konstanten Kraft in die Oberfläche gedrückt. Die Eindruckoberfläche dient als Maß für den Härtewert. Als Messstelle diente jeweils die Probenoberseite. Die Ergebnisse der Makrohärteprüfung nach Brinell sind in Abbildung 5.18 zu sehen.

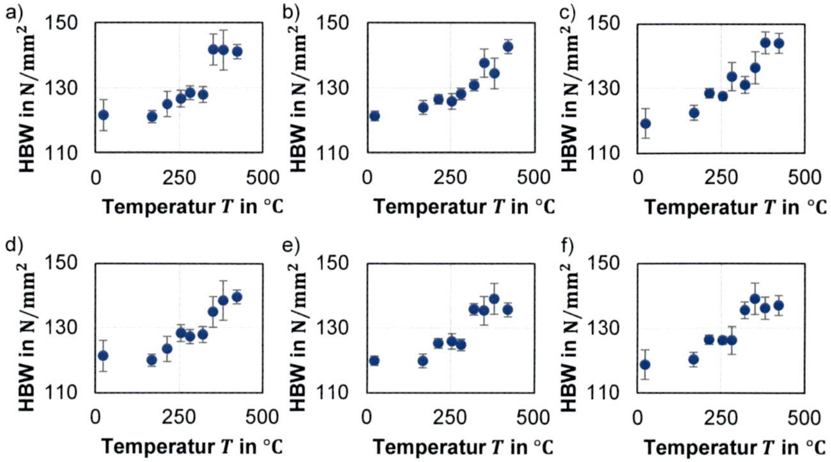

Abbildung 5.18: BRINELL-Härte der Pfeilteile aus dem vorderen Nest bei $H = 10\,\mathrm{s}^{-1}$ a); $H = 50\,\mathrm{s}^{-1}$ b) und $H = 90\,\mathrm{s}^{-1}$ c) sowie aus dem hinteren Nest bei $H = 10\,\mathrm{s}^{-1}$ d); $H = 50\,\mathrm{s}^{-1}$ e) und $H = 90\,\mathrm{s}^{-1}$ f)

BRINELL hardness of the arrow part specimens from the front cavity at $H = 10\,s^{-1}$ a); $H = 50\,s^{-1}$ b) and $H = 90\,s^{-1}$ c) and from the back cavity at $H = 10\,s^{-1}$ d); $H = 50\,s^{-1}$ e) and $H = 90\,s^{-1}$ f)

Wie in Abbildung 5.18 zu beobachten ist, liegt die Makrohärte bei allen Proben auf einem generell niedrigen Niveau. Jedoch steigt sie in allen Parameterkombinationen linear mit zunehmender Blechtemperatur an, der Schwindung entgegengesetzt. Die Härtedifferenz zwischen $T = 22\,°\mathrm{C}$ und $T = 400\,°\mathrm{C}$ beläuft sich auf bis zu ca. 15 %.

Neben der Makrohärte wurde auch die Mikrohärte über die Breite eines der konkaven Geometrieelemente gemessen. Zum Einsatz kam ein automatisiertes Nanoindentationsgerät FISCHERSCOPE HM2000. Gemessen wurde mit einer Messkraft von $F_\mathrm{m} = 1.000\,\mathrm{mN}/20\mathrm{s}$. Zwei exemplarische Messpfade sind in Abbildung 5.19 dargestellt. [WEIS21b]

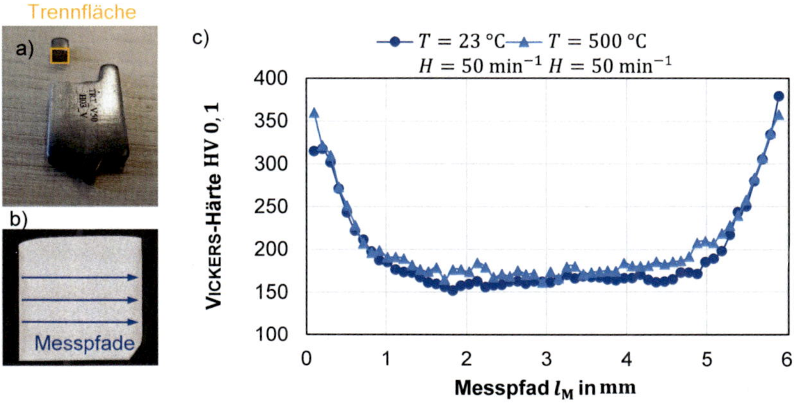

Abbildung 5.19: Position der Trennfläche a); Position der Messpfade b); gemittelte Mikrohärteverläufe nach VICKERS
Position of the cut surface a); position of the measurement paths b); averaged micro hardness curves according to VICKERS

Wie in Abbildung 5.19 zu sehen ist, sind zwischen den Mikrohärteverläufen analog zur Makrohärtemessung geringfügige Betragsunterschiede zu erkennen. Die Grundhärte sämtlicher Proben liegt im Bereich von $150\ \mathrm{HV0{,}1}$ bis $200\ \mathrm{HV0{,}1}$. Zu den Probenrändern hin, also in der Scherzone, erhöht sich die Mikrohärte infolge der Kaltverfestigung des verzerrten Gefüges auf $350\ \mathrm{HV0{,}1}$ bis $400\ \mathrm{HV0{,}1}$. Die Mikrohärte zeigt somit der Makrohärte entsprechenden Verlauf mit geringfügigen Unterschieden nach Temperaturbereichen. [WEIS21b]

Obwohl die Temperaturen der Wärmebehandlung oder des Einsatzhärtens deutlich oberhalb der im Versuch erreichten Blechtemperaturen liegen und erst bei ca. $T = 780\ ^\circ\mathrm{C}$ beginnen, kann aufgrund der konstant gehaltenen übrigen Einflussparameter davon ausgegangen werden, dass die geringfügigen Abweichungen der BRINELL-Härte nach Temperaturbereichen eine Folge der Blecherwärmung ist. Die Begründung kann in einer Gefügeumwandlung an der Schnittfläche gefunden werden. Abhängig von der Abkühlrate können bei der Warmbearbeitung von Stahl unterschiedliche Anteile von Ferrit, Bainit und Martensit an der Werkstoffoberfläche gebildet werden [NADE07]. SO beschrieb beim Normalschneiden ebenfalls eine Aufhärtung in der Scherzone von bis zu 20 % bei Blechtemperaturen von $T = 500\ ^\circ\mathrm{C}$. Diese Aufhärtungen erklärte er ebenfalls mit Gefügeveränderungen infolge der Erwärmung und Abkühlung, die er jedoch als lokal erkannte und davor warnte, aus Messwerten an der Schnittfläche Rückschlüsse auf die Grundhärte der Feinschnittteile zu ziehen [SO15]. Zusammenfassend kann also festgehalten werden, dass die Härtewerte an der Schnittfläche lokal deutliche Unterschiede zeigen und nicht als Basis für makroskopische Schlüsse dienen können.

5.2.3 Kanteneinzug

Die roll

Ein zentrales Qualitätskriterium beim Feinschneiden ist der Kanteneinzug. Die Kanteneinzughöhe und -breite wurde optisch mithilfe von Streifenlichtprojektion vermessen, vgl. Abschnitt 2.1. Die Ergebnisse der Messungen für die Breite und die Höhe des Kanteneinzugs an der Spitze des Pfeilteils (Position 10, vgl. Abbildung 5.14 b) unterschiedlicher Parameterkombinationen sind in Abbildung 5.20 dargestellt.

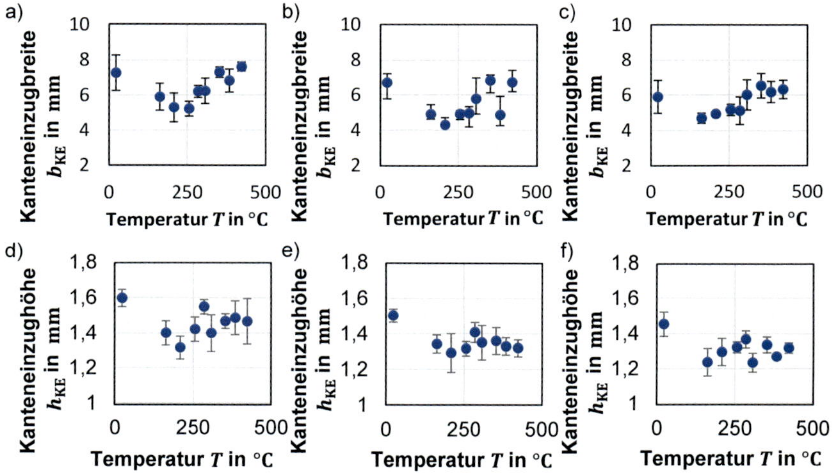

Abbildung 5.20: Kanteneinzugbreite an der Spitze des Pfeilteils (Position 10) bei $H = 10\,s^{-1}$ a); $H = 50\,s^{-1}$ b) und $H = 90\,s^{-1}$ c); bei $H = 10\,s^{-1}$ d); $H = 50\,s^{-1}$ e) und $H = 90\,s^{-1}$ f)

Die roll width at the point of the arrow part (position 10) at $H = 10\,s^{-1}$ *a);* $H = 50\,s^{-1}$ *b) and* $H = 90\,s^{-1}$ *c); at* $H = 10\,s^{-1}$ *d);* $H = 50\,s^{-1}$ *e) and* $H = 90\,s^{-1}$ *f)*

In Abbildung 5.20 fällt auf, dass die Werte des Kanteneinzuges an der Spitze des Pfeilteils im Temperaturbereich zwischen $125\,°C \leq T \leq 205\,°C$ abnehmen. Dieser Abnahme folgt je nach Konfiguration ein Wiederanstieg oder ein Schwanken der Werte bei verhältnismäßig großer Streuung. Jedoch nimmt der Kanteneinzug generell bei $T = 250\,°C$ sein lokales Minimum ein.

Die Ergebnisse für den Kanteneinzug an anderen Bauteilbereichen ähneln den in Abbildung 5.20 dargestellten. Ergebnisdiagramme des Kanteneinzugs an weiteren Bauteilbereichen befinden sich in Anhang 11.3.

Zusammenfassend lässt sich feststellen, dass eine Blecherwärmung bis zu $T = 250\,°C$ einen senkenden Einfluss auf den Kanteneinzug hat. Oberhalb von $T = 250\,°C$ jedoch zeigt sich je nach Konfiguration ein Plateau oder ein Wiederanstieg bei hoher Streuung der Einzelwerte.

5.2.4 Schnittflächenzustand

Cut surface properties

Neben dem Kanteneinzug ist der Zustand der Schnittfläche ein kennzeichnendes Qualitätsmerkmal von feingeschnittenen Teilen. Im Gegensatz zum Normalschneiden ist es beim Feinschneiden grundsätzlich möglich, eine vollkommen glatte Schnittfläche mit einem Glattschnittanteil von bis zu 100 % zu erzielen.

Beim Feinschneiden wird die Schnittfläche zum Teil aus in den Schneidspalt eingezogene Oberflächenanteilen gebildet und zum Teil aus vormals im Blechinneren liegenden Bereichen. Derjenige Anteil der Blechoberfläche, der in den Schneidspalt eingezogen wird und den stempelseitigen Teil der Schnittfläche bildet, liefert aufgrund seiner Schmierstoffbenetzung den für den Feinschneidprozess zur Verfügung stehenden Schmierstoff. Am Übergang des Bereiches zwischen ehemaliger Blechoberfläche und ehemaligem Blechinneren, regelmäßig auf etwa halber Höhe des Hubweges, ist häufig ein visueller Übergang festzustellen. Dieser beeinträchtigt die Glattschnitteigenschaft nicht und ist nicht immer deutlich zu sehen. Einrisse entstehen regelmäßig an dieser Position. VOIGTS hat an dieser Stelle einen Wechsel im Spannungszustand festgestellt und erkannt, dass der Bereich der Zugspannungen an der Schnittfläche erst merklich unterhalb des durch sie ausgelösten Kanteneinzuges endet [VOIG21A]. Dieses Phänomen ist in Abbildung 5.21 dargestellt.

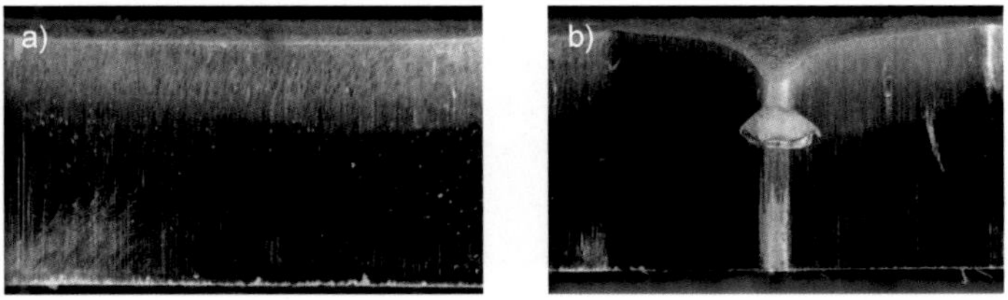

Abbildung 5.21: Sichtbarer Übergang an der Schnittfläche eines feingeschnittenen Teiles mit Fortführung der Blechoberflächenstruktur im oberen Bereich der Schnittfläche a) und Einriss am Flächenübergang, aber unterhalb des Kanteneinzuges b)
Visible transition at the cut surface of a fine blanked part with continuation of the sheet metal surface structure in the upper area of the cut surface a) and tear at the surface transition, but below the edge indentation b)

Das in Abbildung 5.21 dargestellte Phänomen ist auch in Topographiemessungen feststellbar. Eine exemplarische Messung ist in Abbildung 5.22 zu sehen. Das Messfeld mit den Abmessungen 3,3 mm x 3,3 mm ist so gewählt, dass es in der Mitte der Schnittfläche liegt und den sichtbaren farblichen Übergang erfasst. Die grafische Darstellung entstand durch Aneinanderreihung automatisiert erstellter taktiler Messschriebe.

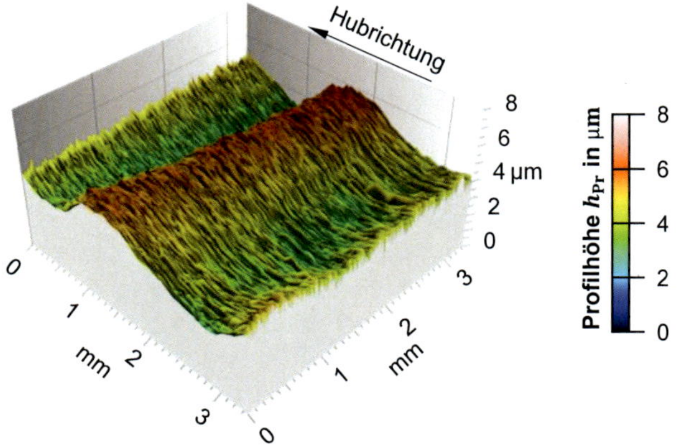

Abbildung 5.22: Topographiemessung der Schnittfläche eines feingeschnittenen Teiles; der Flächenübergang ist als Welligkeit mit einer Höhe von ca. $h_{Ü} = 3\ \mu m$ gut sichtbar.
Topography measurement of the cut surface of a fine blanked part; the surface transition is clearly visible as waviness with a height of approx. $h_{Ü} = 3\ \mu m$.

Wie in Abbildung 5.22 zu sehen ist, zeigt sich in der Topographiemessung an der Position des sichtbaren farblichen Übergangs eine Welligkeit. Diese kann auf eine Höhe von $h_{Ü} = 1 \ldots 3\ \mu m$ beziffert werden. Dies ist der Übergang zwischen dem in den Schneidspalt eingezogenen Teil der Blechoberfläche und ehemaligem Blechinneren.

Um die Qualität der Schnittfläche in Abhängigkeit von Blechtemperatur und Hubrate beurteilen zu können, wurden mithilfe eines KEYENCE VHX 6000 Lichtmikroskopaufnahmen der Schnittflächen von in sämtlichen Parameterkonfigurationen erzeugter Proben angefertigt. Diese sind in Abbildung 5.23 dargestellt. Der Übersichtlichkeit halber ist jede Aufnahme mit einem Kürzel der Blechtemperatur (etwa TRT: Raumtemperatur; T250: $T = 250\ °C$) und der Hubrate (V10: $H = 10\ min^{-1}$; V50: $H = 50\ min^{-1}$; V90: $H = 90\ min^{-1}$) versehen.

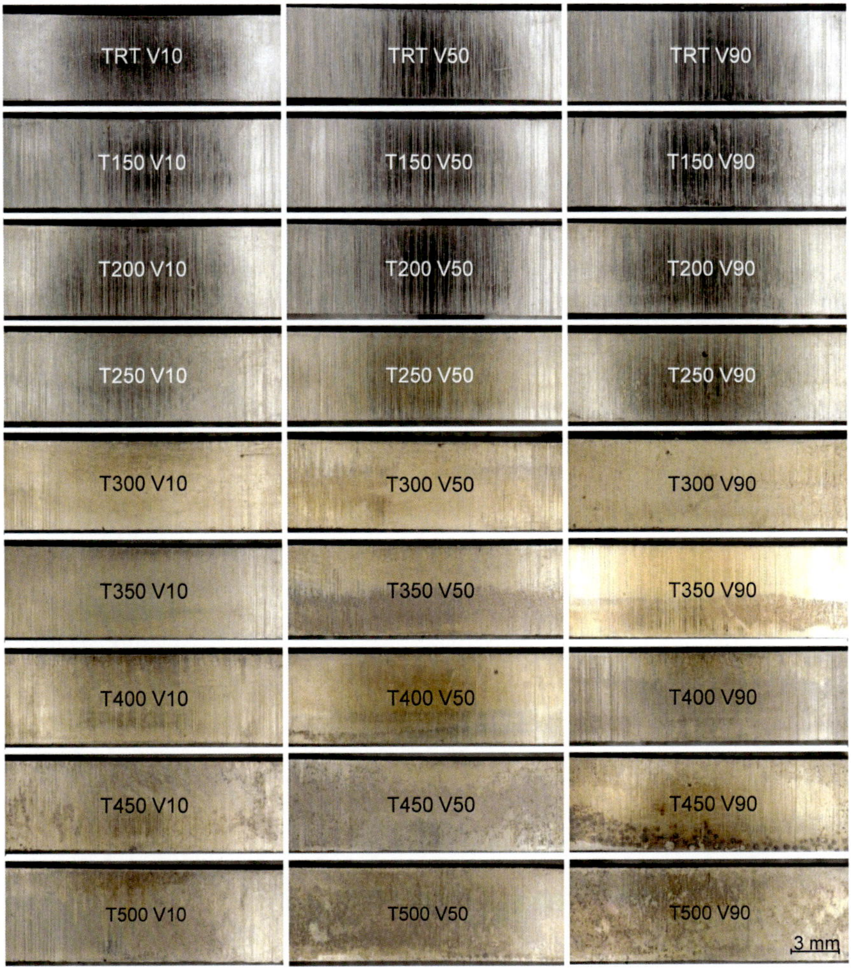

Abbildung 5.23: Vergleich der Schnittflächen sämtlicher Ausprägungen der Parameter Blechzieltemperatur sowie Hubrate unter dem Lichtmikroskop
Comparison of the cut surfaces of all characteristics of the sheet target temperature and stroke rate parameters under the light microscope

Wie in Abbildung 5.23 zu sehen ist, zeigen sämtliche Schnittflächen einen Glattschnittanteil von $P_{GS} = 100\ \%$. Eine Abhängigkeit von Temperatur und Hubrate ist zunächst nicht feststellbar. Da nach LIAN ET AL. bei erhöhten Temperaturen die Neigung zu duktilem Bruch erhöht ist [LIAN20], hier aber keinerlei Ein- oder Abrisse erkennbar sind, wird deutlich, dass die hier untersuchte Parameterkombination nicht geeignet ist, eine Einriss- und Abrissneigung des Werkstoffs zu untersuchen. Jedoch darf als bewiesen gelten, dass es innerhalb der gewählten Kombination von Randbedingungen möglich ist, fehlerfreie Schnittflächen bei erhöhten Temperaturen zu erzeugen. Auch ist etwa aus EMONTS' Untersuchungen bekannt, dass erhöhte Blechtemperatur einen positiven Einfluss auf den Glattschnittanteil der Schnittfläche haben kann [EMON10].

Jedoch zeigt sich mit steigender Blechtemperatur eine zunehmende Braunfärbung infolge Crackens des Schmierstoffs. Aufgrund der NEWTONschen Eigenschaften des mineralölbasierten Schmierstoffs ist zu vermuten, dass der Schmierstoff bei Blechtemperaturen oberhalb von ca. $T = 300\ °\mathrm{C}$ kaum mehr Tragwirkung hat.

Eine abnehmende Tragwirkung des Schmierstoffs ist zwar von großer Bedeutung für den Verschleiß der Werkzeugaktivelemente, beeinflusst jedoch nicht die Stempelkraftwerte während des Hubes. Dies erkannten etwa MOGHADAM ET AL., die für Rückschlüsse auf die Leistungsfähigkeit eines Schmierstoffes beim Normalschneiden und Feinschneiden lediglich auf die Abstreifkraft nach dem Hub zurückgriffen [MOGH20]. Da diese jedoch nur einen unwesentlichen Teil der Prozesskräfte ausmacht, ist der Schmierstoffeinfluss für den Vergleich der Kraftwerte vernachlässigbar. Zwecks Verifikation dieser Aussage wurden Versuche ohne Schmierung durchgeführt. Ein exemplarischer Vergleich zweier Stempelkraftverläufe mit und ohne Schmierstoff ist in Abbildung 5.24 dargestellt.

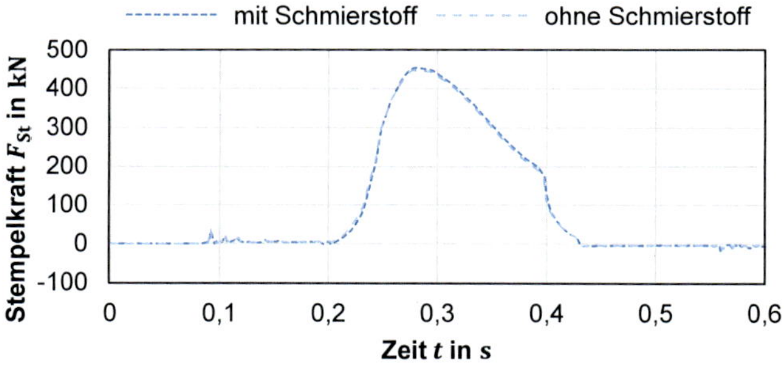

Abbildung 5.24: Verlauf der Stempelkraft $H = 50\ \mathrm{min}^{-1}$ und $T = 250\ °C$ jeweils mit und ohne Schmierstoffapplikation

Course of punch force at stroke rates of $H = 50\ \mathrm{min}^{-1}$ and $T = 250\ °C$, with and without lubrication

Wie in Abbildung 5.24 zu sehen ist, ergaben die Vergleichsversuche keine über die Standardabweichung hinausgehende Änderung der Stempelkraft. Der Einfluss des Schmierstoffs auf die maximalen Stempelkraftwerte wird daher als gering betrachtet. Seine Wirkung entfaltet der Schmierstoff in der Verringerung des Werkzeugverschleißes. Dieser wird hier jedoch nicht vorrangig betrachtet.

5.3 Prozesskräfte

Process Forces

Als für die Beantwortung der Forschungsfrage 2 zentraler Punkt wurden die Kraftwerte der Feinschneidversuche ausgewertet. Hierbei wurden insbesondere die Stempelkräfte betrachtet, da diese direkt messbar sind. Da die Schneidkraft im Prozess als

Differenz aus Stempelkraft und Gegenhalterkraft nur indirekt ermittelt werden kann und gegenüber des mit den in Abschnitt 2.1 genannten empirischen Formeln ermittelten Wertes Abweichungen von bis zu ± 20 % aufweisen kann [KOLB18], bietet die Betrachtung der Stempelkraft den Vorteil, dass allfällige Ungenauigkeiten aus nichtkonstanten Nebenkräften nicht verfälschend auf das Ergebnis einwirken.

Die Kraftmessung geschah im Werkzeug mittels im Kraftfluss verbauter Sensorpakete, vgl. Abbildung 5.25. Die in diesen verbauten Piezokristalle erzeugen unter Last im Kraftnebenschluss eine Ladungsverschiebung. Eine Messbrücke misst die verstärkte Ladungsverschiebung, sodass die daraus errechneten Kraftverläufe des gesamten Hubes vom Messrechner gespeichert werden.

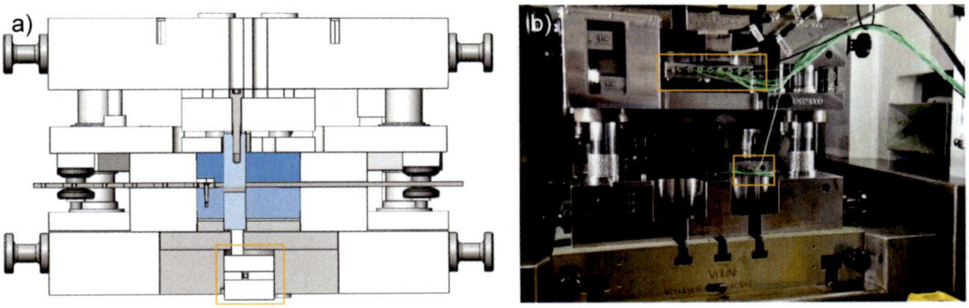

Kraft-Sensorpaket der Gegenhalterseite | Datenübertragung der Kraftmessung

Abbildung 5.25: Die Kraftmessung im Feinschneidwerkzeug: Kraft-Sensorpaket der Gegenhalterseite im Schnitt a) und Ansicht Werkzeugs mit Messübertragung b)
The force measurement in the fine blanking tool: force sensor package of the counterholder side in section a) and view of the tool with measurement transmission b)

Die gemäß Abbildung 5.25 aufgenommenen Stempelkräfte wurden miteinander verglichen. Insbesondere die Auswirkungen der Variationen von Hubrate und Blechtemperatur auf die Stempelkräfte wurden dabei untersucht. Ein exemplarischer Verlauf sämtlicher Prozesskräfte ist in Abbildung 5.26 dargestellt.

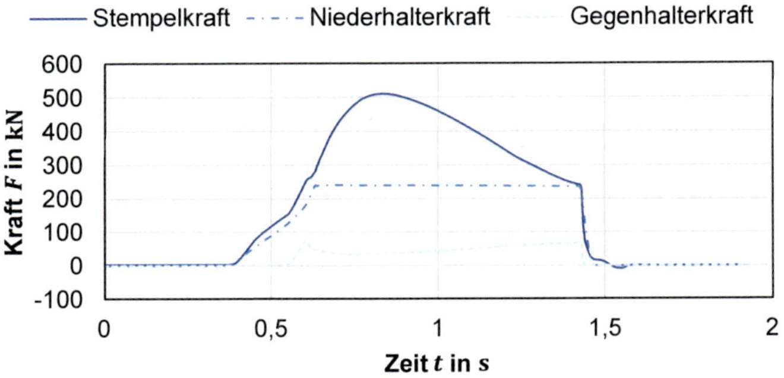

Abbildung 5.26: Verlauf der Prozesskräfte bei $T = 500\ °C$ und $H = 10\ min^{-1}$
Course of the process forces at $T = 500\ °C$ *and* $H = 10\ min^{-1}$

Wie in Abbildung 5.26 zu sehen, ist die Stempelkraft diejenige, an der der Schneidwiderstand des Blechs sichtbar wird und die maßgeblich für die Ermittlung der Schneidkraft ist. Gegenhalterkraft und Niederhalterkraft werden an der Presse eingestellt und hydraulisch aufgebracht. Somit ist die Niederhalterkraft über den gesamten Hubverlauf konstant auf dem eingestellten Wert. Die Gegenhalterkraft wirkt der Stempelkraft entgegen. Dies ist insbesondere im lokalen Minimum der Gegenhalterkraft bei ca. $t = 0{,}75\ \mathrm{s}$ erkennbar, das dem lokalen Maximum der Stempelkraft entspricht. Der Betrag der Gegenhalterkraft entspricht ca. 20 % der Stempelkraft.

Da Niederhalterkraft und Gegenhalterkraft an der Presse eingestellt werden und für die vorliegenden Versuche konstant gehalten wurden, dient die Stempelkraft als direkt messbare Untersuchungsgröße. Mithilfe der konstanten Niederhalter- und Gegenhalterkraft ist sie direkt linear abhängig von der Schneidkraft. Somit gelten Schlüsse aus dieser direkt für jene. Dies berücksichtigend, werden im Folgenden die Stempelkräfte untersucht.

5.3.1 Stempelkraftverlauf

Punch force curve

Zur Untersuchung der Auswirkungen von erhöhter Blechtemperatur auf den Feinschneidprozess wurden die Schneidkraftverläufe der unterschiedlichen Parameterausprägungen aufgezeichnet und miteinander verglichen. Exemplarische Verläufe sind in Abbildung 5.27 zu sehen.

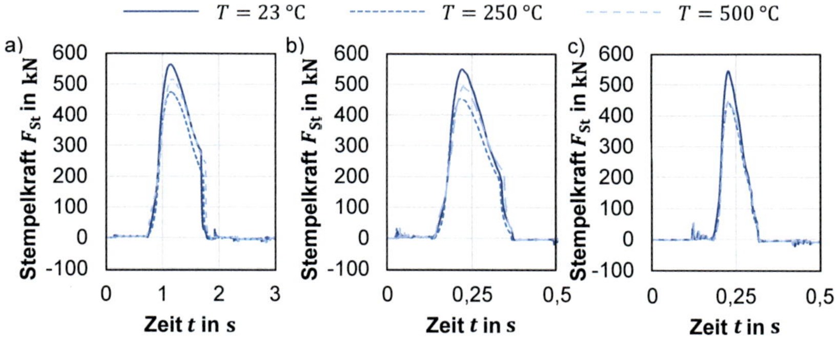

Abbildung 5.27: Verlauf der Stempelkraft bei Hubraten von $H = 10\ \mathrm{min}^{-1}$ a); $H = 50\ \mathrm{min}^{-1}$ b); und $H = 90\ \mathrm{min}^{-1}$ c) jeweils bei $T = 23\ °\mathrm{C}$ (Raumtemperatur), $T = 250\ °\mathrm{C}$ und $T = 500\ °\mathrm{C}$

Course of punch force at stroke rates of $H = 10\ \mathrm{min}^{-1}$ a), $H = 50\ \mathrm{min}^{-1}$ b); and $H = 90\ \mathrm{min}^{-1}$ c) at $T = 23\ °\mathrm{C}$ (room temperature), $T = 250\ °\mathrm{C}$, and $T = 500\ °\mathrm{C}$

Wie in Abbildung 5.27 zu sehen ist, weisen die Verläufe der Stempelkräfte eine unterschiedliche Betragshöhe auf. Die Kraftwerte sind unter den gewählten Verläufen bei $T = 250\ °\mathrm{C}$ minimal, bei $T = 500\ °\mathrm{C}$ wieder erhöht, jedoch unterhalb der Werte von $T = 23\ °\mathrm{C}$ (Raumtemperatur). Um diesen Effekt genauer zu untersuchen, werden im

Folgenden die maximalen Stempelkraftwerte sämtlicher Versuche miteinander verglichen.

5.3.2 Maximalwerte der Stempelkraft

Maximum values of the punch force

Bei den im Folgenden betrachteten Maximalwerten der Stempelkraft handelt es sich jeweils um die maximalen Werte der Kraftmessschriebe, mithin um die Maxima der in Abbildung 5.27 dargestellten sowie sämtlicher weiteren Stempelkraftkurven. Diese sind in Abbildung 5.28 dargestellt. Sämtliche numerischen Werte der gemessenen maximalen Stempelkräfte sind darüber hinaus in Anhang 11.2 zu finden.

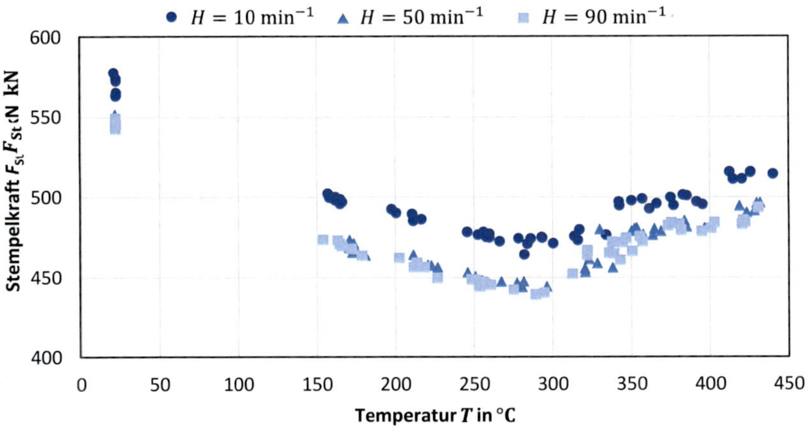

Abbildung 5.28: Stempelkräfte bei Variation von Blechtemperatur und Hubrate
Punch forces with variation of sheet temperature and stroke rate

In Abbildung 5.28 gezeigten Werte sind mehrere Auffälligkeiten zu beobachten. So liegen die Maximalwerte der einzelnen Kurven nah aneinander und weisen nur wenig Streuung auf. Dies spricht für eine hohe Verlässlichkeit und Wiederholgenauigkeit der Versuche. Daneben liegen die Werte der Hubrate $H = 10\ \mathrm{min}^{-1}$ deutlich oberhalb der Werte bei den höheren Hubraten. Schließlich ist für sämtliche Hubraten eine signifikante Abnahme der Stempelkräfte im Vergleich zur Referenz bei $T = 23\ °\mathrm{C}$ zu beobachten, jedoch nur bis zu einer Temperatur von $T = 290\ °\mathrm{C}$. Das lokale Minimum der Stempelkräfte bedeutet eine Reduktion um ca. $19\ \%$ gegenüber den Kraftwerten der Referenzversuche ohne Blecherwärmung. Ein Wiederanstieg der Werte schließt sich an. Dies ist konsistent zu der anhand von Abbildung 5.27 gemachten Beobachtung. Es kann festgestellt werden, dass die Abnahme der Stempelkräfte bei zunehmender Temperatur nicht linear ist. Die von MAURER vorgestellten Ergebnisse lassen diese Beobachtung ebenfalls zu, jedoch ging er aufgrund der begrenzt feinen Temperaturauflösung seiner Versuche von einer linearen Abnahme aus [MAUR18].

Der Abfall der Stempelkraft von Raumtemperatur bis ca. $T = 250\ °\mathrm{C}$ ist konsistent mit WESNERs Beobachtungen, der beim Feinschneiden von 22MNB5 bei $T = 200\ °\mathrm{C}$ eine Schneidkraftreduktion um ca. 10 % feststellte [WESN17]. Dies wird durch die in Abbildung 5.28 gezeigten Werte bestätigt. Die von WESNER gewählte Temperatur war jedoch zu niedrig, um einen dem hier beobachteten entsprechenden Wiederanstieg der Stempelkraft zeigen zu können. Die Ergebnisse von SOs Versuchen zum Normalschneiden von erwärmtem 22MNB5 gaben ihm ebenfalls keinen Anlass, von einer nichtkontinuierliche Schneidkraftabnahme auszugehen [SO15]. Dies eröffnet die Möglichkeit, dass der hier beobachtete Verlauf nicht bei allen Stahlwerkstoffen zu finden ist, und macht Untersuchungen weiterer Stahlwerkstoffe erforderlich.

Darüber hinaus beobachtete WESNER keinen Einfluss der Schnittgeschwindigkeit auf die Schneidkraft [WESN17]. Da er jedoch lediglich Schnittkräfte zwischen $10\,\frac{\mathrm{mm}}{\mathrm{s}} < v_S < 30\,\frac{\mathrm{mm}}{\mathrm{s}}$ betrachtete, liegt die Vermutung nahe, dass der Unterschied zwischen den von ihm untersuchten Schnittkräften zu gering ist, um einen feststellbaren Einfluss auf die Schneidkraft auszuüben.

Einen ähnlichen Effekt des thermisch induzierten Kraftanstiegs nach anfänglichem Abfall hat HOPPE bei der Zerspanung festgestellt: Bei erhöhter Vorschubgeschwindigkeit nimmt die Schneidkraft infolge der aufgrund von höherer Reibung erhöhten Werkstofftemperaturen ab, jedoch nur bis zum Erreichen eines Minimums, gefolgt von einem Wiederanstieg. HOPPE nannte keinen werkstoffphysikalischen Effekt, beschrieb jedoch die Dehnratensensitivität als korrelierenden Faktor. [HOPP04]

Die Nichtlinearität der Kraftmaximalwerte bei ansteigender Temperatur lässt sich durch den Effekt der dynamischen Reckalterung erklären, der in Kapitel 4 untersucht und für 16MNCR5 nachgewiesen wurde. Dynamische Reckalterung steht mit der in Abschnitt 4.3 festgestellten und auch von HOPPE konstatierten negativen Dehnratensensitivität in Zusammenhang. Das Verhalten der Stempelkräfte korreliert mit der in Abschnitt 5.2 festgestellten Entwicklung der Schnittteilqualität.

Um festzustellen, ob die Unterschiede zwischen den Stempelkraftwerten der Hubrate $H = 10\ \mathrm{min}^{-1}$ und denen der übrigen Hubraten auch im Verlauf bestehen, wurden sämtliche Kraftwerte auf ihren Wert bei $T = 23\ °\mathrm{C}$ (Raumtemperatur) bezogen. Dies dient der Feststellung relativer Unterschiede und ist in Abbildung 5.29 dargestellt.

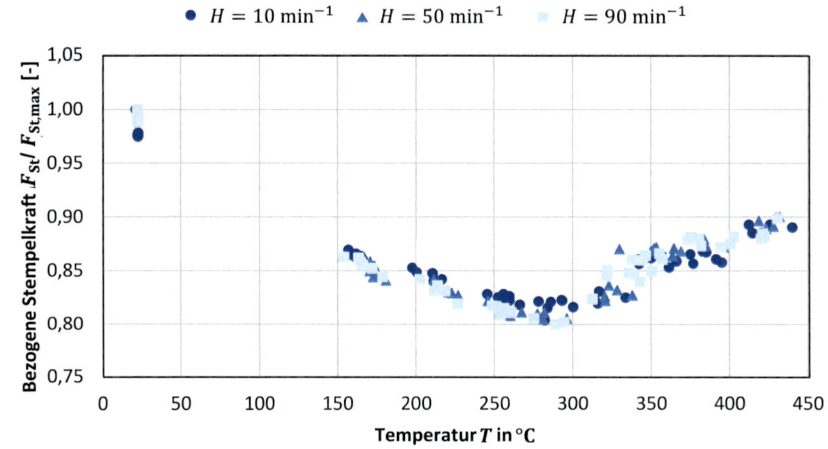

Abbildung 5.29: Auf die jeweilige Maximalkraft bezogene Stempelkräfte bei Variation der Blechtemperatur und der Hubrate
Punch forces related to the respective maximum force with variation of the sheet temperature and stroke rate

Wie in Abbildung 5.29 festzustellen ist, bestehen die Unterschiede zwischen den Hubraten nur im Absoluten und sind im Relativen bezogen auf die jeweiligen Werte bei $T = 23\ \mathrm{°C}$ (Raumtemperatur) nicht zu sehen. Es bleibt der Schluss, dass die Absolutwerte der Stempelkraftmaxima für die Hubrate $H = 10\ \mathrm{min}^{-1}$ gegenüber den übrigen um ca. 7,5 % erhöht sind, ihr Verlauf sich aber relativ gesehen gleich einstellt. Ausgehend von dieser Beobachtung wurde die Schlussfolgerung gezogen, dass ein Hub bei $H = 10\ \mathrm{min}^{-1}$ aufgrund der langsamen Umformung einen thermischen Ausgleich der infolge innerer Reibung in der Scherzone entstehenden Wärme innerhalb des Blechs ermöglicht. Den so entstehenden Temperaturunterschied hat RAEDT für 16MNCR5 auf bis zu $\Delta T = 136\ °C$ beziffert [RAED02]. Ein Temperaturausgleich innerhalb des Blechs findet bei den schnelleren Hüben mit $H = 50\ \mathrm{min}^{-1}$ und $H = 90\ \mathrm{min}^{-1}$ aufgrund der kurzen Hubdauer von $t_{\mathrm{Hu}} = 0{,}8\overline{3}\ \mathrm{s}$ beziehungsweise $t_{\mathrm{Hu}} = 0{,}\overline{6}\ \mathrm{s}$, die im Vergleich zur Hubdauer von $t_{\mathrm{Hu}} = 6\ \mathrm{s}$ wesentlich verkürzt ist, in wesentlich geringerem Ausmaß statt. Darüber hinaus ist der durch innere Reibung entstehende Wärme bei höheren Schnittgeschwindigkeiten erhöht. Daher ist die Blechtemperatur im Augenblick des Feinschneidens in der Scherzone bei $H = 50\ \mathrm{min}^{-1}$ und $H = 90\ \mathrm{min}^{-1}$ höher, da insbesondere die infolge der Umformung entstehende Wärme aufgrund der Kürze der Zeit nicht innerhalb des Blechs abgeführt werden kann. Dies konnte per Temperaturmessung nachgewiesen werden: während die höchste mittels Thermoelements gemessene Temperatur beim Feinschneiden bei Raumtemperatur mit $H = 10\ \mathrm{min}^{-1}$ bei $T = 30{,}3\ \mathrm{°C}$ lag, wurde bei $H = 50\ \mathrm{min}^{-1}$ $T = 33{,}6\ \mathrm{°C}$ und bei $H = 90\ \mathrm{min}^{-1}$ $T = 33{,}8\ \mathrm{°C}$ festgestellt. Dies passt zu den Beobachtungen von DEMMEL, der beim Normalschneiden einen Zusammenhang zwischen Schnittgeschwindigkeit und Blitztemperatur nachweisen konnte. Er interpretierte diesen Zusammenhang ebenfalls dahingehend, dass geringere Schnittgeschwindigkeiten die Ableitung der durch innere Reibung generierten Wärme aus der Verformungszone begünstigen [DEMM14]. Trotz der unterschiedlichen Prozesscharakteristika zwischen Normalschneiden und Feinschneiden ist dieser Effekt beiden Verfahren gemeinsam. Somit herrscht bei höheren Schnittgeschwindigkeiten eine leicht erhöhte Temperatur in der Scherzone und damit ist aufgrund von thermischer Entfestigung der Kraftbedarf beim Feinschneiden mit hoher Schnittgeschwindigkeit leicht verringert.

DEMMEL hat dieses Verhalten durch die Überlagerung von thermischer Entfestigung, also infolge erhöhter Temperatur gesteigerter Beweglichkeit der Versetzungen, und mechanischer Verfestigung, also Behinderung der weiteren Versetzungsbewegung durch Korngrenzen, erklärt [DEMM14]. Beide Mechanismen liegen auch im hier untersuchten 16MNCR5 vor. Jedoch überwiegt hier die thermische Entfestigung, wohingegen bei dem von DEMMEL untersuchten mikrolegierten Feinkornstahl S355MC die mechanische Verfestigung einen größeren Einfluss hat [DEMM14]. Daher kann der Schluss gezogen werden, dass der Einfluss der Schnittgeschwindigkeit auf die Stempelkraft bei erhöhter Blechtemperatur vom werkstoffindividuellen Gleichgewicht zwischen thermischer Entfestigung und mechanischer Verfestigung abhängig ist und nicht allgemeingültig postuliert werden kann.

5.4 Zwischenfazit

Intermediate Conclusion

Im Wege eines umfangreichen Versuchsplanes wurden Realversuche zum Feinschneiden von induktiv erwärmten Blechwerkstoffen durchgeführt und sowohl die dabei erzeugten Feinschnittteile auf ihre Qualitätsmerkmale als auch die dabei aufgezeichneten Prozesskräfte untersucht und zueinander in Beziehung gesetzt.

Es zeigte sich, dass die **Makrogeometrie** der Feinschnittteile bei zunehmender Blechtemperatur thermischer Schrumpfung unterliegt. Diese ist jedoch annähernd linear und kann mit Hilfe konstruktiver Methoden ausgeglichen werden. Die **Makrohärte** steigt hingegen bei zunehmender Blechtemperatur an. Dies wird als Folge der Temperatureinwirkung gesehen. Die in Blechdickenrichtung gemessene **Mikrohärte** bestätigte die Ergebnisse der Makrohärtemessung.

Der **Kanteneinzug** nimmt bis zu einer Blechtemperatur von ca. $T = 250\ °\mathrm{C}$ ab. Bei weiter erhöhter Blechtemperatur kommt es zu einer Zunahme, die jedoch nicht linear verläuft. Ein lokales Minimum bei $T = 250\ °\mathrm{C}$, das auch gegenüber der Raumtemperatur-Referenz verringert war, ließ sich jedoch stets feststellen. Die **Schnittflächenqualität** war bei sämtlichen Blechtemperaturen hervorragend und zeigte einen Glattschnittanteil von $P_{GS} = 100\ \%$. Hieraus ist nicht zu schließen, dass die Schnittflächenqualität bei erhöhten Blechtemperaturen stets einen hohen Glattschnittanteil aufweist. Es darf jedoch geschlossen werden, dass es auch bei erhöhten Blechtemperaturen möglich ist, Schnittflächen mit hohem Glattschnittanteil zu erzeugen. Darüber hinaus gehende Aussagen zum Ein- und Abrissverhalten können aufgrund des bei allen Versuchen maximalen Glattschnittanteiles nicht getroffen werden.

Keine Unterschiede, abgesehen von einer variablen Dauer, Höhe und Dynamik, zeigten die **Stempelkraftverläufe**. Eine detaillierte Betrachtung der **Stempelkraftmaxima** zeigte mehrere Effekte. So lagen die Kraftwertmaxima bei einer niedrigen Hubrate von $H = 10\ \mathrm{min}^{-1}$ über denen bei höheren Hubraten. Dies konnte mit einem weitgehenden Temperaturausgleich bei niedrigen Schnittgeschwindigkeiten erklärt werden. Jedoch zeigte der Verlauf der Schneidkraftmaxima bei sämtlichen Hubraten einen nichtlinearen Verlauf. Nach einer Abnahme der Kraftmaxima bis ca. $T = 250\ \mathrm{°C}$ stiegen die Kraftwerte erneut an. Dieses Ergebnis ist konsistent zum Fließverhalten des untersuchten Werkstoffes, das in Forschungsfrage 1 untersucht und in Kapitel 4 beschrieben wurde.

Damit wurde **Forschungsfrage 2**, welchen Einfluss eine erhöhte Blechtemperatur auf die Stempelkraft und die Schnittteilqualität (Geometrie, Schnittflächenqualität, Kanteneinzug) beim Feinschneiden von geglühtem 16MnCr5-Stahl hat, beantwortet.

Es steht jedoch noch kein Prozessmodell des Feinschneidens mit Blecherwärmung zur Verfügung. Dieses wird im Folgenden erarbeitet.

6 Prozessmodellierung des erwärmten Feinschneidens

Development of a Process Model for Heated Fine Blanking

Um die in Kapitel 4 und 5 identifizierten Effekte beschreiben zu können, wird in Unterkapitel 6.1 ein Fließmodell adaptiert und parametriert. Anschließend wird dieses Modell im Hinblick auf seine Eignung, das Werkstoffverhalten beim Feinschneiden von erwärmten Blechen abzubilden, validiert. Dies geschieht in zwei Schritten: Im ersten Schritt werden in Unterkapitel 6.2 die in Abschnitt 4.3 beschriebenen Schichtstauchversuche im Simulationssystem ABAQUS simulativ nachgebildet und hinsichtlich ihrer Ergebnisse verglichen. Auf diese Art wird der Nachweis geführt, dass das Fließmodell geeignet ist, das Werkstoffverhalten so gut zu beschreiben, dass Analogieversuche in der Simulation innerhalb einer hinreichend engen Toleranz dieselben Ergebnisse hervorbringen wie in der Wirklichkeit. Im zweiten Schritt wird in Abschnitt 6.3 das so validierte Fließmodell genutzt, um den Feinschneidprozess zu simulieren. Zeigt dieses innerhalb hinreichend enger Toleranzen dieselben Ergebnisse wie der Feinschneidversuch, so ist der Nachweis geführt, dass die thermomechanischen Wechselwirkungen insbesondere in Bezug auf das Werkstoffverhalten durch das in Kapitel 4 erarbeitete Modell ausreichend gut beschrieben werden.

6.1 Adaption eines Fließmodells unter Berücksichtigung der wirkenden werkstoffphysikalischen Effekte

Adaptation of a flow model with consideration of the acting material-physical effects

Um das in Kapitel 4 beobachtete Werkstoffverhalten anhand der dort identifizierten Effekte zu beschreiben, wurde ein temperaturabhängiges Fließspannungsmodell identifiziert, adaptiert und parametriert. Dies wird im Folgenden beschrieben.

6.1.1 Temperaturabhängigkeit

Temperature dependence

Die Dehnungs- und Dehnratenmodellierung des JOHNSON-COOK-Modells ist geeignet, das Werkstoffverhalten ohne Temperaturabhängigkeit ausreichend genau zu beschreiben, vgl. Abschnitt 2.2.3. Daher wird für das Feinschneiden von erwärmten Stahlblechen im Folgenden ein Werkstoffmodell zusammengesetzt aus Dehnungs- und Dehnratenterm nach JOHNSON und COOK sowie der Temperaturmodellierung mit thermischer Entfestigung (*thermal softening*, f_{TS}) und dynamischer Reckalterung (*dynamic strain aging*, f_{DSA}) nach SHEN, MÜNSTERMANN und LIAN. Aufgrund seines modularen Aufbaus ist das JOHNSON-COOK-Modell gut geeignet für die Variation der Temperaturbeschreibung [DAHM10]. Somit ergibt sich nach SHEN ET AL. analog zu Abschnitt 2.2.3 [SHEN20]:

$$\sigma_T = \sigma_{ref} \cdot (f_{TS}(T) + f_{DSA}(T)) \tag{6.1}$$

Somit wird das komplette Modell zu

$$k_f(\varepsilon, \dot{\varepsilon}, T) = \left[a_{JC} + b_{JC} \cdot \varepsilon_{pl}^{n_{JC}}\right] \cdot \left[1 + c_{JC} \cdot ln\left(\frac{\dot{\varepsilon}}{\dot{\varepsilon}_0}\right)\right] \cdot \left[C_1 \cdot e^{-C_2 \cdot T} + C_2 + C_4 \cdot e^{-\left(\frac{T - C_5}{C_6}\right)^2}\right] \tag{6.2}$$

Die Parameter a_{JC}, b_{JC} und c_{JC} sind werkstoffabhängig und entsprechen denen des JOHNSON-COOK-Modells bei Raumtemperatur. Die Parameter C_1 bis C_6 müssen dabei für jeden Werkstoff gesondert bestimmt werden. Die Ermittlung der für die Modellierung benötigten werkstoffabhängigen Parameter erfolgt im folgenden Abschnitt.

6.1.2 Parameterermittlung

Parameter determination

Mithilfe der in Abschnitt 4.3 beschriebenen Ergebnisse der Schichtstauchversuche konnte das in Abschnitt 6.1.1 beschriebene Modell für die Temperaturabhängigkeit der Fließspannung für den untersuchten Stahl 16MNCR5 parametriert werden. Die Kalibrierung der JOHNSON-COOK-Parameter auf der Grundlage der Ergebnisse einer Zugfestigkeitsprüfung ist ein gängiges Verfahren. Die in diesem Fall verfügbaren experimentellen Daten stammten jedoch aus Schichtstauchversuchen. Bei einem Zugversuch kommt es zu einer Einschnürung des Materials, bei der eine lokale Verformung in einem reduzierten Querschnittsbereich auftritt, bevor das Material schließlich versagt. Dieses Einschnürungsverhalten führt zu geringeren Maximalkräften als bei Druckversuchen, bei denen sich der Werkstoff bis zum Bruch verfestigt. Die Ergebnisse von Zug- und Stauchversuchen sind somit nicht direkt übertragbar. Stauchversuche bilden den Lastfall des Feinschneidens besser ab und sind daher hier zu bevorzugen.

Der Parameter a_{JC} bezeichnet den plastischen Fließbeginn des Werkstoffs und entspricht der Elastizitätsgrenze $R_{p0,2}$. Der Parameter b_{JC} dient als Kaltverfestigungskoeffizient mit n_{JC} als Kaltverfestigungsexponenten. c_{JC} bezeichnet die Dehnratensensitivität. b_{JC}, n_{JC} und c_{JC} lassen sich dabei durch eine Umstellung der JOHNSON-COOK-Gleichung an geeigneten Punkten wie folgt ermitteln:

$$\ln(\sigma - a_{JC}) = n_{JC} \cdot \ln(\varepsilon) + \ln(b_{JC}) \tag{6.3}$$

$$\frac{\sigma}{(a_{JC} + b_{JC} \cdot \varepsilon^{n_{JC}})} = \left(1 + c_{JC} \cdot \ln(\dot{\varepsilon})\right) \tag{6.4}$$

Unter Verwendung der Ergebnisse der in Unterkapitel 4.3 beschriebenen Schichtstauchversuche lassen sich auf diese Weise die in Tabelle 6:1 aufgeführten dehnraten- und temperaturabhängigen Parameter bestimmen.

Tabelle 6:1: Kalibrierte dehnraten- und temperaturabhängige Parameter $\mathrm{a_{JC}}$, $\mathrm{b_{JC}}$, n und $\mathrm{c_{JC}}$
Calibrated strain rate and temperature-dependent parameters a_{JC}, b_{JC}, n and c_{JC}

$\dot{\varepsilon} = 1\ \mathrm{s^{-1}}$	**20 °C**	**200 °C**	**250 °C**	**300 °C**	**400 °C**	**450 °C**	**500 °C**	**600 °C**
$\mathbf{a_{JC}}$	-70	-140	-120	-180	-180	-180	-145	-180
$\mathbf{b_{JC}}$	800	915	900	955	940	930	925	925
$\mathbf{n_{JC}}$	0,10	0,13	0,13	0,11	0,12	0,11	0,12	0,12
$\mathbf{c_{JC}}$	0,05	0,05	0,05	0,05	0,05	0,05	0,05	0,05
$\dot{\varepsilon} = 10\ \mathrm{s^{-1}}$	**20 °C**	**200 °C**	**250 °C**	**300 °C**	**400 °C**	**450 °C**	**500 °C**	**600 °C**
$\mathbf{a_{JC}}$	-70	-120	-120	-130	-125	-140	-220	-220
$\mathbf{b_{JC}}$	830	880	830	840	850	870	860	875
$\mathbf{n_{JC}}$	0,16	0,13	0,13	0,13	0,13	0,13	0,10	0,11
$\mathbf{c_{JC}}$	0,05	0,04	0,06	0,05	0,05	0,05	0,10	0,10

Die Parameter $\mathrm{C_1}$ bis $\mathrm{C_6}$ sind nach SHEN ET AL. [SHEN20] jeweils abhängig von Umformgrad und Dehnrate. Parameter $\mathrm{C_1}$ bis $\mathrm{C_3}$ dienen der Modellierung der thermischen Entfestigung. Dabei beschreiben $\mathrm{C_1}$ und $\mathrm{C_2}$ die thermische Aktivierung und $\mathrm{C_3}$ die nichtthermischen Beiträge. Parameter $\mathrm{C_4}$ bis $\mathrm{C_6}$ beschreiben die dynamische Reckalterung. $\mathrm{C_4}$ bestimmt dabei maßgeblich den Betrag, $\mathrm{C_6}$ die Breite des Reckalterungsbereiches. Beide zusammen modellieren somit die Intensität der dynamischen Reckalterung. Der Faktor $\mathrm{C_5}$ beschreibt unmittelbar die charakteristische Temperatur der maximalen dynamischen Reckalterung bei gegebener Dehnung und Dehnrate [SHEN20]. Im Fall von 16MNCR5 ist dies abhängig vom Umformgrad und der Dehnrate ca. $T = 450\ °\mathrm{C}$ Die Parameter können mithilfe der in Abschnitt 4.3 dargestellten Ergebnisse der Schichtstauchversuche numerisch ermittelt werden. Hierfür wurde die Methode der kleinsten Fehlerquadrate ARRHENIUS-Gleichung verwendet. Bei der Optimierung der Modellparameter wurde auf eine hohe Übereinstimmung insbesondere der hohen Temperaturbereiche Wert gelegt, da geringe Temperaturen mit simpleren Fließmodellen hinreichend gut modelliert werden können. Da die Dehnraten der Feinschneidversuche zwischen $1\ \mathrm{s^{-1}} < \dot{\varepsilon} < 10\ \mathrm{s^{-1}}$ liegen, wurden die für diese Dehnraten vorliegenden Fließkurven verwendet. Die auf diese Weise ermittelten Parameterverläufe der Parameter $\mathrm{C_1}$ bis $\mathrm{C_3}$, welche die thermische Entfestigung beschreiben, sind in Abbildung 6.1 dargestellt.

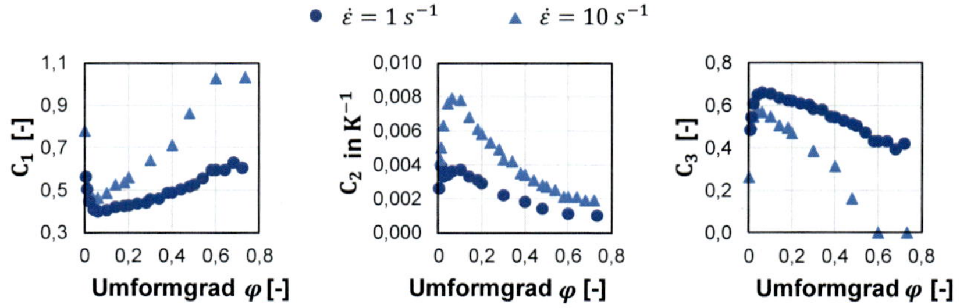

Abbildung 6.1: Modellparameter für thermische Entfestigung
Model parameter for thermal softening

Ebenso wurden die die dynamische Reckalterung beschreibenden Parameterverläufe der Parameter C_4 bis C_6 ermittelt. Diese sind in Abbildung 6.2 dargestellt.

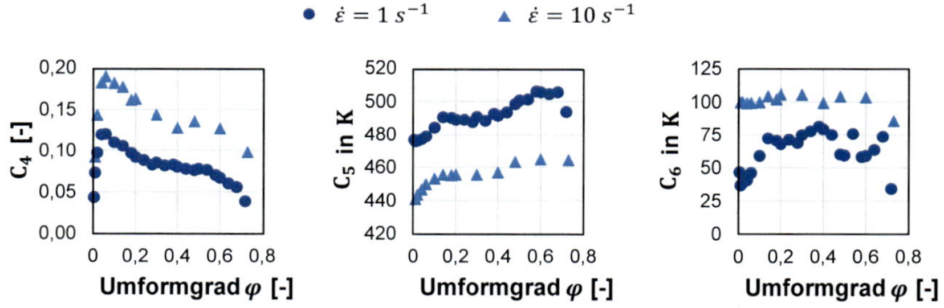

Abbildung 6.2: Modellparameter für dynamische Reckalterung
Model parameter for dynamic strain aging

Wie in Abbildung 6.1 und Abbildung 6.2 zu sehen ist, sind die Parameter nichtlinear und vom Umformgrad abhängig. Der Verlauf der Werte passt qualitativ zu den von SHEN, MÜNSTERMANN und LIAN beschriebenen Verläufen [SHEN20], wenngleich diese nur Umformgrade bis $\varphi = 0{,}1$ betrachteten. Der auch von SHEN ET AL. untersuchte Umformgradbereich stimmt jedoch qualitativ mit den hier gezeigten Verläufen überein. Die Parameterverläufe haben per se keine direkte physikalische Aussage. In ihrer Summe ermöglichen sie jedoch die Ermittlung des Verlaufs der separierten thermischen Effekte. Mithilfe dieser Parameterverläufe konnten Modellverläufe für die thermische Entfestigung und die dynamische Reckalterung aufgestellt werden. Der Verlauf des Terms für die thermische Entfestigung ist in Abbildung 6.3 dargestellt.

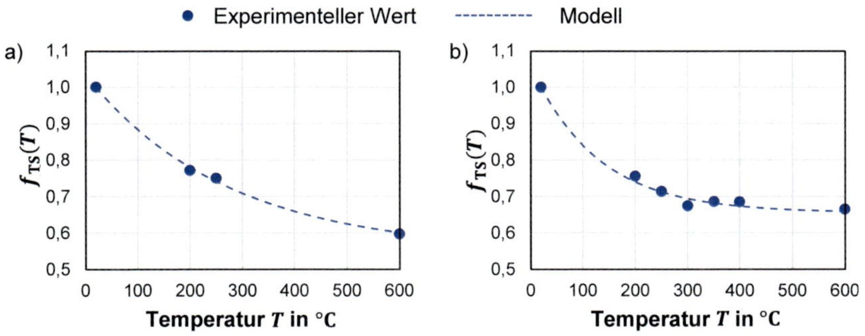

Abbildung 6.3: Modell der thermischen Entfestigung bei $\dot{\varphi} = 1\,\mathrm{s}^{-1}$ a); $\dot{\varphi} = 10\,\mathrm{s}^{-1}$ b)
Model of thermal softening at $\dot{\varphi} = 1\,\mathrm{s}^{-1}$ a); $\dot{\varphi} = 10\,\mathrm{s}^{-1}$ b)

Wie in Abbildung 6.3 zu sehen ist, folgt die thermische Entfestigung einem je nach Dehnrate flacherem oder steilerem hyperbolischen Verlauf. Dies ist eine plausible Modellierung, die dem Stand der Technik entspricht.

Die entscheidende Innovation des in Abschnitt 6.1.1 beschriebenen Modells besteht in der Modellierung der dynamischen Reckalterung. Der Verlauf des Terms für die dynamische Reckalterung ist in Abbildung 6.4 dargestellt.

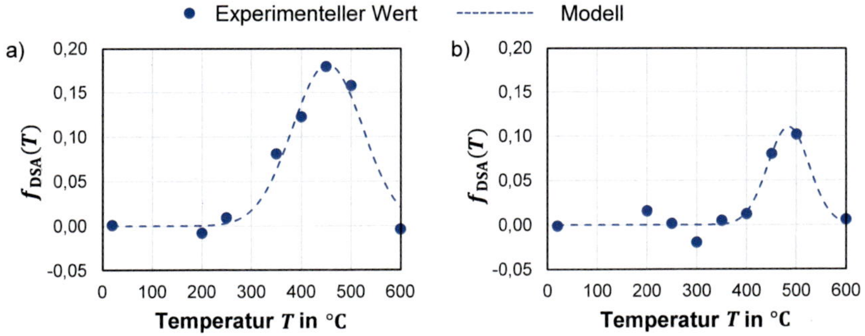

Abbildung 6.4: Modell der dynamischen Reckalterung bei $\dot{\varphi} = 1\,\mathrm{s}^{-1}$ a); $\dot{\varphi} = 10\,\mathrm{s}^{-1}$ b)
Model of dynamic strain aging at $\dot{\varphi} = 1\,s^{-1}$ a); $\dot{\varphi} = 10\,s^{-1}$ b)

Wie in Abbildung 6.4 zu sehen ist, entspricht die Modellierung der dynamischen Reckalterung dem Verlauf eines GAUSS-Terms. Die Kombination der Terme für thermische Entfestigung und dynamische Reckalterung führt zur Genese des Gesamtmodells. Der Verlauf des Gesamtmodells für die Temperaturabhängigkeit der Fließspannung ist in Abbildung 6.5 dargestellt.

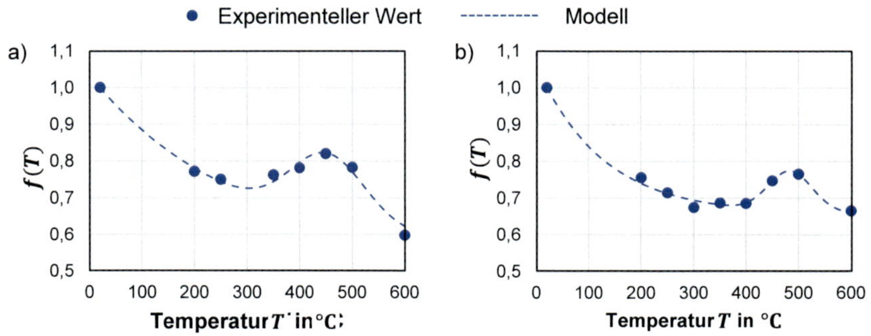

Abbildung 6.5: Gesamtmodell bei $\dot{\varphi} = 1\ \mathrm{s}^{-1}$ a) und bei $\dot{\varphi} = 10\ \mathrm{s}^{-1}$ b)
Holistic model at $\dot{\varphi} = 1\ \mathrm{s}^{-1}$ a) and $\dot{\varphi} = 10\ \mathrm{s}^{-1}$ b)

Wie in Abbildung 6.5 zu sehen ist, beschreibt das Gesamtmodell einen Abfall der Fließspannung für steigende Temperaturen, unterbrochen durch einen Wiederanstieg mit lokalem Maximum. Als Flächendiagramm ist es in Abbildung 6.6 zu sehen.

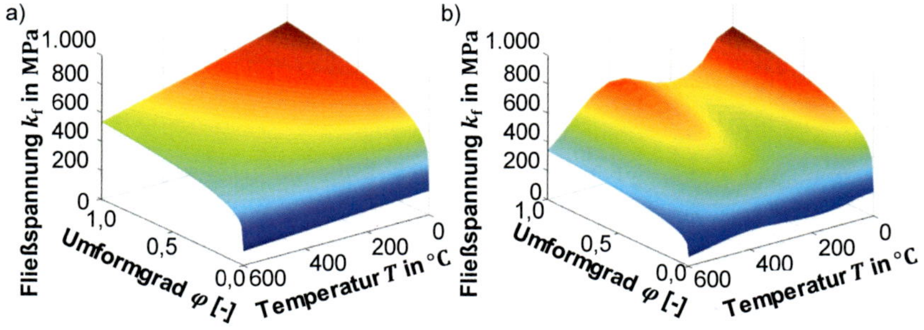

Abbildung 6.6: Fließverhalten von 16MNCR5 nach JOHNSON-COOK a) sowie nach dem oben parametrierten Fließmodell b)
Flow behavior of 16MNCR5 according to JOHNSON-COOK a) and the flow model parameterized before b)

Wie in Abbildung 6.6 zu sehen, bildet das adaptierte und parameterierte Fließmodell den Wiederanstieg der Fließspannung ab. Somit ist es qualitativ geeignet, die in Abschnitt 4.3 beschriebenen Analogieversuche und auch die in Kapitel 4 durchgeführten Realversuche werkstoffseitig zu beschreiben.

6.2 Simulation der Analogieversuche

Simulation of the analogy experiments

Um die Qualität des in Abschnitt 6.1 adaptierten und parametrierten Fließmodells zu untersuchen, werden im folgenden Abschnitt die in Abschnitt 4.3 beschriebenen Schichtstauchversuche im Simulationssystem ABAQUS simulativ nachgebildet und hinsichtlich ihrer Ergebnisse verglichen. Das Ziel des Abschnittes ist es, die Eignung des

Fließmodells, das Werkstoffverhalten von 16MnCr5 im betrachteten Temperatur-, Dehnraten- und Umformgradbereich zu beschreiben, zu validieren.

6.2.1 Entwicklung eines Finite-Elemente-Modells der Analogieversuche

Development of a finite element model of the layer compression tests

Die FE-Simulation der Schichtstauchversuche zur Validierung des parametrierten Fließmodells wurde im System Abaqus 2023 der Firma Dassault Systèmes in Form einer zweidimensionalen Simulation unter Ausnutzung der Symmetrie des Versuchsaufbaus als implizite Simulation durchgeführt. Sämtliche im Versuch betrachteten Blechtemperaturen wurden simuliert.

Die Simulation wurde zweidimensional und achsensymmetrisch aufgebaut. Als *Parts* wurden die drei Blechschichten sowie die obere und untere Hälfte des Stauchwerkzeugs verwendet. Die Vernetzung der Probe erfolgte mit 432 CAX8RT-Elementen (axialsymmetrische Kontinuumselemente mit acht Knoten, reduzierter Integration und thermischen Eigenschaften), diejenige des Werkzeugs mit 100 CAX4T-Elementen (axialsymmetrische Kontinuumselemente mit vier Knoten und thermischen Eigenschaften). Die Probe wurde um den Faktor sechs feiner vernetzt als das Werkzeug, um eine ausreichend hohe Genauigkeit der Ergebnisse sicherzustellen. Bei der impliziten Simulation ist keine Netzkonvergenzanalyse erforderlich. Die jeweilige Blechtemperatur wurde per *predefined field* festgelegt.

Interactions wurden jeweils zwischen den Probenschichten sowie zwischen Probe und Werkzeug definiert. Der Kontakt zwischen Werkzeug und Probe wurde aufgrund der rutschhemmenden Probenpräparation in tangentialer Richtung jeweils mit einem Coulomb-Reibkoeffizienten von $\mu = 0{,}56$, in normaler Richtung mit einem *hard contact* mit *penalty*-Methode und einer abstandsabhängig linearen Wärmeleitung definiert. Die Kontaktdefinition zwischen den einzelnen Probenschichten erfolgte analog, abgesehen von einem etwas höheren Wärmeleitkoeffizienten.

Die Aufbringung der Prüflast erfolgte mittels einer *boundary condition*, welche die rampenförmige Aufbringung einer definierten Bewegung auf die obere Werkzeughälfte vorsah. Die dreiteilige Bewegungsrampe wurde analog zum jeweiligen Realversuch gewählt. Die Simulation ist in Abbildung 6.7 dargestellt.

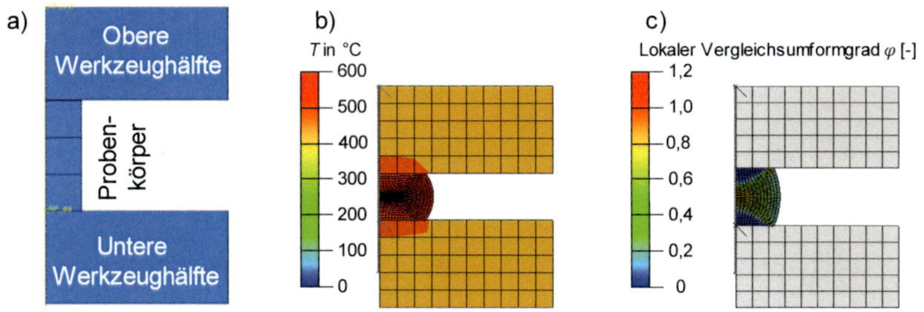

Abbildung 6.7: Simulationsmodell des Schichtstauchversuchs a) mit Ergebnissen für die Temperatur b) und die lokale Vergleichsdehnung c)
Simulation model of the layer compression test a) with results for the temperature b) and the local equivalent plastic strain c)

Neben dem temperatur-, dehnungs- und dehnratenabhängigen Fließmodell wurden weitere, bedingt temperaturunabhängige Parameter verwendet. Diese wurden unter Einbeziehung ihrer Temperaturabhängigkeit der SPRINGER-Werkstoffdatenbank [WARL09] entnommen und sind in Tabelle 6:2 aufgeführt.

Tabelle 6:2: Physikalische u. thermische Werkstoffparameter für 16MNCR5-Stahl [WARL09]
Physical and thermal material parameters for 16MNCR5 steel [WARL09]

Parameter	**Einheit**	**Wert bei $T = 20\,°\mathrm{C}$**	**Temperatur-abhängig**
Dichte ρ	$\mathrm{kg \cdot m^{-3}}$	7.821,8	Ja
Elastizitätsmodul E	GPa	213	Ja
POISSON-Zahl ν	–	0,3	Nein
Spezifische Wärmekapazität c_p	$\mathrm{J \cdot (kg \cdot K)^{-1}}$	474,14	Ja
Thermische Konduktivität λ	$\mathrm{W \cdot (m \cdot K)^{-1}}$	43,39	Ja

Nach der simulativen Validierung des hier beschriebenen FE-Modells wurde im Folgenden das in Unterkapitel 6.1 adaptierte und parametrierte Fließmodell validiert. Somit wurde sichergestellt, dass das FE-Modell geeignet ist, anhand von Fließkurven realitätsnahe Ergebnisse zu erzeugen, und das Fließmodell geeignet ist, das Werkstoffverhalten hinreichend genau zu modellieren.

6.2.2 Validierung des Fließmodells

Validation of the flow model

Die experimentelle Validierung des Fließmodells bestand aus zwei Schritten. Im ersten Schritt wurde ohne Implementation des Fließmodells untersucht, ob die Simulation in der Lage ist, das Experiment wirklichkeitsnah abzubilden. Dazu wurde zunächst das Experiment mit Tabellenwerten der darin aufgenommenen Werkstoffkennwerte simulativ nachgebildet und mit den im Experiment aufgenommenen Werten verglichen. Bei hinreichend guter Übereinstimmung der Ergebnisse ist gezeigt, dass die Simulation dazu in der Lage ist, das Experiment ausreichend genau abzubilden. In einem zweiten Schritt wurde die Simulation mit Tabellenwerten des parametrierten Fließmodells erweitert. Diese Ergebnisse ermöglichen den Vergleich mit den Ergebnissen der Simulation mit Werkstoffrohdaten und erlauben einen Schluss über die Eignung des Fließmodells, das im Schichtstauchversuch ermittelte Werkstoffverhalten abzubilden.

Ziel der Durchführung dieser Simulationen war es, das in Unterkapitel 6.1 adaptierte und parametrierte Fließmodell hinsichtlich Gültigkeit und Genauigkeit zu validieren. Ein erster Schritt zur Erreichung dieses Ziels war die Überprüfung der Genauigkeit des ABAQUS-Modells selbst bei der Abbildung des realen Experiments. Jegliche Ungenauigkeiten können zu falschen Ergebnissen bei der Bewertung der Güte des numerischen Modells führen. Durch den Vergleich der Simulationsergebnisse mit den experimentell gewonnenen Daten können Rückschlüsse auf die Genauigkeit des Modells gezogen werden.

Im ersten Schritt der Überprüfung wurden die Simulationen durchgeführt, indem die gemittelte Fließkurve ohne Temperaturkompensation der Wärmeverluste als plastisches Werkstoffmodell in ABAQUS verwendet wurde. Diese Fließkurve stellt die Reaktion des Werkstoffes auf Belastung dar und umfasst die Spannungs-Dehnungs-Beziehung für die untersuchten spezifischen Dehnraten und Temperaturen. Nach der Durchführung der Simulationen wurde aus den Ergebnisdateien das Kraft-Weg-Diagramm extrahiert, wobei das Zentrum der oberen Werkzeughälfte als Referenzpunkt diente. Dieses Diagramm zeigt die auf das Werkzeug wirkende Reaktionskraft als Funktion seiner Verschiebung. Um die Genauigkeit des ABAQUS-Modells zu überprüfen, wurde dieses Kraft-Weg-Diagramm mit dem im Experiment gewonnenen Kraft-Weg-Diagramm überlagert und verglichen. Anschließend wurde es in eine Fließkurve unter Berücksichtigung der Dissipationsverluste umgewandelt.

Insgesamt wurden 17 Simulationen durchgeführt, um alle Temperatur- und Dehnratenkombinationen vollfaktoriell abzudecken, davon acht bei einer Dehnrate von $\dot{\varepsilon} = 1\,\mathrm{s}^{-1}$ und neun bei $\dot{\varepsilon} = 10\,\mathrm{s}^{-1}$. Diese Dehnraten umschließen das Prozessfenster der in Kapitel 4 beschriebenen Feinschneidversuche. Zusätzlich wurden Fließkurven von höheren Temperaturen als der gewählten Zieltemperatur eingebunden, um Temperaturanstiege infolge innerer Reibung berücksichtigen zu können.

Anhand dieser Simulationen und des Vergleichs ihrer Ergebnisse mit experimentell ermittelten Daten wurde die Genauigkeit des FE-Modells bewertet, um eine zuverlässige Grundlage für die anschließende Validierung des Fließmodells zu gewährleisten. Die Ergebnisse für zwei exemplarische Temperaturen bei einer Dehnrate von $\dot{\varepsilon} = 1\,\mathrm{s}^{-1}$ sind in Abbildung 6.8 dargestellt.

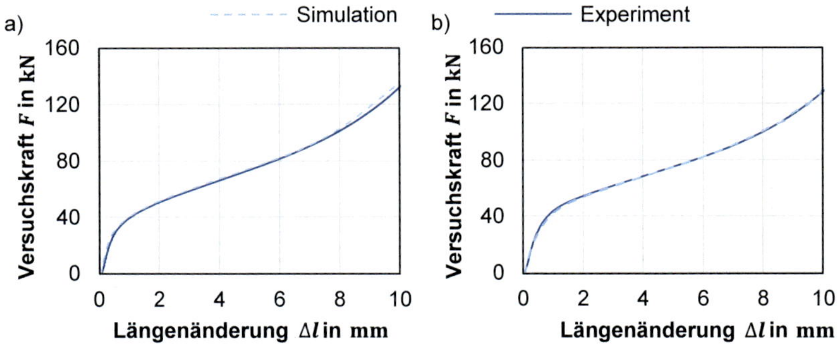

Abbildung 6.8: Vergleich der simulativ und experimentell ermittelten Längenänderungskurve bei $T = 200\ °\mathrm{C}$ a) und bei $T = 400\ °\mathrm{C}$ b)
Comparison of the numerically and experimentally determined elongation curve at $T = 200\ °\mathrm{C}$ a) and $T = 400\ °\mathrm{C}$ b)

Um die Bewertung der in Abbildung 6.8 dargestellten Kurven zu ermöglichen, wurde die prozentuale Abweichung zwischen den jeweiligen Werten ermittelt. Diese sind in Abbildung 6.9 dargestellt.

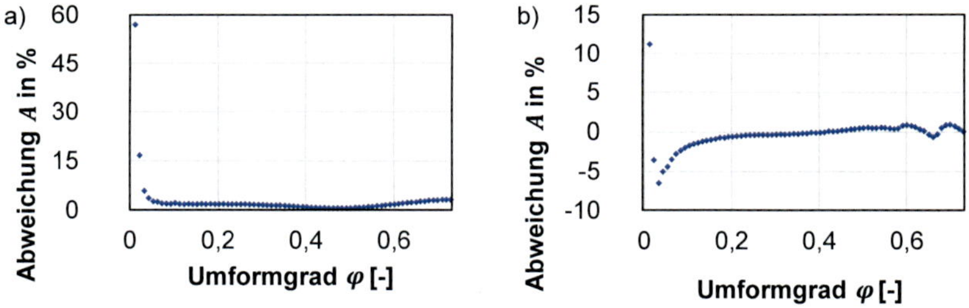

Abbildung 6.9: Prozentuale Abweichung der simulativ und experimentell ermittelten Längenänderungskurven bei $T = 200\ °\mathrm{C}$ a) und bei $T = 400\ °\mathrm{C}$ b)
Deviation in percent between the numerically and experimentally determined elongation curves at $T = 200\ °\mathrm{C}$ a) and $T = 400\ °\mathrm{C}$ b)

Wie in Abbildung 6.9 zu sehen ist, ist die Abweichung zwischen experimentell und simulativ ermittelten Werten, von Ausreißern bei besonders geringen Umformgraden abgesehen, durchgehend kleiner als 5 %. Die übrigen Temperaturen zeigen ähnliche Übereinstimmung. Aufgrund der insgesamt sehr geringen Abweichungen kann das FE-Modell als hinreichend genau betrachtet werden.

Nach der Analyse der Genauigkeit des FE-Modells erfolgte in einem zweiten Schritt die Validierung des in Unterkapitel 6.1 vorgestellten Fließmodells. Dazu wurden für jede Kombination von Dehnrate und Temperatur zwei separate Simulationen durchgeführt. In der jeweils ersten Simulation wurden die plastischen Werkstoffeigenschaften anhand der Fließkurve mit Temperaturkompensation definiert. Bei der Ermittlung der

Fließkurven aus den im Versuch gewonnenen Rohdaten von Kraft und Weg dient eine Temperaturkompensationsrechnung dazu, einerseits die während des Versuchs durch Wärmestrahlung, -leitung und Konvektion verlorene und andererseits die durch innere Reibung hinzugewonnene Wärme rechnerisch zu kompensieren. Somit wurde hier das reale Werkstoffverhalten unter Berücksichtigung thermischer Einflüsse simuliert. In der jeweils zweiten Simulation wurden die plastischen Werkstoffeigenschaften anhand des in Unterkapitel 6.1 vorgestellten Fließmodells integriert. Somit wurde hier die Vorhersage des Fließmodells zum Verhalten des Werkstoffs im betrachteten Lastfall simuliert. Anhand der Extraktion der Kraft-Weg-Kurven konnten beide Ergebnisreihen verglichen werden. Somit könnte die Fähigkeit des Fließmodells, das reale Werkstoffverhalten zu modellieren, evaluiert werden.

Die Überlagerung und der Vergleich dieser beiden Kurven zielen darauf ab, die Übereinstimmung zwischen den Vorhersagen des numerischen Modells und dem tatsächlichen Verhalten des Werkstoffs unter den spezifischen Versuchsbedingungen zu bewerten. In Abbildung 6.10 sind die Kraft-Verschiebungs-Kurven dargestellt, die unter Verwendung von zwei verschiedenen Sets von Plastizitäts-Inputs erhalten wurden: die temperaturkompensierten, experimentell ermittelten Fließkurven und die angepassten Fließkurven, die aus dem in Unterkapitel 6.1 vorgestellten Fließmodell abgeleitet wurden. Durch Überlagerung dieser simulierten Ergebnisse kann die Leistungsfähigkeit des Fließmodells bei der Vorhersage des Materialverhaltens unter verschiedenen Temperatur- und Dehnungsbedingungen beobachtet werden.

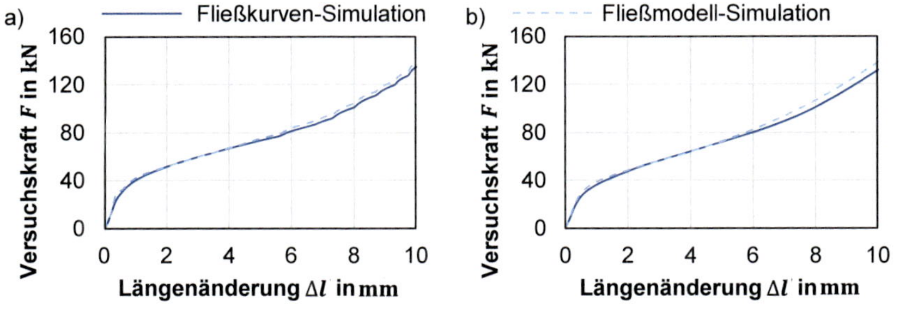

Abbildung 6.10: Vergleich der simulativ ermittelten Längenänderungskurven mit Plastizitätsdefinition anhand von experimentell ermittelten Fließkurven bzw. anhand des Fließmodells bei $T = 250\ °\mathrm{C}$ und $\dot{\varepsilon} = 1\ \mathrm{s}^{-1}$ a) und bei $T = 300\ °\mathrm{C}$ und $\dot{\varepsilon} = 10\ \mathrm{s}^{-1}$ b)

Comparison of the numerically determined elongation curves with plasticity definition by experimentally determined flow curves and by the flow model at $T = 250\ °\mathrm{C}$ *and* $\dot{\varepsilon} = 1\ \mathrm{s}^{-1}$ *a) and* $T = 300\ °\mathrm{C}$ *and* $\dot{\varepsilon} = 10\ \mathrm{s}^{-1}$ *b)*

Erneut wurde die prozentuale Abweichung zwischen beiden Kurven ermittelt. Zusätzlich wurde die prozentuale Abweichung zwischen den aus dem Fließmodell abgeleiteten und den experimentell ermittelten Fließspannungswerten ermittelt. Diese Darstellung befindet sich in Abbildung 6.11.

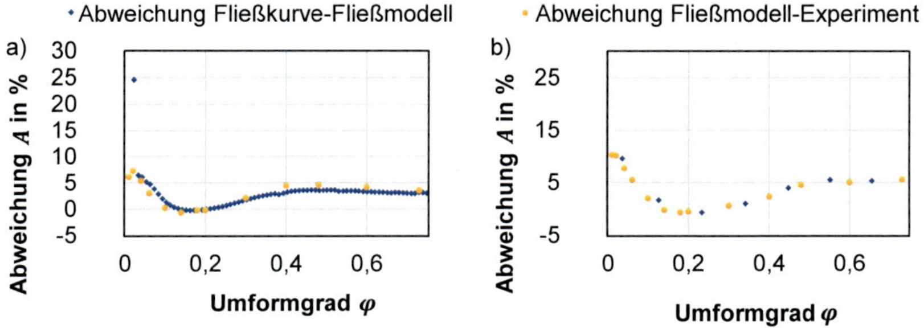

Abbildung 6.11: Prozentuale Abweichung der simulativ ermittelten Längenänderungskurven mit experimentell ermittelten Fließkurven bzw. mit Fließmodell bei $T = 250\,°\mathrm{C}$ und $\dot{\varepsilon} = 1\,\mathrm{s}^{-1}$ a); bei $T = 300\,°\mathrm{C}$ und $\dot{\varepsilon} = 10\,\mathrm{s}^{-1}$ b)
Comparison of the numerically determined elongation curves with experimentally determined flow curves and with flow model at $T = 250\,°\mathrm{C}$ *and* $\dot{\varepsilon} = 1\,\mathrm{s}^{-1}$ *a);* $T = 300\,°\mathrm{C}$ *and* $\dot{\varepsilon} = 10\,\mathrm{s}^{-1}$ *b)*

Wie in Abbildung 6.11 zu sehen ist, liegen die Abbildungen unterhalb von 5 % und werden daher als hinreichend klein angesehen. Die Abweichung bei geringsten Umformgraden ist eine Konsequenz der Optimierung der Modellparameter für höhere Temperaturbereiche. Die Überlagerung der beiden Ergebnissätze zeigt zudem, dass die simulativ ermittelten Abweichungen mit den bei der Kalibrierung des Fließmodells mit den experimentellen Werten beobachteten Diskrepanzen übereinstimmen. Somit wird die Simulation als hinreichend genau angesehen und die Schlussfolgerung gezogen, dass sowohl das FE-Modell als auch das Fließmodell geeignet sind, das Werkstoffverhalten von 16MnCr5 bei verschiedenen Dehnraten und Temperaturen realitätsnah darzustellen. Die festgestellten Abweichungen sind auf die Unterschiede zwischen dem Fließmodell und den experimentell gewonnenen Fließkurven zurückzuführen und wurden somit im FE-Modell fortgeführt.

6.3 Simulation des Feinschneidens von erwärmten Blechen

Simulation of fine blanking of heated sheet metal

Nachdem im vorhergehenden Abschnitt gezeigt wurde, dass anhand des adaptierten Fließmodells eine Simulation der Schichtstauchversuche aus Abschnitt 4.3 mit hoher Genauigkeit gelingt, wurde das Fließmodell im Folgenden für eine Simulation des Feinschneidens mit erwärmtem Blech genutzt. Im Anschluss daran erfolgte ein Vergleich der simulierten Stempelkraftwerte mit den in Abschnitt 5.3.2 dargestellten experimentell ermittelten Werten. Bei hinreichend großer Übereinstimmung darf das Fließmodell als geeignet für die Beschreibung des Fließverhaltens von 16MnCr5 beim Feinschneiden mit Blecherwärmung gelten.

6.3.1 Entwicklung eines Finite-Elemente-Modells der Feinschneidversuche

Development of a finite element model of the fine blanking experiments

Zur Validierung des Fließmodelles im Anwendungsfall des Feinschneidens von erwärmten Blechen wurde ein dreidimensionales FE-Modell im System ABAQUS 2023 der Firma DASSAULT SYSTÈMES erstellt. Das FE-Modell basierte auf der Geometrie des Feinschneidwerkzeuges, das in Abschnitt 5.1.1 beschrieben wurde und für die Generierung der in Abschnitt 5.2 und 5.3 beschriebenen Versuchsergebnisse zum Einsatz kam. Zur Verringerung der Rechenaufwandes wurden Symmetrieebenen ausgenutzt. Auch wurde nur eines der Feinschneidnester simuliert. Niederhalter, Gegenhalter, Matrize und Stempel wurden als ideal starr modelliert. Der Schneidspalt wurde analog zum Realwerkzeug über die Matrize festgelegt und betrug umlaufend $u_s = 20\ \mu m < s \cdot 0{,}5\ \%$. Die Matrize wies eine $0{,}5 \times 35°$-Fase auf. Das Blech wurde mit insgesamt 662.560 C3D8T-Elementen, also dreidimensionalen Kontinuums-Elementen mit jeweils acht Knoten und thermischer Rechnung, vernetzt. In der Scherzone wurde das Netz verfeinert auf eine Kantenlänge von $k_l = 0{,}15\ mm$. Analog zu den in Kapitel 5 beschriebenen Versuchen wurden Niederhalter- und Gegenhalterkraft bei $F_{NH} = F_{RZ} = 240\ kN$ bzw. $F_{GH} = 80\ kN$ konstant gehalten. Im Modell wurden aufgrund der Symmetrie des Modells jeweils nur die halben Kraftwerte aufgebracht. Die Pressenbewegung wurde durch eine Bewegungsrandbedingung des Stempels modelliert, sodass die Stempelkraft in der Simulation als Reaktionskraft errechnet und die Validierung mit experimentellen Werten ermöglicht wurde.

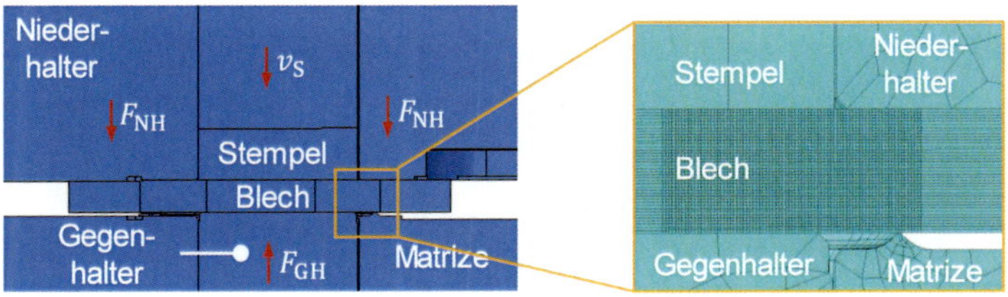

Abbildung 6.12: FE-Modell zur Stempelkraftanalyse mit Diskretisierung und Kinematik
FE model for punch force analysis with discretization and kinematics

Die Werkstofftrennung in der FE-Simulation am Ende des Hubweges und die simulative Abbildung des Bruchanteiles auf der Schnittfläche machen neben einem Fließmodell regelmäßig auch ein Schadenskriterium erforderlich. Wird hingegen nur der Kanteneinzug untersucht, wie etwa von STANKE ET AL. durchgeführt, genügt es, $50\ \%$ des Hubweges zu simulieren [STAN17]. Zudem sind die Maxima der Prozesskräfte unabhängig von der Betrachtung der Schädigung [GRAM11]. Aus diesem Grund wurde auf die Modellierung der Werkstofftrennung verzichtet und nur der Beginn des Hubes bis zum Maximum der Stempelkraft betrachtet.

Der Blechwerkstoff wurde mit dem in Abschnitt 6.1 und 6.2 ermittelten und adaptierten Fließmodell temperatur-, dehnungs- und dehnratenabhängig simuliert. Weitere physikalische und thermische Werkstoffparameter für weichgeglühten 16MnCr5-Stahl wurden, soweit sie nicht aus vorhergegangenen Untersuchungen bekannt waren, der Literatur entnommen und sind in der folgenden Tabelle aufgeführt.

Tabelle 6:3: Physikalische und thermische Werkstoffparameter für 16MnCr5-Stahl [WARL09]
Physical and thermal material parameters for 16MNCR5 steel [WARL09]

Parameter	Einheit	Wert bei $T = 20\ °\mathrm{C}$	Temperatur-abhängig
Dichte ρ	$\mathrm{kg \cdot m^{-3}}$	7.821,8	Ja
Elastizitätsmodul E	GPa	213	Ja
Spezifische Wärmekapazität c_p	$\mathrm{J \cdot (kg \cdot K)^{-1}}$	474,14	Ja
Thermische Konduktivität λ	$\mathrm{W \cdot (m \cdot K)^{-1}}$	43,39	Ja

Der Reibkoeffizient für die Coulomb-Reibung tangentialer Kontakte wurde mit $\mu = 0{,}1$ bei $T = 20\ °\mathrm{C}$ für Stahl-Stahl-Kontakte mit Schmierung angenommen und temperaturabhängig modelliert [JACO13]. Orthogonale Kontaktbedingungen wurden mittels *penalty*-Bedingungen definiert.

6.3.2 Validierung des Prozessmodells

Validation of the process model

Das in Abschnitt 6.3.1 beschriebene FE-Modell wurde anhand der in Abschnitt 5.3.2 vorgestellten Versuchsergebnisse validiert. Da diese nicht zur Entwicklung des Fließmodells dienten, ist eine Wechselwirkung ausgeschlossen. Als Vergleichsgröße diente der jeweilige Maximalwert der Stempelkraft. Dieser wurde in den Versuchen direkt gemessen und in der Simulation als Reaktionskraft errechnet. Die Übereinstimmung der simulierten und experimentellen Kraftmaximalwerte für $H = 90\ \mathrm{min^{-1}}$ ist in Abbildung 6.13 dargestellt.

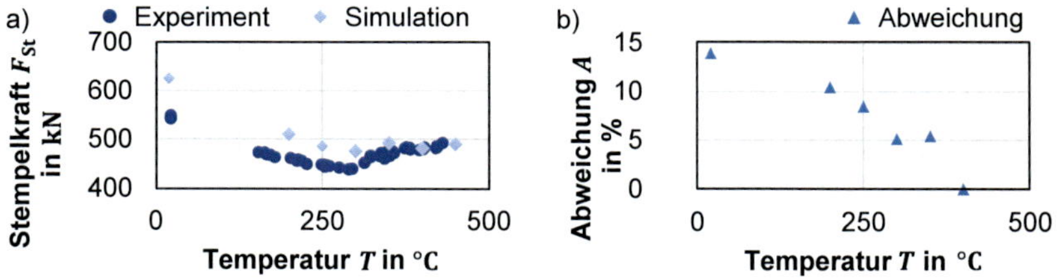

Abbildung 6.13: Vergleich von experimentell und simulativ ermittelten Stempelkraftmaximalwerten bei $H = 90\ \mathrm{min^{-1}}$ a) und prozentuale Abweichung b)
Comparison of experimentally and numerically determined maximum punch force values at $H = 90\ \mathrm{min^{-1}}$ a) and procentual deviation b)

Wie in Abbildung 6.13 zu sehen ist, ist die dynamische Reckalterung im Verlauf der Kraftmaxima zu erkennen. Die absoluten Werte weichen jedoch um bis zu 10 %, bei

$T = 23\ °C$ um beinahe 15 % von den experimentellen Werten ab. Ausgehend von der Überlegung, dass das quasistatische Modell in ABAQUS für das dynamische Feinschneiden mit hohen Hubraten nur bedingt geeignet ist, wurde die Parameterstudie für $H = 10\ \text{min}^{-1}$ wiederholt. Die Ergebnisse sind in Abbildung 6.14 dargestellt.

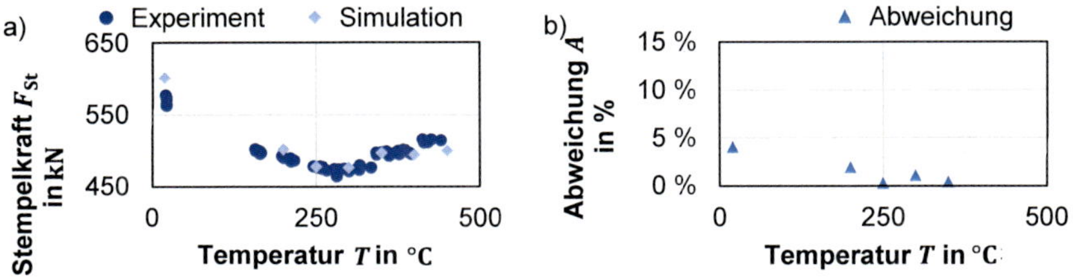

Abbildung 6.14: Vergleich von experimentell und simulativ ermittelten Stempelkraftmaximalwerten bei $H = 10\ \text{min}^{-1}$ a) und prozentuale Abweichung b)
Comparison of experimentally and numerically determined maximum punch force values at $H = 10\ \text{min}^{-1}$a) and procentual deviation b)

Wie in Abbildung 6.14 zu sehen ist, stimmen die Kraftmaxima für $H = 10\ \text{min}^{-1}$ sehr genau mit den experimentellen Werten überein. Die Abweichung beträgt bei $T = 22\ °C$ ca. $4\ \%$ und liegt ab $T = 200\ °C$ unterhalb von $2\ \%$. Daher kann geschlussfolgert werden, dass das Fließmodell gut geeignet ist, um das Feinschneiden von erwärmten Blechen abzubilden. Als Einschränkung verbleibt die geringe Eignung des quasistatischen Abaqus-Modells für dynamische Prozesse, hier für hohe Hubraten. Dies kann durch die Wahl eines expliziten Simulationsansatzes behoben werden.

6.4 Zwischenfazit

Intermediate Conclusion

In Unterkapitel 6.1 erfolgte die Synthese eines angepassten dehnungs-, dehnraten- und temperaturabhängigen **Modells für die Fließspannung**, das in der Lage ist, die dynamische Reckalterung als für das Feinschneiden von erwärmten Blechen zentralen werkstoffphysikalischen Effekt abzubilden und somit für das Feinschneiden erfassbar zu machen. Eine Parametrierung des Modells für den betrachteten Werkstoff 16MNCR5 befähigt die Anwendung des Modells für FE-Simulationen des Feinschneidens von erwärmtem Blech und ermöglicht Aussagen über das Werkstoffverhalten.

In Unterkapitel 6.2 wurden die in Unterkapitel 4.3 beschriebenen Schichtstauchversuche in einer FE-Simulation nachgebildet. Dies diente dem Nachweis, dass das in Unterkapitel 6.1 vorgestellte, adaptierte und parametrierte Fließmodell geeignet ist, das Werkstoffverhalten realitätsnah abzubilden.

Es folgte die Einbindung des so validierten Fließmodells in eine FE-Simulation des Feinschneidens von erwärmten Blechen. Dadurch konnte gezeigt werden, dass mithilfe des Fließmodelles eine vollständige Beschreibung des Feinschneidprozesses möglich ist, sodass die Werte der Stempelkraft mit geringer Abweichung übereinstimmen.

Somit wurde **Forschungsfrage 3**, wie sich das Temperatur-Fließspannung-Verhalten beim Feinschneiden von induktiv erwärmtem 16MnCr5-Stahl unter Verwendung eines angepassten Materialmodelles abbilden lässt, beantwortet.

Offen ist jedoch noch, inwieweit die Prozessmodellierung des Feinschneidens mit Blecherwärmung von den Eigenschaften des untersuchten Stahles abhängt. Daher wird die Modellierung im Folgenden anhand der exemplarischen Untersuchung weiterer Stahlwerkstoffe validiert.

7 Validierung des Prozessmodells anhand weiterer Stahlwerkstoffklassen

Validation of the process model using further steel material classes

Das in Kapitel 5 beschriebene Werkstoffverhalten beim Feinschneiden von erwärmten Blechen wurde als dynamische Reckalterung identifiziert und beschrieben. Nach der Modellierung des Prozesses und der Validierung des Modells in Kapitel 6 ist nun fraglich, welche Allgemeingültigkeit die Modellierung besitzt. Da das Phänomen der dynamischen Reckalterung auch für andere Stähle als den bisher untersuchten 16MnCr5 bekannt ist (vgl. Abschnitt 2.2), werden im Folgenden weitere Stahlwerkstoffe auf analog zu Kapitel 5 untersucht. Dies wird insbesondere dadurch erforderlich, dass weder So [So15] noch Wesner [Wesn17] beim Normalschneiden von 22MnB5 einen Wiederanstieg der Schneidkraft feststellen konnten, der mit dynamischer Reckalterung zu erklären wäre. Im Fokus steht dabei der Einfluss der Blechtemperatur auf den jeweiligen Maximalwert der Stempelkraft.

7.1 Exemplarische Untersuchung verschiedener Stahlklassen

Exemplary investigation of different steel classes

Zwar ist das werkstoffphysikalische Verhalten vieler Stahlklassen grundsätzlich bekannt. Um sicherzustellen, dass das Verhalten beim Feinschneiden nicht vom aufgrund der Werkstoffphysik zu erwartenden Verhalten abweicht, wurden an unterschiedlichen Stählen Feinschneidversuche mit Blecherwärmung analog zu Kapitel 5.1 durchgeführt. Da der Einfluss der Schnittgeschwindigkeit als begrenzt bewertet wurde, wurde im Folgenden nur noch die mittlere Hubrate von $H = 50\ \mathrm{min}^{-1}$ untersucht.

7.1.1 Vergütungsstahl 42CrMo4

Tempered steel 42CrMo4

Der Stahl 42CrMo4 (Werkstoffnummer 1.7225) gehört zu den Vergütungsstählen. Er wird im unvergüteten Zustand regelmäßig mittels Feinschneiden bearbeitet. Ähnlich wie 16MnCr5 weist 42CrMo4 eine ferritische und somit kubisch-raumzentrierte Matrix auf. Emde konnte in seiner Dissertation feststellen, dass 42CrMo4 abhängig von Dehnrate und Temperatur eine negative Dehnratensensitivität zeigt [Emde08]. In Verbindung mit dem hohen Kohlenstoffgehalt lässt dies die Vermutung zu, dass dieser Stahl ein ähnliches Reckalterungsverhalten zeigt wie 16MnCr5.

Die untersuchten Stahlproben wurden von der Firma Waelzholz hergestellt. Die elementare Zusammensetzung wurde im Wege der OES überprüft. Die Ergebnisse im Vergleich zur Werkstoffnorm sind in Tabelle 7.1 dargestellt.

Tabelle 7.1: Elementare Zusammensetzung des Werkstoffes 42CrMo4 im Vergleich zur Norm DIN EN ISO 683-2 [DinEnIso683-2]
Elementary composition of the material 42CrMo4 compared to the standard DIN EN ISO 683-2 [DinEnIso683-2]

Element	**C**	**Si**	**Mn**	**P**	**S**	**Cr**	**Mo**	**Cu**
DIN EN ISO 683-2	0,38-0,45	0,10-0,40	0,60-0,90	0,025	0,035	0,90-1,20	0,15-0,30	0,40
OES	0,426	0,142	0,629	0,0211	0,0077	0,989	0,161	0,0182

Wie in Tabelle 7.1 festzustellen ist, liegt der Versuchswerkstoff in der elementaren Zusammensetzung innerhalb der von der Norm spezifizierten Werte. Zusätzlich zur Analyse der elementaren Zusammensetzung wurden Flach-, Quer- und Längsschliffe des Versuchswerkstoffes angefertigt. Diese sind in Abbildung 7.1 zu sehen.

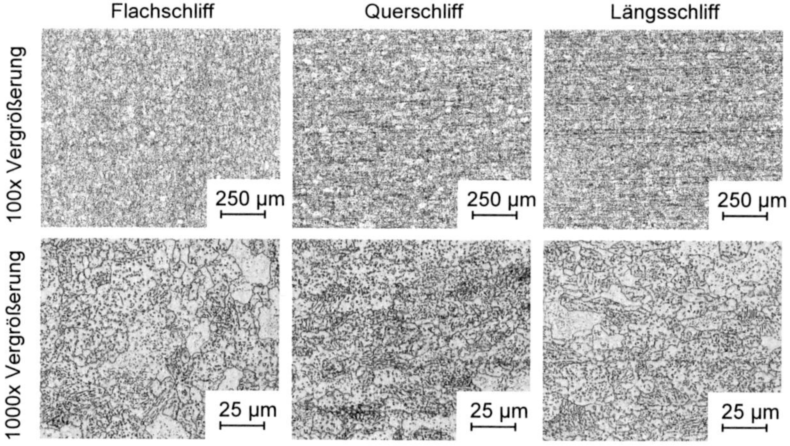

Abbildung 7.1: Gefügeschliffe des Versuchswerkstoffes 42CrMo4 [Weis22a]
Microstructure of the test material 42CrMo4 [Weis22a]

Wie in Abbildung 7.1 zu sehen ist, bestehen die 42CrMo4-Proben aus Ferrit (weiße Bereiche) mit Zementitanteilen (dunkle, kugelige Bereiche). Reste von Perlit (dunkle, längliche Bereiche) sind ebenfalls vereinzelt festzustellen.

Um das Verhalten der Stempelkräfte bei erhöhten Temperaturen zu untersuchen, wurden Feinschneidversuche analog zu den in Kapitel 5 beschriebenen durchgeführt. Aufgrund der höheren Festigkeit von 42CrMo4 wurden die Nebenkräfte erhöht und auf $F_{\mathrm{NH}} = F_{\mathrm{RZ}} = 450\ \mathrm{kN}$ bzw. $F_{\mathrm{GH}} = 370\ \mathrm{kN}$ festgelegt. Diese Prozessnebenkräfte wurden für alle weiteren Versuche konstant gehalten und daher auf einen Wert gelegt, der für alle weiteren untersuchten Festigkeitsklassen Anwendung finden kann. Die Ergebnisse dieser Versuche sind in Abbildung 7.2 dargestellt.

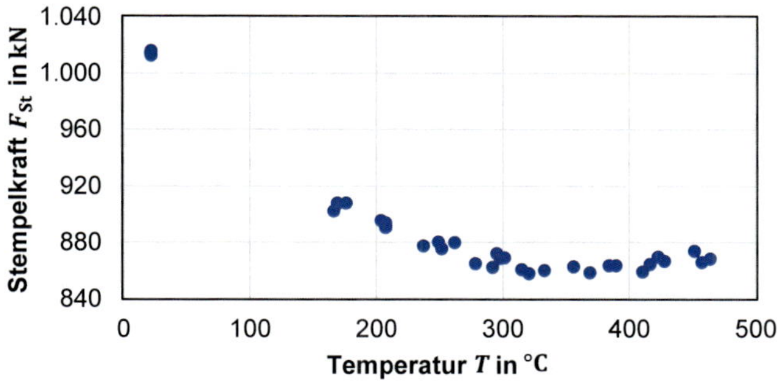

Abbildung 7.2: Stempelkräfte bei 42CRMO4 mit Variation der Blechtemperatur
Punch forces for 42CRMO4 with variation of sheet temperature

In Abbildung 7.2 fällt auf, dass der Verlauf der Stempelkraftmaxima dem von 16MNCR5 ähnelt. Festzustellen ist eine annähernd lineare Abnahme der Werte bis zum Erreichen eines lokalen Minimums bei ca. $T = 350\,°\mathrm{C}$. Die Temperatur des Stempelkraftoptimums ist somit im Vergleich zu den bei 16MNCR5 ermittelten Werten um ca. 50 °C erhöht. Ein mögliches lokales Maximum nach dem Wiederanstieg liegt außerhalb des Untersuchungsraumes und ist daher nicht feststellbar. Der Wiederanstieg infolge dynamischer Reckalterung fällt geringer aus als bei 16MNCR5. Eine Abnahme der Stempelkräfte von ca. 15 % gegenüber den Werten der Referenzversuche ohne Blecherwärmung kann festgestellt werden.

Dies hat seine Begründung in der Zusammensetzung des Stahles. Chrom bildet stabile Carbide und bindet somit Kohlenstoff, der nicht mehr durch das Gitter diffundieren kann und für Reckalterungsprozesse nicht mehr zur Verfügung steht. Auch Molybdän verringert als Legierungselement die Versprödungsneigung [BLEC22]. Für 42CRMO4 kann also zusammengefasst werden: Es besteht eine ausgeprägte Reckalterung und ein lokales Stempelkraftminimum. Dieses ist aufgrund der Legierungselemente etwas niedriger als bei 16MnCr5, aber nichtsdestotrotz feststellbar.

7.1.2 Hochlegierter austenitischer Stahl X5CRNI18-10

High-alloy austenitic steel X5CRNI18-10

Rostfreier Stahl ist für viele Anwendungsbereiche von großer Bedeutung. Sein Marktvolumen wächst um $3 - 5\,\%$ jährlich [SCHN18]. Die Eigenschaft der Rostfreiheit ist insbesondere für Industriezweige mit hohen Hygieneanforderungen wie etwa Medizin- und Lebensmitteltechnik, aber auch für Anwendungen mit aggressiven Umgebungseinflüssen wie Marine oder Offshore-Windenergieanlagen von Wichtigkeit. Daneben kommen rostfreie Stähle zunehmend im Energiesektor, insbesondere der Nukleartechnik, zum Einsatz [VENK13]. Einer der zuerst entwickelten rostfreien Stähle (Firma KRUPP, Deutschland, 1912) gehört bis heute zu den am häufigsten verwendeten rostfreien Stahllegierungen [COBB10]. Er ist bekannt unter der Kurzbezeichnung X5CRNI18-10 (entsprechend der US-Norm AISI 304) und trägt die Werkstoffnummer

1.4301, also die erste Nummer der Klasse der nichtrostenden Stähle. In der Vergangenheit war dieser Stahl auch als V2A (Versuchsschmelze 2 Austenitisch) bekannt. X5CrNi18-10 ist kein hochfester Stahl. Jedoch ist er ein sogenannter metastabiler Austenit. Die Austenitphase kann sich, ausgelöst durch umformende Bearbeitung, während des Umformprozesses in Martensit umwandeln. Die weitere umformende Bearbeitung ist aufgrund der hohen Härte der martensitischen Phase komplex. Dieser Effekt ist bekannt als TRIP-Effekt (*Transformation Induced Plasticity*) [Blec17]. Grundsätzlich ist Verfestigung von Vorteil, um günstige Eigenschaftskombinationen von Duktilität und Festigkeit zu erreichen. Im Fall von X5CrNi18-10 verkompliziert dieser Effekt jedoch die umformende Bearbeitung.

Vielfältige Untersuchungen wurden unterschiedlichen Aspekten des Stahles X5CrNi18-10 bereits gewidmet. Bay untersuchte den Werkstoff als Teil eines umformtechnischen Tribosystems [Bay09]. Eriksson und Ohlsson führten Forschung zur Fresssicherheit von X5CrNi18-10-Blech mit Pin-on-disc-Tribometerversuchen durch [Erik10]. Hetzner et al. legten Forschung zur lokalen Einstellbarkeit tribologischer Eigenschaften für Blech-Massivumformverfahren (*sheet bulk metal forming*) insbesondere von X5CrNi18-10 vor [Hetz11]. Daniel et al. erforschten die Lebensdauer von physikalischer Gasphasenabscheidungs- (*physical vapor deposition*, PVD)-Beschichtungen auf Feinschneidstempeln bei der Bearbeitung von X5CrNi18-10 [Dani20]. Neugebauer et al. untersuchten den Einfluss von vordefinierten Lasten auf den Präzisionsdrehprozess mit X5CrNi18-10-Blech [Neug13]. Im Bereich des dem Feinschneiden verwandten Verfahrens Normalschneiden erforschten Arslan und Özdemir den Stempelverschleiß bei der Bearbeitung von X5CrNi18-10 [Arsl16]. X5CrNi18-10 gehörte ebenfalls zu den Stählen, an denen Emonts das Normalschneiden mit Lasererwärmung untersuchte [Emon10].

Die elementare Zusammensetzung von X5CrNi18-10 ist von hoher Bedeutung für die Eigenschaften dieses Werkstoffes. Diese sind ungewöhnlich für Stahlwerkstoffe: Aufgrund der Selbstpassivierung durch den hohen Chromanteil korrodiert X5CrNi18-10 nach Ausbildung einer stabilen Oxidschicht nicht. X5CrNi18-10 ist bei austenitischem Gefüge nicht ferromagnetisch und kann nicht thermisch gehärtet werden [Cobb10]. Aufgrund der paramagnetischen Eigenschaften des Austenits muss berücksichtigt werden, dass eine induktive Erwärmung unterhalb der Curie-Temperatur zwar möglich ist, aber einen geringeren Wirkungsgrad aufweist als bei ferromagnetischen Stahlwerkstoffen. Durch eine (Teil-)Umwandlung der Austenitanteile in Martensit wird sowohl eine Magnetisierung als auch ein plötzlicher Impuls auf die Umformpresse hervorgerufen, dieser wird Schnittschlag genannt. Hier kann die Zusammensetzung des Stahles Einfluss nehmen: einige Legierungselemente stabilisieren die Austenitphase. Dies sind insbesondere die Elemente Cu, Ni, Co und Mn [Mili20]. Je größer der Anteil dieser Elemente am Gefüge, desto stabiler ist die Austenitphase, desto unwahrscheinlicher ist das Auftreten von Martensitisierung und damit von Schnittschlag [WEIS21a].

Der Versuchswerkstoff wurde von der Firma Outokumpu hergestellt [Outo20]. Seine elementare Zusammensetzung wurde im Wege der OES untersucht. Die Ergebnisse sind in Tabelle 7.2 dargestellt.

Tabelle 7.2: Elementare Zusammensetzung des Werkstoffes X5CrNi18-10 im Vergleich zur Norm DIN EN 10088-2 [DinEn10088]
Elementary composition of the material X5CrNi18-10 compared to the standard DIN EN 10088-2 [DinEn10088]

Element	**C**	**Si**	**Mn**	**P**	**S**	**Cr**	**Ni**	**N**
DIN EN 10088-2	0,07	1,00	2,00	0,045	0,015	17,5-19,5	8,0-10,5	0,10
Schmelze	0,040	0,360	1,11	0,035	0,0007	18,20	9,00	0,028
OES	0,0437	0,388	1,15	0,0449	0,0033	18,45	8,96	0,0341

Wie in Tabelle 7.2 deutlich wird, bestehen die Proben in der Tat aus X5CrNi18-10 und entsprechen der Norm. Aufgrund der relativ hohen Anteile der austenitstabilisierenden Elemente Cu und Ni ist davon auszugehen, dass die Gefahr des Auftretens von Schnittschlag infolge von Martensitisierung begrenzt ist.

Neben der elementaren Zusammensetzung ist das Werkstoffgefüge von Bedeutung. In Abbildung 7.3 sind Schliffe der X5CrNi18-10-Proben abgebildet.

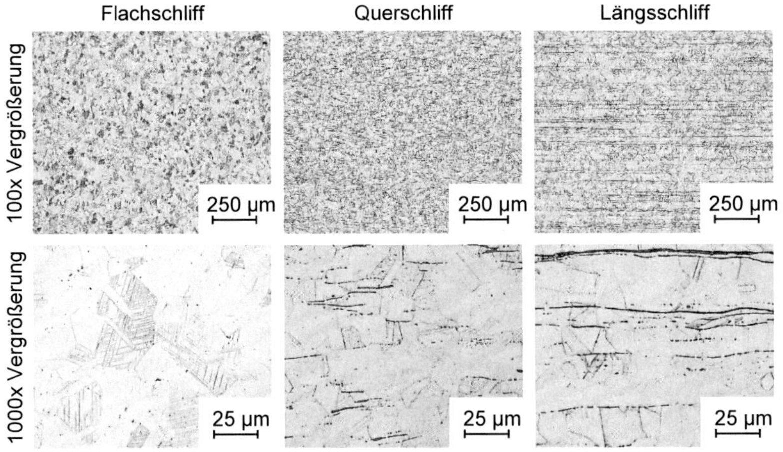

Abbildung 7.3: Gefügeschliffe des Versuchswerkstoffes X5CrNi18-10 [Weis21a]
Microstructure of the test material X5CrNi18-10 [Weis21a]

Wie in Abbildung 7.3 zu sehen ist, zeigen die Proben eine austenitische Struktur mit einiger Anisotropie aus der Halbzeugherstellung, insbesondere aus dem Walzprozess. Diese ist anhand der zeiligen Struktur zu identifizieren. Der Austenit kann anhand von charakteristischen Zwillingsstrukturen insbesondere im Flachschliff erkannt werden. Neben der Nitalätzung ist die Beraha II-Ätzung für austenitischen Stahl von Interesse. Diese ist neben der Verortung des untersuchten Stahles im Schaeffler-Diagramm in Abbildung 7.4 dargestellt.

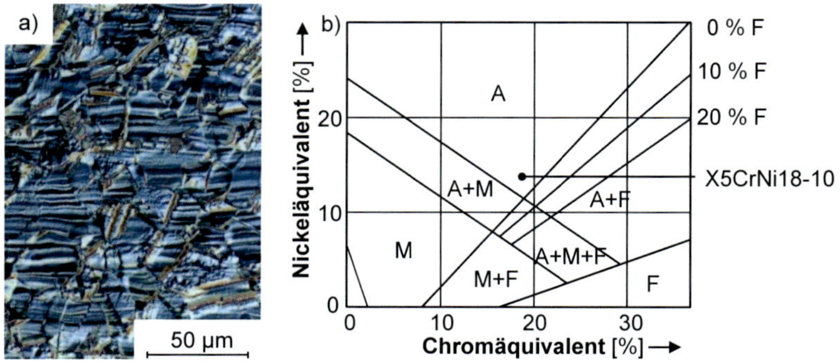

Abbildung 7.4: Schliffbild des Versuchswerkstoffs mit BERAHA II-Ätzung a) sowie SCHAEFFLER-Diagramm mit Markierung für X5CRNI18-10 b). A: Austenit, F: Ferrit, M: Martensit [GUIR17]

Cross-section of the experiment material with BERAHA II-etching a) and SCHAEFFLER diagram with marking point for X5CRNI18-10 b). A: Austenite, F: Ferrite, M: Martensite [GUIR17]

Die Beraha II-Ätzung in Abbildung 7.4a) zeigt Austenit in dunklen und blauen Farben. Die nadelartige Mikrostruktur martensitischer Phasen ist in den Schliffbildern nicht zu erkennen. Anhand des SCHAEFFLER-Diagrammes in Abbildung 7.4b) wird deutlich, dass ein höherer Anteil an Nickeläquivalenten die Markierung weiter ins Austenitgebiet verschiebt und somit die Martensitumwandlung unwahrscheinlicher werden lässt. Aufgrund des vergleichsweise hohen Marktpreises für Nickel ist eine hohe Zulegierung in der Praxis jedoch regelmäßig nicht erwünscht.

Aufgrund des infolge von martensitischer Umwandlung auftretenden Schnittschlags ist der Werkzeugverschleiß eine Herausforderung beim Feinschneiden von X5CRNI18-10. Hier ist ein positiver Nebeneffekt der Erwärmung des Stahlbandes, dass durch eine erhöhte Temperatur ab $T = 120\ °\mathrm{C}$ die Martensitisierung unterdrückt beziehungsweise verringert wird [MAUR18]. Somit fällt auch der Schnittschlag geringer aus, ein verringerter Werkzeugverschleiß ist die Konsequenz [WEIS21A].

Auch an Proben des X5CRNI18-10 wurden die Stempelkräfte bei erhöhter Blechtemperatur untersucht. Analog zu 42CRMO4 kam dabei ausschließlich die Hubrate $H = 50\ \mathrm{min}^{-1}$ zum Einsatz, da der Einfluss der Hubrate auf die Prozesskräfte in Kapitel 5 als untergeordnet festgestellt wurde. Für den Praxiseinsatz ist zu beachten, dass austenitischer Stahl nicht ferromagnetisch ist und eine wesentlich geringere Wärmeleitfähigkeit aufweist als ferritischer Stahl. Induktive Erwärmung ist zwar möglich, jedoch mit merklich verringertem Wirkungsgrad. Die Erwärmung nimmt somit mehr Zeit in Anspruch. Dennoch wurden die Versuche erfolgreich durchgeführt. Die Maximalwerte der Stempelkraft für diese Versuche sind in Abbildung 7.5 dargestellt.

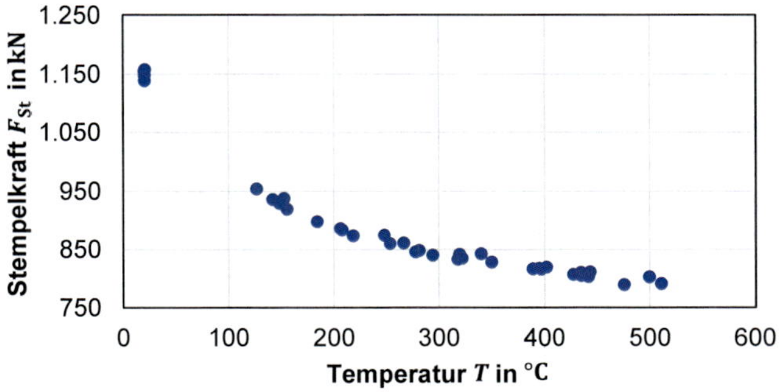

Abbildung 7.5: Stempelkräfte bei X5CrNi18-10 mit Variation der Blechtemperatur
Punch forces for X5CrNi18-10 with variation of sheet temperature

Wie in Abbildung 7.5 zu sehen ist, zeigt der Verlauf der Maximalwerte der Stempelkräfte bei X5CrNi18-10 im Gegensatz zu 16MnCr5 und 42CrMo4 keinen ausgeprägten Wiederanstieg. Jedoch ist der Kraftabfall nichtlinear. Bei $T = 300\ °C$ ergibt sich eine Kraftabnahme um ca. 26 % gegenüber den Kraftwerden der Referenzversuche ohne Blecherwärmung, bei $T = 500\ °C$ liegt die Kraftabnahme bei ca. $30\ \%$.

Austenitisches Gefüge ist γ-Eisen und damit kubisch-flächenzentriert, im Gegensatz zum kubisch-raumzentrierten Gitter des Ferrits. Ursprünglich wurde die Bildung von Cottrell-Wolken nur für kubisch raumzentrierte Gittertypen beschrieben [Cott49]. Dies steht in Zusammenhang mit der Beobachtung, dass die Löslichkeit von C-Atomen in γ-Fe wesentlich höher ist als in α-Fe, da die Gitterlücken des krz-Gitters kleiner sind als die des kfz-Gitters [Gott14]. Somit wird in γ-Fe ein höherer C-Anteil im Gitter gebunden als in α-Fe. Tsuzaki et al. [Tsuz83] sowie Kim und Nam [Kim88] beobachteten jedoch Reckalterungsmechanismen in X5CrNi18-10 und erklärten diese als gegenseitige Wechselwirkung von Versetzungen mit Chrom-Nickel-Atomen. Nikitin [Niki05] untersuchte das Ermüdungsverhalten von X5CrNi18-10 und postulierte, dass der Reckalterungsbereich für austenitische Stähle zwischen $T = 300\ °C$ und $T = 600\ °C$ liegt. Seiner Forschung zufolge haben metastabile austenitische Stähle und Duplexstähle zwei unterschiedliche Reckalterungsmechanismen. Bei $300\ °C \leq T \leq 400\ °C$ liegt durch C- und N-Atome ausgelöste Reckalterung in den Martensitanteilen des Gefüges vor. Bei höheren Temperaturen ab der halben Schmelztemperatur finden die von Tsuzaki und Kim beschriebene Wechselwirkungen von Cr- und Ni-Atomen statt. Dies passt zu den Beobachtungen von Meyer et al., die bei der Umformung von austenitischem Stahl zwar eine Nichtlinearität bei Temperaturen unterhalb von $T = 500\ °C$ feststellen konnten, diese jedoch so gering einschätzten, dass sie mit konventionellen Fließkurven noch annähernd adäquat beschrieben werden konnten [Meye97]. Auch Thimm konstatierte, dass die Abhängigkeit der Fließgrenze von der Temperatur für kubisch flächenzentrierte Gitter geringer ausfällt als für kubisch raumzentrierte [Thim19].

Da der Martensitanteil der hier verwendeten Proben aufgrund des hohen Anteils an Nickeläquivalenten sehr gering ist, ist so gut wie keine durch Cottrell-Wolken-

Bildung ausgelöste dynamische Reckalterung festzustellen. Es ist anzunehmen, dass diese zwar in den Martensitbereichen stattfindet, sich jedoch aufgrund ihres geringen Anteiles am Gefüge nicht in den Stempelkräften niederschlägt. Die Schmelztemperatur von X5CrNi18-10 liegt zwischen $1.400\ °\mathrm{C} \leq T_{\mathrm{Mp}} \leq 1.455\ °\mathrm{C}$, sodass der Temperaturbereich des zweiten Reckalterungseffektes ab $T = 700\ °\mathrm{C}$ beginnt und somit von den Versuchen nicht erfasst wird. Es kann daher angenommen werden, dass die Abweichung von der linearen Kraftabnahme sich aus der Kombination der Reckalterungseffekte erklärt, wenngleich ein klares lokales Maximum in der Kurve der Stempelkraftmaxima aus den oben genannten Gründen nicht ersichtlich ist.

7.1.3 Hochlegierter Feinkornstahl S700MC

High-alloy fine-grain structural steel S700MC

Der Stahl S700MC (Werkstoffnummer: 1.8974) ist ein mikrolegierter Feinkornstahl. Er wurde von der Firma Thyssenkrupp Hohenlimburg hergestellt und trägt dort die Bezeichnung HSM700HD, wobei HD für hochduktil steht. Dieser Stahl wurde auf geringe Versprödung hin optimiert und gilt als hochfest [Thys21]. Somit dient er als Vertreter der Stähle, deren Feinschneideignung durch Kombination des Feinschneidens mit Blecherwärmung verbessert werden soll.

Die elementare Zusammensetzung des Werkstoffes wurde im Wege der OES überprüft. Die Ergebnisse der OES sind in Tabelle 7.3 aufgeführt.

Tabelle 7.3: Elementare Zusammensetzung des Werkstoffes S700MC im Vergleich zur Norm DIN EN 10149-2 [DinEn10149]
Elementary composition of the material S700MC compared to the standard DIN EN 10149-2 [DinEn10149]

Element	**C**	**Mn**	**Si**	**P**	**S**	**Al**
DIN EN 10149-2	0,12	2,10	0,060	0,025	0,015	min. 0,015
OES	0,0641	1,45	0,125	0,0230	0,0086	0,0393
Element	**Nb**	**V**	**Ti**	**Mo**	**B**	[a]: Die Summe von Nb, V und Ti darf 0,22 % nicht überschreiten.
DIN EN 10149-2	0,09[a]	0,20[a]	0,22[a]	0,50	0,005	
OES	0,0457	0,0089	0,119	0,196	0,0013	

Wie in Tabelle 7.3 zu sehen, zeigt der Versuchswerkstoff in der elementaren Zusammensetzung vereinzelt Unterschiede zu den in der Norm vorgeschlagenen Werten. Hierbei ist zu beachten, dass die einschlägige Norm DIN EN 10149-2 zwar eine Zusammensetzung in Form verbindlicher Maximalwerte vorschlägt, diese jedoch weitgehend dem Stahlhersteller freistellt, soweit die in der Norm geforderten mechanischen Kennwerte eingehalten werden. Bei diesem Stahl ist daher eine größere Abweichung der Analysewerte gegenüber den in der Norm vorgeschlagenen Werten zu erwarten und führt nicht zu Ausschluss. Dies ist jedoch bei anhand von mechanischen Werten genormten Stahlklassen kein Ausschlusskriterium. Die Abweichungen bewegen sich innerhalb der von der Norm gestatteten Grenzen. Zu beachten ist insbesondere der sehr geringe Kohlenstoffanteil.

Zusätzlich zur Analyse der elementaren Zusammensetzung wurden Flach-, Quer- und Längsschliffe des Versuchswerkstoffes angefertigt. Diese sind in Abbildung 7.6 zu sehen.

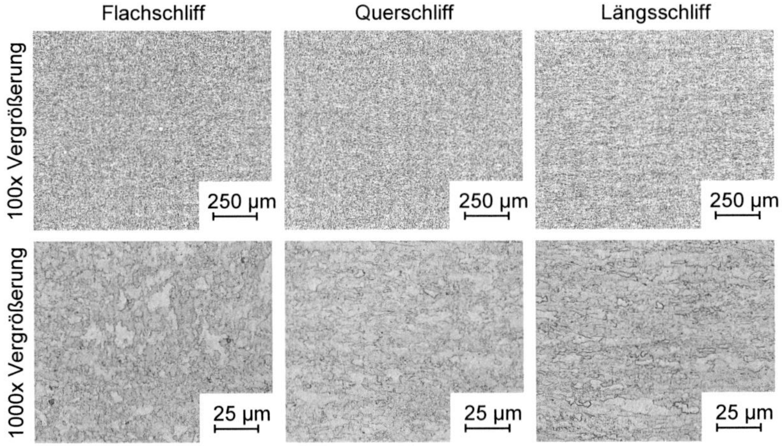

Abbildung 7.6: Gefügeschliffe des Versuchswerkstoffes S700MC
Microstructure of the test material S700MC

Wie in Abbildung 7.6 zu sehen ist, zeigt der Versuchswerkstoff ein einphasiges ferritisches Grundgefüge mit vereinzelten Perlitinseln. Auffällig ist das sehr feine Gefüge und die hohe Homogenität, die sich auch in der sehr gering ausgeprägten Anisotropie ausdrückt.

Auch mit diesem Werkstoff wurden Feinschneidversuche mit unveränderten Prozess- und Erwärmungsparametern durchgeführt. Die Maximalwerte der gemessenen Stempelkräfte sind in Abbildung 7.7 dargestellt.

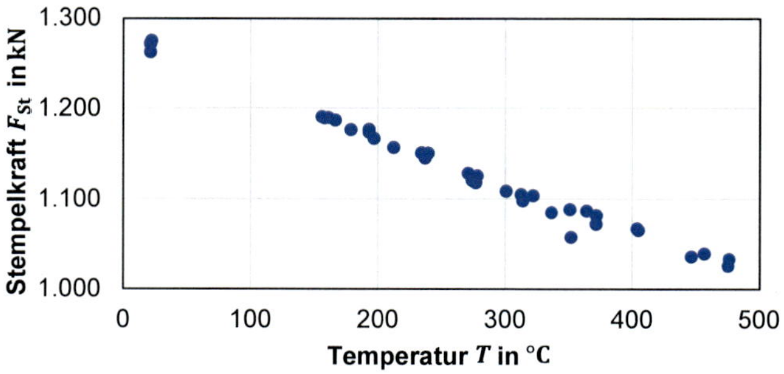

Abbildung 7.7: Stempelkräfte bei S700MC mit Variation der Blechtemperatur
Punch forces for S700MC with variation of sheet temperature

Im Gegensatz zu den zuvor betrachteten Werkstoffen zeigt sich in Abbildung 7.7 eine nahezu ideal lineare Abnahme der Kraftwerte mit zunehmender Temperatur, abgesehen von einer leicht erhöhten Streuung der Werte bei $T = 350\ °\mathrm{C}$. Es ist kein Wiederanstieg der Stempelkraft festzustellen. Bei $T = 300\ °\mathrm{C}$ ergibt sich eine Kraftabnahme um ca. 13 % gegenüber den Kraftwerten der Referenzversuche ohne Blecherwärmung, bei $T = 450\ °\mathrm{C}$ liegt die Reduktion bei ca. 18 %. Ein Wiederanstieg der Stempelkraft kann nicht festgestellt werden. Somit ist im Gegensatz zu den bisher betrachteten Stählen keine dynamische Reckalterung zu beobachten.

Das Fehlen der dynamischen Reckalterung bei S700MC hat seine Begründung in den speziellen Eigenschaften des Werkstoffs. Der Kohlenstoffanteil ist mit $\omega = 0{,}0641$ sehr gering. Der vorliegende Kohlenstoff ist zudem nahezu vollständig in Mikroeinformungen abgebunden. Daher sind die Kohlenstoffatome auch bei hohen Temperaturen kaum mobil und neigen daher nicht zur Bildung von COTTRELL-Wolken. Mikrolegierungselemente führen zudem zu einer Verzögerung von diffusionsgesteuerten Prozessen. Dies ist proportional zum Größenunterschied des Legierungsatoms zum FE-Atom. Dieser ist bei den im Gitter vorhandenen Mikrolegierungselementen NB (+15,6 %) und TI (+14,8 %) ausreichend groß [BLEC16]. Aus diesen Gründen ist kein Reckalterungsverhalten festzustellen. Somit existiert kein lokales Optimum der Prozesskräfte, sondern jede Erhöhung der Temperatur bis $T = 500\ °\mathrm{C}$ führt zu einem weiteren Absinken der Stempelkraft. Für die Praxis bedeutet dies, dass bei diesem Stahl die Prozessplanung freier erfolgen kann und die Stempelkraftreduktion betragsmäßig höher ist als bei Stählen mit ausgeprägtem Reckalterungsverhalten. Darüber hinaus ist hiermit gezeigt, dass es Stähle ohne ausgeprägte Reckalterung gibt und die Reckalterungsneigung eines Stahles zur gezielten Prozessplanung des Feinschneidens mit Blecherwärmung überprüft werden muss.

7.2 Zwischenfazit

Intermediate Conclusion

Dynamische Reckalterung entsteht durch die Wechselwirkung von freien Kohlenstoffatomen mit Versetzungen im Kristallgitter. Daher müssen zur Entstehung von dynamischer Reckalterung folgende Bedingungen erfüllt sein:

- Vorhandensein von Versetzungen: Diese entstehen während des Umformprozesses, liegen jedoch häufig bereits aufgrund von vorhergegangenen Umformprozessen im Werkstoff vor. Dazu gehört bei der Blechumformung insbesondere der (Kalt-)Walzprozess.
- Vorhandensein von freien Kohlenstoff-, Stickstoff- oder Bor-Atomen im Werkstoff [NIKI07]: Da Stahl definitionsgemäß eine Legierung aus Eisen und Kohlenstoff ist, sind regelmäßig Kohlenstoff-Atome im Werkstoff vorhanden. Jedoch muss zur Entstehung von dynamischer Reckalterung eine ausreichende Anzahl dieser Atome frei, also nicht im Gitter gebunden, sein. Tendenziell ist dies bei kubisch raumzentrierten Gittern (Ferrit) eher der Fall als bei kubisch flächenzentrierten (Austenit). Auch Chrom-Atome können Reckalterung auslösen, jedoch erst in Temperaturbereichen oberhalb von $T = 1.000\ °\mathrm{C}$, die hier nicht relevant sind.
- Vorliegen einer ausreichend hohen Temperatur für einen ausreichend langen Zeitraum: Die Diffusion von Kohlenstoff-Atomen durch das Kristallgitter wird thermisch aktiviert und findet nicht instantan statt. Es muss daher eine ausreichend hohe Temperatur für einen nicht zu kurzen Zeitraum vorliegen.

Somit lassen sich Kriterien für das Auftreten von dynamischer Reckalterung beim Feinschneiden von induktiv erwärmtem Stahlblech ableiten. Starke Reckalterung wird insbesondere dann auftreten, wenn der Stahl ferritisches Gefüge hat, über viel freie C-Atome verfügt und die Erwärmung lange aufrechterhalten wird.

Damit wurde die vierte Forschungsfrage, **welchen Einfluss Unterschiede im Werkstoffgefüge auf die Stempelkraft beim Feinschneiden von erwärmtem Stahlblech haben**, beantwortet.

Nach der Beantwortung sämtlicher Forschungsfragen ist die **wissenschaftliche Problemstellung,** dass *die thermomechanischen Wechselwirkungen in der Scherzone beim Feinschneiden bisher unbekannt sind, die Kenntnis derselben jedoch zwingend erforderlich ist für eine wissensbasierte Prozessauslegung des Feinschneidens bei erhöhten Temperaturen mit dem Ziel, höherfeste Stähle feinschneidbar zu machen,* gelöst.

8 Dimensionierung des erwärmten Feinschneidens

Dimensioning of Heated Fine Blanking

Nachdem in den vorhergegangenen Kapiteln die wirkenden werkstoffphysikalischen Effekte beim Feinschneiden von induktiv erwärmtem Blech identifiziert, modelliert und auf weitere Stahlwerkstoffklassen übertragen wurden, wurde im Folgenden ein optimales Temperaturfenster identifiziert. Des Weiteren wurde die Emissionseinsparung in der Nutzungsphase von Feinschnittteilen den zusätzlichen Emissionen, die durch Zuführung von Energie in der Herstellphase entstehen, gegenübergestellt.

8.1 Ermittlung eines geeigneten Temperaturfensters

Determination of an suitable Temperature Window

Ein optimales Temperaturfenster muss eine Reihe von Bedingungen erfüllen. Um den Aufwand einer zusätzlichen Energieeinbringung zu rechtfertigen, muss die Abnahme der Prozesskräfte signifikant sein. Gleichzeitig muss jedoch gewährleistet sein, dass der Stahl nicht durch die Temperatureinwirkung seine Eigenschaften dauerhaft verändert. Schließlich muss sichergestellt sein, dass der verwendete Schmierstoff bei der gewählten Temperatur Wirkung zeigt.

Somit ist die Wahl des Temperaturbereiches ein Optimierungsproblem. Als obere Grenze dient der Erholungsbeginn des Blechwerkstoffes. Abhängig von Stapelfehlerenergie und Temperatur kommt es in Stahlwerkstoffen zu Erholungsprozessen, die metallphysikalisch aus Quergleiten von Schraubenversetzungen und Klettern der Stufenversetzungen bestehen [GOTT14]. Erholungsprozesse bewirken eine Entspannung des Stahlgitters und bergen das Potenzial, ein speziell eingestelltes höherfestes Stahlgefüge zu zerstören. Mithin darf zur Beibehaltung des Werkstoffgefüges die Prozesstemperatur einen Wert von ca. $T = 500\ °\mathrm{C}$ nicht überschreiten.

Um die dynamische Reckalterung möglichst gering zu halten und gleichzeitig eine möglichst hohe Produktivität zu ermöglichen, sollte der Erwärmungsprozess so kurz wie möglich gehalten sein. Die Diffusion von Kohlenstoff durch das Gitter und infolgedessen die Bildung von COTTRELL-Wolken werden somit auf ein Minimum beschränkt.

Marktübliche Feinschneidschmierstoffe sind regelmäßig mineralölbasiert. Dies hat zur Folge, dass sie für höhere Temperaturen regelmäßig nur bedingt geeignet sind. Mineralölbasierte Schmierstoffe, die bei Raumtemperatur niedrigviskos sind, um mittels Sprühbeölung appliziert werden zu können, weisen bereits bei $T = 150\ °\mathrm{C}$ kaum noch Tragwirkung auf. Bei noch höheren Temperaturen kommt es zum Vercracken der Additive. Dies schränkt nicht nur die Wirkung der Schmierstoffe ein, sondern führt in der industriellen Praxis auch zu aufwändigen Reinigungsprozessen. Für den industriellen Einsatz des Feinschneidens mit Blecherwärmung ist daher zwingend der Einsatz einer von Mineralölen abweichenden Schmierstofflösung erforderlich. Eine Möglichkeit dafür bieten wasserlösliche Schmierstoffe. Diese lassen sich in Wasser gelöst applizieren. Unter Temperatureinwirkung verdampft die wässrige Trägerflüssigkeit und lässt den vormals gelösten Festschmierstoff zurück. Zu beachten ist, dass bei einem Wechsel zwischen öl- und wasserbasierten Schmierstoffen eine Reinigung des Leitungssystems der Feinschneidpresse erforderlich ist und die Aufwände für Korrosionsschutz und Werkzeugbeölung zunehmen. Es lässt sich also zusammenfassen: Im Interesse eines möglichst geringen Eingriffs ins tribologische System muss die Blechtemperatur so niedrig wie möglich gewählt werden.

Das in Kapitel 5 beobachtete Temperaturverhalten der Prozesskräfte bietet das Potenzial, für Stahlwerkstoffe mit Reckalterungsneigung ein lokales Stempelkraftoptimum für den Feinschneidprozess zu identifizieren. Dieses liegt für 16MnCr5 bei ca. $T = 280\ °\mathrm{C}$ und für 42CrMo4 bei ca. $T = 350\ °\mathrm{C}$ (vgl. Abschnitt 7.1.1). Zeigt der Stahl keine oder nur eingeschränkte Reckalterungsneigung, so ist ein solches lokales Optimum nicht zu bestimmen (vgl. Abschnitte 7.1.2 und 7.1.3).

Bei der Ermittlung des lokalen Optimums kann auf das in Abschnitt 6.1.1 beschriebene Fließmodell zurückgegriffen werden. Der Faktor C_5 steht unmittelbar für die Temperatur, bei der die maximale Reckalterung auftritt. Im Fall von 16MnCr5 ist dies abhängig vom Umformgrad und der Dehnrate ca. $T = 450\ °\mathrm{C}$ (vgl. Abschnitt 6.1.2). Die Faktoren C_4 und C_6 stehen für die Intensität der Reckalterung. C_4 bestimmt dabei maßgeblich den Betrag, C_6 die Breite des Reckalterungsbereiches. Die Kenntnis des Faktors C_6 kann also in Verbindung mit C_5 Aufschluss über die Lage des lokalen Prozesskraftminimums geben. Somit kann das Optimum der Blechtemperatur analog zu dem in Abschnitt 4.3 beschriebenen Vorgehen anhand von Schichtstauchversuchen bestimmt werden.

8.2 Energetische Bilanzierung des Verfahrens

Energetical Consideration of the Process

Um die ökologische Problemstellung zu beheben, ist es notwendig, den Feinschneidprozess auf die Auswirkungen der induktiven Erwärmung hin zu untersuchen. Verbrauch von Ressourcen und Energie müssen ebenso wie Emission von Treibhausgasen verglichen werden, um die ökologischen Auswirkungen bewerten zu können. Dies wird im Folgenden in Form einer Ökobilanz und ihrer exemplarischen Bewertung durchgeführt. Bei den folgenden Betrachtungen handelt es sich um ein *best case*-Szenario unter der Annahme, dass Leichtbaupotenziale bei nahezu allen Feinschneidteilen im Automobil gehoben werden können, im Vergleich zum *worst case*-Szenario, das davon ausgehen würde, dass ein Leichtbaupotenzial nicht besteht und keine Veränderung zum *status quo* bedeuten würde. Der *realistic case* liegt zwischen beiden und bedeutet ein hebbares Leichtbaupotenzial für einige Feinschnittteile.

8.2.1 Ökologische Bilanz

Life cycle assessment

Eine Möglichkeit, den Ist-Zustand von Prozessen zu erfassen, um Verbesserungspotenziale aufzuzeigen, ist die Ökobilanz. Diese ist definiert in DIN EN ISO 14040

[DINENISO14040]. Ausgehend von der Überlegung, dass sich die Phasen des Lebenszyklus gegenseitig beeinflussen, da insbesondere die während der Fertigung erzeugten Eigenschaften eines Werkzeugs erheblichen Einfluss auf die Art und Weise haben, wie es sich während der Nutzungsphase auf die Umwelt auswirkt, hat GRÜNEBAUM ein ganzheitliches Analyseverfahren entwickelt, dass die gegenseitigen Einflüsse der Fertigungs- und der Nutzungsphase zueinander in Bezug setzt [GRUE19].

Aus diesem Grund wurde im Folgenden basierend auf dem Strukturmodell nach GRÜNEBAUM eine Ökobilanz über die Herstellung und Anwendung eines Feinschneidwerkzeuges für die Produktion von Automobilbauteilen erstellt. Die Zusammenhänge zwischen den Modellen und die gewählte Systemgrenze sind in Abbildung 8.1 dargestellt.

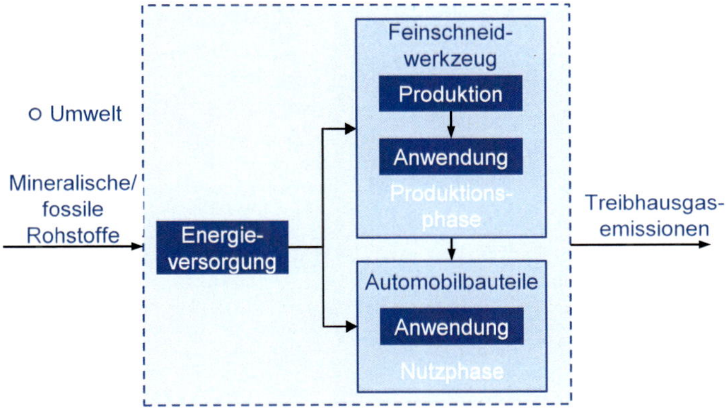

Abbildung 8.1: Systemgrenze und Zusammenhänge zwischen Produktions- und Nutzphase von feingeschnittenen Automobilbauteilen [WEIS23]
System boundary and correlations between production and useful phases of fine blanked automotive components [WEIS23]

Das Ziel bestand im Vergleich der Prozessvarianten des Feinschneidens mit und ohne induktive Blecherwärmung. Die Phase der Rohstoffherstellung wurde vereinfacht in Energie- und Stahlerzeugung betrachtet. Die Produktionsphase bildete gemeinsam mit der Nutzungsphase der Bauteile über die Lebenszeit eines PKW den Fokus des Vergleichs. Die End-of-Life-Phase wurde in Verbindung mit der Rohstoffherstellungsphase betrachtet, da sie analog zu dieser maßgeblich von der Menge des verwendeten Stahles abhängig ist. Produktions- und Nutzungsphase wurden jeweils mit und ohne induktive Erwärmung exemplarisch modelliert und hinsichtlich der Ergebnisse bewertet.

GRÜNEBAUM schlägt folgende vier Schritte vor: Identifikation zentraler Werkzeugeigenschaften (Schritt eins); Identifikation von Prozessparametern und –variablen innerhalb der Nutzphase (Schritt zwei); Beschreibung der Fertigungsphase des Werkzeugs (Schritt drei); Zusammenführung der Ergebnisse (Schritt vier). Anschließend wird die induktive Blecherwärmung der Betrachtung hinzugefügt.

Die Zusammenhänge beim Feinschneiden nach KLOCKE [KLOC17], ergänzt um induktive Erwärmung, sind in Abbildung 8.2 dargestellt.

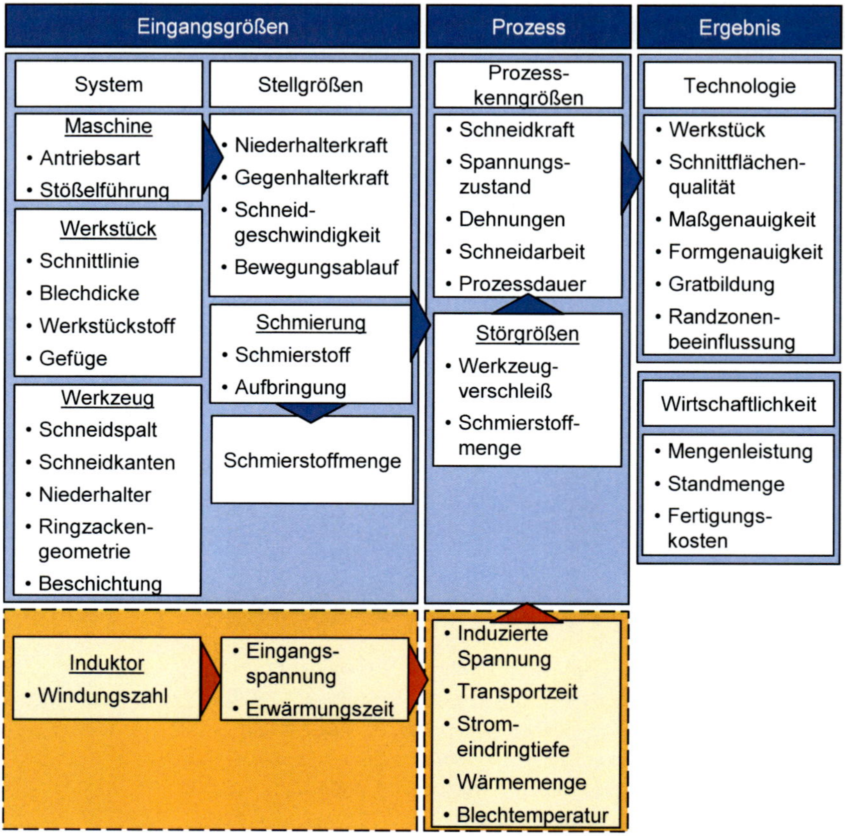

Abbildung 8.2: Systemgrenze und Zusammenhänge zwischen Eingangsgrößen, Prozess und Ergebnis [WEIS23]
System boundary and correlations between input parameters, process and outcome [WEIS23]

Zentrale Werkzeugeigenschaften beim Feinschneiden sind Schneidspalt [DIET18]; Schneidkantengeometrie [KLOC17]; Gegenhalterkraft [SIEG15]; Ringzackeneigenschaften inklusive Niederhalterkraft [SCHM07] sowie Werkzeugwerkstoff inklusive Beschichtung [KLOC17]. Prozessparameter sind Stellgrößen, die bewusst und gezielt gesteuert werden können, um das Arbeitsergebnis zu beeinflussen. Prozessvariablen sind Prozesskenngrößen, die nicht direkt eingestellt werden können, sondern abhängig von Prozessparametern und Werkzeugeigenschaften sind. Die identifizierten Einflüsse und Wechselwirkungen ermöglichen das Aufstellen eines Strukturmodells für die Nutzphase von Feinschneidwerkzeugen. Dieses ist in Abbildung 8.3 zu sehen.

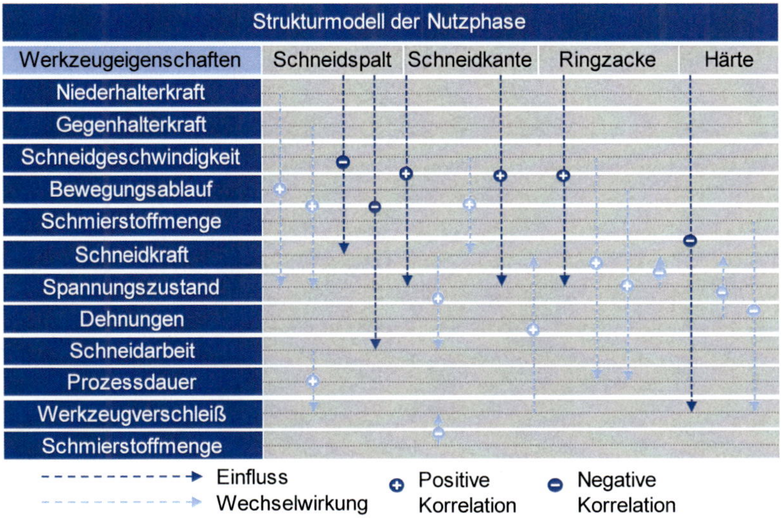

Abbildung 8.3: Strukturmodell der Nutzphase eines Feinschneidwerkzeuges [WEIS23]
Structural model of the use phase of a fine blanking tool [WEIS23]

Wie in Abbildung 8.3 dargestellt ist, wird die Schneidkraft nach KLOCKE [KLOC17] insbesondere durch den Schneidspalt beeinflusst. Dieser geht in den Schneidwiderstand ein, vgl. Gleichung (2.5). Ein kleiner Schneidspalt führt zu einer Erhöhung der Schneidkraft, da die Verformung in der Scherzone zunimmt. Aufgrund der engen Verwandtschaft der Schneidkraft mit der Schneidarbeit übt der Schneidspalt mittelbar auch Einfluss auf diese aus. Der Spannungszustand im Blech wird maßgeblich durch Schneidspalt, Schneidkante und Ringzacke beeinflusst. Die Härte hat direkten Einfluss auf den Verschleiß des Werkzeugs. Es bestehen zahlreiche weitere Wechselwirkungen, die jedoch zugunsten der Handhabbarkeit auf die hier aufgeführten reduziert wurden. Analog werden die Einflüsse der Fertigungsphase auf die Werkzeugeigenschaften ermittelt. Diese sind in Abbildung 8.4 dargestellt.

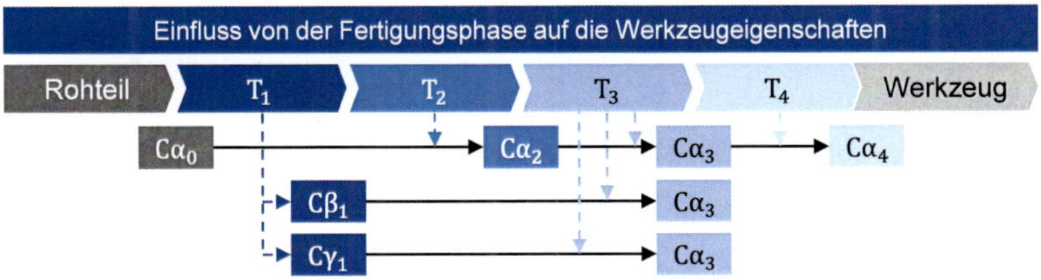

Abbildung 8.4: Einfluss der Fertigungsphase auf die Werkzeugeigenschaften [WEIS23]
Influence of the manufacturing phase on the tool properties [WEIS23]

Dabei bezeichnet T_x die Fertigungsverfahren spanende Bearbeitung, Wärmebehandlung, Hartbearbeitung und Beschichtung. Cn_x bezeichnet Werkzeugeigenschaften nach den jeweiligen Fertigungsverfahren: C_α steht für die Härte, C_β für die Ringzacke,

C_γ für den Schneidkantenradius. Durchgezogene Pfeile stehen für eine Änderung der Werkzeugeigenschaft, gestrichelte Pfeile bedeuten einen Einfluss des Fertigungsverfahrens. Das so ermittelte Strukturmodell befindet sich in Abbildung 8.5.

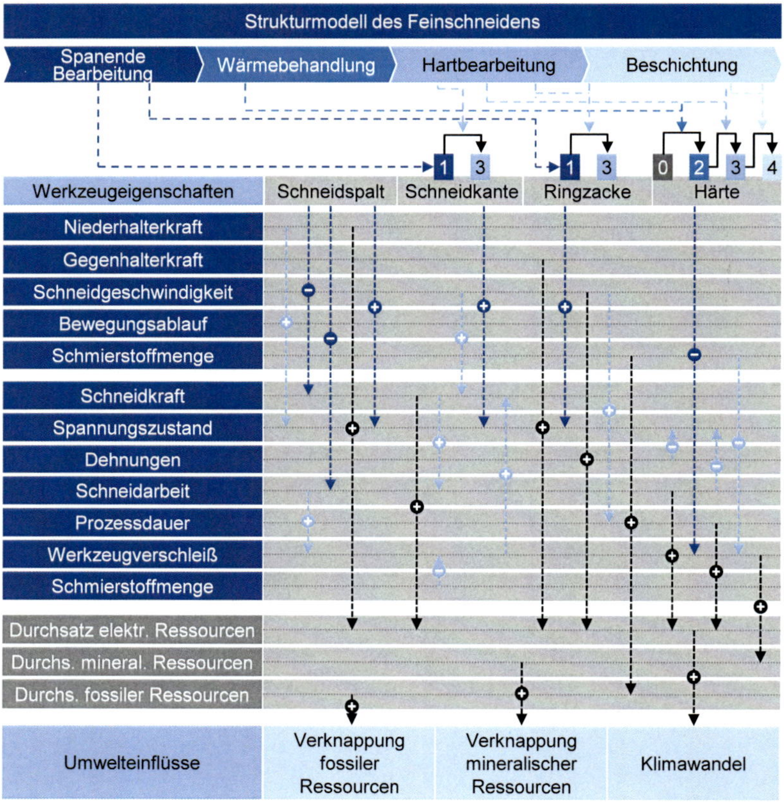

Abbildung 8.5: Holistisches Strukturmodell des Feinschneidens [WEIS23]
Holistic structural model of fine blanking [WEIS23]

Mithilfe des Strukturmodells der Nutzungsphase und der Einflüsse der Fertigungsphase ist es möglich, das Strukturmodell zu vereinheitlichen und um die Einflüsse auf die Umwelt zu ergänzen. Es ermöglicht die Abschätzung der Umwelteinflüsse einzelner Prozess- und Werkzeugparameter beim Feinschneiden, zunächst noch ohne Blecherwärmung. Im Folgenden wird das in Abbildung 8.5 dargestellte Strukturmodell um die induktive Blecherwärmung ergänzt. Die entsprechenden Einflüsse sind in Abbildung 8.6 dargestellt.

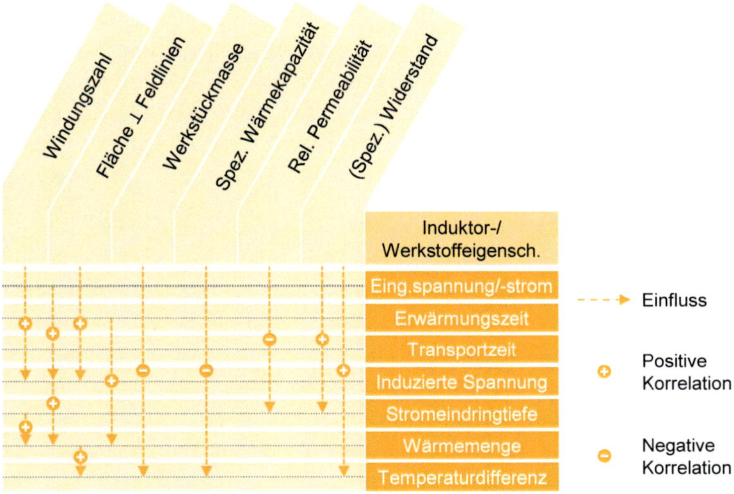

Abbildung 8.6: Zusätzliches Teilstrukturmodell der Induktion [WEIS23]
Additional substructure model of induction [WEIS23]

Die Integration des Teilstrukturmodells der Induktion in das holistische Strukturmodell des Feinschneidens erhöht die Komplexität wesentlich. Eine Abbildung des vollständigen Strukturmodells befindet sich in Anhang 11.6.

Das Strukturmodell, wie es in Abbildung 8.5 in Kombination mit Abbildung 8.6 abzulesen und in Anhang 11.6 zu sehen ist, zeigt die Umweltauswirkungen des Feinschneidens mit induktiver Erwärmung. Durchflüsse von Energie und Rohstoffen entfachen entsprechende Umweltauswirkungen. So führt jeder Einsatz von fossilen oder mineralischen Rohstoffen zu einer Verknappung der weltweiten Ressourcen. Die elektrische Energie, teilweise ebenfalls aus fossilen Ressourcen erzeugt, trägt über die Emission von Treibhausgasen bei ihrer Erzeugung mittelbar zum Fortschritt des Klimawandels bei. Eine Reduktion der Prozesskräfte hat eine Reduktion der im Feinschneidprozess konsumierten elektrischen Energie zur Folge. Hier hat eine Blecherwärmung positiven Einfluss. Jedoch ist fraglich, ob die infolge einer Reduktion der Prozesskräfte eingesparte elektrische Energie aufgewogen wird durch den elektrischen Mehrverbrauch der für die Erwärmung notwendigen Induktionsanlage.

8.2.2 Exemplarische Bewertung

Exemplary evaluation

Massenreduzierende Maßnahmen mit dem Ziel der Reduktion von Energieverbrauch und Treibhausgasemissionen bezeichnet man in Entwicklung und Produktion von Kraftfahrzeugen als Leichtbau [FRIE17]. Um den Prozessenergieunterschied zwischen dem Feinschneiden mit und ohne Erwärmung des Blechs zu ermitteln, wurden überschlägig die Kräfte berechnet, die für die Herstellung von beispielhaften feingeschnittenen Automobilteilen erforderlich sind. Dabei wurden der Einsatzstahl 16MNCR5 und als höherfeste Alternative der mikrolegierte Feinkornstahl S700MC verglichen. Als Beispielbauteile dienten eine Bremsträgerplatte und eine Sicherheitsgurtsteckzunge. Bei beiden Beispielen handelt es sich um sicherheitsrelevante Teile, die unabhängig vom Antrieb in jedem Automobil zu finden sind und regelmäßig mittels Feinschneiden hergestellt werden. Sie sind in Abbildung 8.7 dargestellt.

a)  b) 

Abbildung 8.7: Beispielhafte Feinschnittteile: Bremsbelagträgerplatte a) und Sicherheitsgurtsteckzunge b) [FEIN23]
Exemplary fine blanked parts: Brake carrier plate a) and security belt latch b) [FEIN23]

Während der Fertigungsphase steht ein Einbringen von Wärme in den Werkstoff einer infolge der sinkenden Fließspannung abnehmenden Schneidarbeit gegenüber. Die Größenordnung dieser Energiedifferenz wird im Folgenden untersucht. Dazu wurde die Schneidkraft gemäß Gleichung (2.4) bestimmt. Dabei wurde die Länge der Schnittlinie und die Blechdicke für die Bremsbelagträgerplatte als $l_{\mathrm{B}} = 462{,}2\,\mathrm{mm}$ bzw. $s_{\mathrm{B}} = 5{,}5\,\mathrm{mm}$ und für die Sicherheitsgurtsteckzunge als $l_{\mathrm{S}} = 419{,}8\,\mathrm{mm}$ bzw. $s_{\mathrm{S}} = 2{,}5\,\mathrm{mm}$ vermessen und $c_1 = 0{,}9$ angenommen, vgl. Abschnitt 2.1. Gemäß der in Kapitel 4 gemachten Beobachtungen (vgl. Abbildung 4.13) wird vereinfachend angenommen, dass bei idealer Erwärmung auf ca. $T = 250\,°\mathrm{C}$ ca. $20\,\%$ der Schneidkraft eingespart werden können. Die resultierenden Werte sind in Tabelle 8:1 aufgeführt.

Tabelle 8:1: Schneidkräfte für unterschiedliche Teile und Stähle mit und ohne Erwärmung
Cutting forces for different parts and steels with and without heating

	16MnCr5	**S700MC**
Bremsbelagträgerplatte ohne Erwärmung	1.384,09 kN	1.944,59 kN
Bremsbelagträgerplatte mit Erwärmung	1.107,27 kN	1.555,67 kN
	16MnCr5	**S700MC**
Bremsbelagträgerplatte Differenz	276,82 kN	388,92 kN
Sicherheitsgurtsteckzunge ohne Erwärmung	571,44 kN	802,84 kN

Sicherheitsgurtsteckzunge mit Erwärmung	457,15 kN	642,27 kN
Sicherheitsgurtsteckzunge Differenz	114,29 kN	160,57 kN

Dies dient zur Berechnung der eingesparten Schneidarbeit. Diese berechnet sich nach Gleichung (2.6). Der Korrekturfaktor k nimmt dabei Werte zwischen $k = 0{,}3$ und $k = 0{,}5$ an [KOLB18]. Zur sicheren Seite und für stanztechnisch harte Werkstoffe angemessen wird hier $k = 0{,}3$ verwendet. [WEIS23]

Der infolge sinkender Fließspannung abnehmenden Schneidarbeit steht eine durch die induktive Erwärmung in den Prozess eingebrachte Wärme gegenüber. Diese kann überschlägig gemäß Gleichung (2.27) ermittelt werden. Diese Gleichung ist stark vereinfacht und berücksichtigt weder Verluste noch Primärenergieaufwand und kann daher als Abschätzung zur sicheren Seite angesehen werden. Dafür wurden folgende Werte verwendet: $c_{16MnCr5} = 431\,\mathrm{J/kg \cdot K}$; $\rho_{16MnCr5} = 7{,}76 \cdot 10^{-6}\,\mathrm{kg/mm^3}$; $c_{S700MC} = 460\,\mathrm{J/kg \cdot K}$; $\rho_{S700MC} = 7{,}85 \cdot 10^{-6}\,\mathrm{kg/mm^3}$.

Tabelle 8:2: Durch Erwärmung eingebrachte Wärmemenge und eingesparte Schneidarbeit
Amount of heat introduced by heating and cutting work saved

	Werkstoff	**16MnCr5**	**S700MC**
Durch Blecherwärmung eingebrachte Wärmemenge	**Bremsbelagträgerplatte**	23.417,94 J	25.283,50 J
	Sicherheitsgurtsteckzunge	4.690,42 J	5.064,07 J
Durch Blecherwärmung eingesparte Schneidarbeit	**Bremsbelagträgerplatte**	456,75 Nm	641,72 Nm
	Sicherheitsgurtsteckzunge	85,72 Nm	120,43 Nm

Aus Tabelle 8:2 wird deutlich, dass die eingesparte Schneidarbeit bei einer Erwärmung auf $T = 250\,°\mathrm{C}$ gegenüber der eingebrachten Wärme zwei Größenordnungen kleiner und somit vernachlässigbar gering ist. In der Fertigungsphase bedeutet induktive Blecherwärmung daher einen ungleich höheren Ressourcenverbrauch. Bezogen auf die Bauteilmasse bedeutet dies mit einem gemittelten Mehrverbrauch von $0{,}03\,\mathrm{Wh/g}$ bei $434\,\mathrm{g_{CO_2}/kWh}$ beim deutschen Strommix [UBA23] einen zusätzlichen bezogenen CO_2-Ausstoß von $13\,\mathrm{mg_{CO_2}/g_{Bauteilmasse}}$. [WEIS23]

Neben der Fertigungsphase ist die Nutzungsphase ebenfalls von Bedeutung. Dafür ist insbesondere die mögliche Massenreduktion durch stofflichen Leichtbau zu berücksichtigen. Nach FRIEDRICH [FRIE17] ist eine Massenreduktion über eine Substitution des Bezugswerkstoffes nur dann möglich, wenn das Leichtbaukennzahlverhältnis kleiner als eins ist. Das Schema der Leichtbaukennzahlen folgt Gleichung (8.1):

$$K_{\mathrm{x,Werkstoff\,1}} = \frac{\mathrm{Eigenschaft\ 1}_{\mathrm{Werkstoff\,1}}}{\mathrm{Eigenschaft\ 2}_{\mathrm{Werkstoff\,1}}} \tag{8.1}$$

Leichtbaukennzahlen sind für jeden Lastfall bestimmbar. Hier wird exemplarisch die Kennzahl der statischen Festigkeit betrachtet. Diese berechnet sich wie folgt:

$$K_{\mathrm{Ft}} = \frac{\rho}{R_{\mathrm{m}}} \sim m \tag{8.2}$$

Dabei ist ρ die Dichte in $\mathrm{g/cm^3}$ und m die Masse in kg. Die einzelne Kennzahl für einen Werkstoff hat jedoch keine Aussage, sondern gewinnt Bedeutung im Vergleich zweier Werkstoffe:

$$V_{\mathrm{x,Werkstoff\,2/Werkstoff\,1}} = \frac{K_{\mathrm{x,Werkstoff\,2}}}{K_{\mathrm{x,Werkstoff\,1}}} \begin{cases} < 1 : \mathrm{Massenreduktion} \\ = 1 : \mathrm{Masse\ unverändert} \\ > 1 : \mathrm{Massenzunahme} \end{cases} \tag{8.3}$$

Mit den Eingangswerten[1] von $\rho_{\mathrm{16MnCr5}} = 7{,}76\ \mathrm{g/cm^3}$; $\rho_{\mathrm{S700MC}} = 7{,}85\ \mathrm{g/cm^3}$; $E_{\mathrm{Stahl}} = 210.000\ \mathrm{MPa}$ sowie $R_{\mathrm{m,16MnCr5}} = 399\ \mathrm{N/mm^2}$ und $R_{\mathrm{m,S700MC}} = 857\ \mathrm{N/mm^2}$ ergeben sich die folgenden Werte:

Tabelle 8:3: Leichtbaukoeffizienten für statische Festigkeit
Lightweight construction coefficients for static strength

	K_{Ft}	V_{Ft}
16MnCr5	0,0194	0,471
S700MC	0,0916	

Das Leichtbaukennzahlenverhältnis kann als erste Schätzung des Massenverhältnisses dienen [Frie17]. Eine potenzielle Masseneinsparung von 52,9 % ist jedoch optimistisch, da Bauteile aus 16MnCr5 regelmäßig nicht im weichgeglühten, sondern im einsatzgehärteten Zustand zum Einsatz kommen. In dem Bewusstsein, eine obere Grenze abzubilden, kann dieser Wert dennoch als Basis einer *best case*-Überschlagsrechnung dienen. Als *worst case* wird die Annahme betrachtet, dass trotz eines erhöhten Energieeinsatzes durch Erwärmung keine Masseneinsparung erzielt werden kann.

Folgende Potenziale können durch die prozesssichere industrielle Bearbeitung von hochfesten Stählen für den Automobilbau gehoben werden:

[1] Angabe der jeweiligen Werkstoffhersteller laut Prüfzeugnis

Rohstoffherstellungsphase: Ein Hauptteil der Emissionen bei der Produktion industrieller Güter durch Feinschneiden entsteht bei der Rohstoffgewinnung. Durch die Befähigung der Verwendung höherfester Stähle entsteht die Möglichkeit, weniger Stahl für gleiche Belastungsszenarien zu verwenden. Zusätzlich werden durch die Reduktion des Kanteneinzuges beim Feinschneiden bei Erfordernis von Rechtwinkligkeit erforderliche nachfolgende Flachschleifen minimiert. Dadurch werden gleichzeitig Ressourcen eingespart und Treibhausgasemissionen verringert. Nach Zahlen des Umweltbundesamtes erzeugt die Produktion einer Tonne Stahl $1.712\ \mathrm{kg}$ CO_2-Äquivalent [UBA20]. Wenn durch die Verwendung eines höherfesten Stahles S700MC mit einer Zugfestigkeit von $R_\mathrm{m} = 857\ \mathrm{MPa}$ anstelle eines konventionellen Stahles 16MNCR5 mit einer Zugfestigkeit von $R_\mathrm{m} = 399\ \mathrm{MPa}$ infolge von Erwärmung die Wandstärke eines feingeschnittenen Bauteiles um 52,9 % reduziert werden könnte, dann wären im Jahr 2017 bei 3.441.262 neu zugelassenen Personenkraftwagen (PKW) [KBA20] mit jeweils ca. 200 feingeschnittenen Teilen unter der konservativen Annahme einer Durchschnittsmasse von $m = 100\ \mathrm{g}$ pro Feinschnittteil $32.417\ \mathrm{t}$ Stahl eingespart worden und somit allein im Rohstoffgewinnungsprozess $55.497\ \mathrm{t}$ CO_2 weniger emittiert worden. Dies entspricht einer Einsparung von $1{,}7\ \mathrm{g_{CO_2}/g_{Bauteilmasse}}$ im *best case*. Im *worst case* kann in dieser Phase kein Einsparungspotenzial gehoben werden.

Produktionsphase: Während der Herstellung können einzelne Prozessschritte reduziert werden oder völlig wegfallen. Dies spart erneut Emissionen ein. Dazu gehören Wärmebehandlungsprozesse, die infolge der Verarbeitung von hochfestem Stahl wegfallen können. Eine Reduktion des Kanteneinzugs ermöglicht außerdem ebenfalls eine Reduktion oder einen Wegfall von Nachbearbeitungsprozessen zur Entfernung des Kanteneinzuges, etwa mittels Flachschleifen. Dies reduziert im *best case* die Anzahl der benötigten Werkzeugaktivelemente und trägt somit indirekt zur Reduktion der Emissionen bei. Im *worst case* entsteht durch die zugeführte Wärme erhöhter Werkzeugverschleiß und somit ein negativer Beitrag in der Produktionsphase. Hinzu kommt ein zusätzlicher bezogener CO_2-Ausstoß von $13\ \mathrm{mg_{CO_2}/g_{Bauteilmasse}}$ durch dem Prozess zusätzlich zugeführter Wärme. Dies entspricht mit den obigen Annahmen einem Mehrausstoß von $796.637\ \mathrm{t}$ CO_2.

Nutzungsphase: Während der Nutzungsphase insbesondere im Automobilbereich spart jedes Kilogramm bewegte Masse, das durch die Befähigung des Leichtbaus durch erwärmtes Feinschneiden wegfällt, Treibhausgasemissionen ein. Im Jahr 2017 wurden in Deutschland nach Angaben des Kraftfahrt-Bundesamtes 630.837 Millionen Kilometer durch PKW zurückgelegt. Diese verfügten durchschnittlich über $m = 1.428\ \mathrm{kg}$ Leermasse und hatten einen durchschnittlichen CO_2-Ausstoß von $127{,}9\ \mathrm{g_{CO_2}/km}$ [KBA20]. Somit wurden dadurch $80{,}7$ Millionen Tonnen CO_2 ausgestoßen. Unter der Annahme, dass der CO_2-Ausstoß näherungsweise linear von der Fahrzeugmasse abhängt [KAUF15], würde jede Verringerung der durchschnittlichen Fahrzeugmasse um $\Delta m = 1\ \mathrm{kg}$ zu einer Verringerung des CO_2-Ausstoßes um $55.000\ \mathrm{t}$ geführt haben. Das Büro für Technikfolgenabschätzung des Deutschen Bundestages sieht für Karosserien bereits jetzt ein Masseneinsparpotenzial von $35\ \%$ durch höherfeste Stähle. Bei einem Anteil der Karosserie an der Gesamtfahrzeugmasse von ca. $40\ \%$ ergibt sich im obigen Beispiel eine Masseneinsparung von durchschnittlich $\Delta m = 199{,}92\ \mathrm{kg}$ allein durch die Karosserie [TAB12]. Somit würden im Jahr 2017 $10{,}9$ Millionen Tonnen oder etwa $13{,}5\ \%$ CO_2 weniger durch den PKW-Verkehr ausgestoßen worden sein, wenn die PKW-Karosserien aus höherfesten Stählen bestanden haben würden. Auf Feinschnittteile entfällt von dieser Zahl bei einer angenommenen Gesamtmasse feingeschnittener Bauteile von $m = 20\ \mathrm{kg}$ eine Reduktion in Höhe von $510.100\ \mathrm{t}$ CO_2-Ausstoß. Bezogen auf die 2017 in Deutschland zugelassenen $46.474.594$ PKW [KBA20] bleibt für den *best case* eine Jahresreduktion des CO_2-Ausstoßes von $10{,}98\ \mathrm{kg}$ je PKW, entsprechend einem Verzicht auf $85{,}85\ \mathrm{km}$ Fahrt jedes PKW, also etwa der einfachen Fahrt von Aachen nach Düsseldorf. Im *worst case* kann in dieser Phase kein Einsparpotenzial gehoben werden.

End-of-Life-Phase: Analog zur Rohstoffgewinnungsphase ermöglicht der stoffliche Leichtbau auch in der Recyclingphase Einsparungen. Diese sind jedoch schwer zu beziffern, da eine Kreislaufwirtschaft im Bereich des Stahles zum jetzigen Zeitpunkt noch nicht verwirklicht ist.

8.3 Zwischenfazit

Intermediate Conclusion

Folgende Potenziale der Treibhausgasemissionseinsparung können durch den Einsatz von Blecherwärmung gehoben werden:

- Reduktion von Stahl durch stofflichen Leichtbau und somit Einsparung in der Rohstoffgewinnungsphase
- Einsparung von Wärmebehandlungsschritten durch Verarbeitung von hochfestem Stahl in der Herstellungsphase sowie von Nachbearbeitungsprozessen wie Flachschleifen zur Reduktion von Kanteneinzug
- Massereduktion im Automobil und somit Einsparung von Treibhausgasemission in der Nutzungsphase
- Einsparung in der Recyclingphase infolge stofflichen Leichtbaus

Dem gegenüber steht lediglich ein leicht erhöhter Ressourceneinsatz in der Herstellungsphase. Die Einsparpotenziale sind jedoch um mehrere Größenordnungen größer als die zusätzlichen CO_2-Emissionen in der Herstellungsphase. Somit ist es möglich, mittels Blecherwärmung ein treibhausgasemissionenreduziertes Produkt über alle Phasen des Produktlebenszyklus zu generieren.

Somit wurde auch die **ökologische Problemstellung** *Ressourcenverbrauch und Treibhausgasemissionen haben negative Auswirkungen auf die Umwelt. Prozessanpassungen sollen in ihren Umweltfolgen positiv, zumindest aber neutral sein* behoben.

Durch die Ermittlung eines optimalen Prozessfensters in Abschnitt 8.1 und die energetische Bewertung des Verfahrens in Abschnitt 8.2 wurde die Forschungshypothese, dass **mittels einer induktiven Blecherwärmung beim Feinschneiden infolge verringerter Fließspannung höherfeste Stahlwerkstoffe mit reduzierter Stempelkraft feingeschnitten werden können,** untermauert.

Somit ist auch die **wirtschaftliche Problemstellung,** dass *ein sinkender Markt für Feinschnittteile aus konventionellen Stahlwerkstoffen einem wachsenden Markt für höherfeste Leichtbauteile aus Stahl gegenübersteht und diese aktuell nur bedingt feinschneidbar sind*, behoben.

9 Zusammenfassung und Ausblick

Summary and Outlook

Aufgrund von zunehmender Ressourcenknappheit und Emissionsbeschränkungen steigt die Verwendung von höherfestem Stahl insbesondere im Automobilbau infolge ihres Leichtbaupotenzials. Dies führt zu Herausforderungen für die Fertigungsprozesse, die ihrer Produktion dienen. Für das Fertigungsverfahren Feinschneiden bestehen diese Herausforderungen in steigenden Prozesskräften, trotz derer der Werkzeugverschleiß und damit die Kosten in Grenzen gehalten und die hohe Qualität der Feinschnittteile gewahrt bleiben soll. Eine Erwärmung des Bandwerkstoffes bietet das Potenzial, die Fließspannung des verarbeiteten Stahles zu senken und somit aufgrund verringerter Stempelkräfte höherfeste Stähle feinschneiden zu können. Allerdings bedeutet der Eintrag von Wärme in den Bandwerkstoff einen nicht unwesentlichen Eingriff in den Fertigungsprozess. Daher wurde mit dieser Forschungsarbeit ein Beitrag zu den thermomechanischen Wechselwirkungen beim Feinschneiden mit induktiver Banderwärmung geleistet. Der Forschungsarbeit liegt die Forschungshypothese zugrunde, dass **mittels einer induktiven Blecherwärmung beim Feinschneiden infolge verringerter Fließspannung höherfeste Stahlwerkstoffe mit reduzierter Stempelkraft feingeschnitten werden können.**

Im ersten von vier Schritten wurde die Abhängigkeit der Fließspannung des untersuchten Einsatzstahles von Dehnung, Dehnrate und Temperatur untersucht. Dazu wurde die Forschungsfrage beantwortet: *Welchen Einfluss haben Dehnung, Dehnrate und Temperatur auf die Fließspannung von geglühtem 16MnCr5-Stahl?* Dies geschah anhand von Analogieversuchen, die das Werkstoffverhalten bei Variation von Dehnung, Dehnrate und Temperatur untersuchten. Mithilfe dieser Versuche war es möglich, das zugrundeliegende Werkstoffphänomen als dynamische Reckalterung zu identifizieren und diese Identifikation im Wege weiterer Versuche zu belegen.

Im zweiten Schritt wurde der Einfluss von der Blechtemperatur auf den Feinschneidprozess experimentell untersucht. Dabei wurden im Realversuch sowohl die Blechtemperatur als auch die Hubrate variiert. Dies diente zur Ermittlung ihrer jeweiligen Auswirkungen auf Schnittteileigenschaften und Prozesskräfte. Dazu wurde die Forschungsfrage beantwortet: *Welchen Einfluss hat eine erhöhte Blechtemperatur auf die Stempelkraft und die Schnittteilqualität (Geometrie, Schnittflächenqualität, Kanteneinzug) beim Feinschneiden von geglühtem 16MnCr5-Stahl?* Es wurde gezeigt, dass die Blechtemperatur und die Schnittgeschwindigkeit nur einen geringen Einfluss auf die Schnittteilqualität besitzen. So war es möglich, bei jeder betrachteten Parameterausprägung Teile mit hoher Schnittflächenqualität feinzuschneiden. Der Kanteneinzug nahm bis zu einer mittleren Temperatur ab, um dann wieder leicht anzusteigen. Um die geometrische Qualität der Feinschnittteile aufrechtzuerhalten, ist es notwendig, die thermische Schrumpfung durch konstruktive Maßnahmen auszugleichen. Die Prozesskräfte zeigten eine starke Abhängigkeit von der Blechtemperatur, die nicht linear verlief. Es zeigte sich eine Abnahme der Prozesskräfte bei zunehmender Blechtemperatur bis zu einer mittleren Temperatur von $T \approx 250\,°C$, gefolgt von einem Wiederanstieg der Kraftwerte in Richtung höherer Temperaturen.

Im dritten Schritt wurde ein Fließmodell als Kombination mechanischer und thermischer Modellierungen angepasst und mittels der zuvor ermittelten Werkstoffkennwerte parametrisiert. Weiterhin wurde die Anwendbarkeit des zuvor entwickelten Fließmodells auf das Feinschneiden untersucht. Dazu wurde die Forschungsfrage beantwortet: *Wie lässt sich das Temperatur-Fließspannung-Verhalten beim Feinschneiden von induktiv erwärmtem 16MnCr5-Stahl unter Verwendung eines angepassten Materialmodelles abbilden?* Dies geschah mithilfe eines numerischen FE-Modells, das unter Verwendung des Fließmodells den Realprozess abbildet. Eine Anwendung des so entwickelten Fließmodells in der FE-Simulation und ihre Validierung anhand von experimentell ermittelten Werten belegte die Anwendbarkeit des Modells. Durch die Validierung des Simulationsmodells anhand von experimentellen Werten konnte deduktiv belegt werden, dass das Fließmodell das Werkstoffverhalten beim Feinschneiden von erwärmten Blechen hinreichend akkurat abbildet.

Im vierten Schritt wurde untersucht, ob das zuvor betrachtete Werkstoffverhalten und mithin das entwickelte Fließmodell auch für weitere Stahlklassen Gültigkeit besitzt. Dazu wurde die Forschungsfrage beantwortet: *Welchen Einfluss haben Unterschiede im Werkstoffgefüge auf die Stempelkraft beim Feinschneiden von erwärmten Stahlblechen?* Es konnte festgestellt werden, dass der beobachtete Effekt vorwiegend in Stählen mit kubisch raumzentriertem Gefüge und infolgedessen bei ferritischem Stahl auftritt. Der betrachtete austenitische Stahl, der eine vorwiegend kubisch flächenzentriertes Gefüge aufweist, zeigte den Effekt der dynamischen Reckalterung nur eingeschränkt, wenngleich auch dort die Erwärmung Vorteile zur Folge hatte. Der betrachtete mikrolegierte Feinkornstahl zeigte keinerlei Reckalterung. Anhand der Beobachtungen wurden Kriterien abgeleitet, anhand derer das Verhalten eines Stahles beim Feinschneiden von erwärmten Blechen abgeschätzt werden kann.

Das Forschungsziel **eines Erklärungsmodells zur prozesssicheren Auslegung von Feinschneidprozessen mit induktiver Erwärmung und zur Bestimmung eines hinsichtlich von Prozesskräften und Schnittteilqualität optimalen Temperaturfensters** wurde erreicht. Dies wurde verifiziert durch die Identifikation eines optimalen Temperaturfensters. Darüber hinaus wurden die positiven Auswirkungen des Einsatzes der Blecherwärmung in einer Best-Case-Betrachtung dargelegt und rechnerisch plausibilisiert. Somit wurde das **wirtschaftliche Problem** dieser Arbeit gelöst. Darüber hinaus konnte gezeigt werden, dass der Einsatz von induktiver Blecherwärmung Einsparungen an Treibhausgasemissionen ermöglicht. Damit wurde ebenfalls das **ökologische Problem** dieser Arbeit gelöst.

Ausblick

Die Machbarkeit des Feinschneidens von induktiv erwärmten Blechen wurde in dieser Arbeit für einen industrienahen Prozess gezeigt. Dafür wurde ein Schnittlayout gewählt, das realitätsnahe Geometrieelemente aufweist. Das Feinschneiden wurde im

Einzelhub nach externer Erwärmung und manueller Verbringung in die Feinschneidpresse durchgeführt. Somit konnten die thermomechanischen Wechselwirkungen experimentell untersucht werden. Für die Umsetzung in der industriellen Praxis ist die Integration der Erwärmungsanlage in die Presse erforderlich, um die Erkenntnisse dieser Arbeit im Dauerhub nutzen zu können. Dies ermöglicht Forschung zum Verschleißverhalten der Werkzeuge beim Feinschneiden mit Blecherwärmung. Im Zuge dessen sind weitere Herausforderungen zu lösen, etwa die zu erwartende Erwärmung der Feinschneidpresse.

Ein weiterer Punkt, der zukünftiger Aufmerksamkeit bedarf, ist die Frage des Schmierstoffes. Aktuell sind keine hochtemperaturfähigen Feinschneidschmierstoffe am Markt verfügbar. Eine Beschränkung der Prozesstemperatur ist hier hilfreich, dennoch ist weitere Forschungs- und Entwicklungstätigkeit notwendig.

Zuletzt wäre es wünschenswert, weitere Werkstoffklassen auf ihre Feinschneideignung bei induktiver Blecherwärmung hin zu untersuchen. Langfristig wäre die Entwicklung eines übergreifenden Analogieversuchs zur Feinschneideignung von Werkstoffen mit und ohne Blecherwärmung und die Überführung desselben in eine Norm von Vorteil.

Summary and Outlook

Due to the increasing scarcity of resources and emission restrictions, the use of high-strength steel is increasing, particularly in the automotive industry. This leads to challenges for the manufacturing processes for their production is based. For the fine blanking production process, these challenges consist of increasing process forces, despite which tool wear must be kept within limits and the high quality of the fineblanked parts must be maintained. Heating the sheet metal offers the potential to reduce the flow stress of the processed steel and thus to be able to fine blank higher-strength steels due to reduced punch forces. However, the introduction of heat into the sheet metal has a significant impact on the manufacturing process. For this reason, this research work made a contribution to the thermo-mechanical interactions during fine blanking with inductive strip heating. The research work is based on the research hypothesis that **inductive sheet heating during fine blanking can be used to fine blank high-strength steel materials with reduced punch force as a result of reduced flow stress.**

In the first of four steps, the dependence of the flow stress of the case-hardened steel under investigation on strain, strain rate and temperature was investigated. The research question was answered: *What influence do elongation, strain rate and temperature have on the flow stress of annealed 16MnCr5 steel?* This was done by means of analogy tests that investigated the material behavior when varying strain, strain rate and temperature. At hand of these tests, it was possible to identify the underlying material phenomenon as dynamic strain aging and to prove this identification by means of further tests.

In the second step, the influence of the sheet metal temperature on the fine blanking process was investigated experimentally. Both the sheet metal temperature and the cutting velocity were varied in the real life experiment. This served to determine their respective effects on fine blanked part properties and process forces. The research question was answered: *What influence does an increased sheet metal temperature have on the punch force and the fine blanked part quality (geometry, cut surface quality, die roll) during fine blanking of annealed 16MnCr5 steel??* It was shown that sheet temperature and cutting velocity only have a minor influence on the quality of the fine blanked part. It was therefore possible to fine blank parts with a high cut surface quality for each of the parameters considered. The die roll decreased up to a medium temperature and then increased again slightly. In order to maintain the geometric quality of the fine blanked parts, it is necessary to compensate for the thermal shrinkage through design measures. However, the punch forces showed a strong dependence on the sheet metal temperature, which was not linear. There was a decrease in the process forces with increasing sheet metal temperature up to an average temperature, followed by an increase in the punch force values towards higher temperatures.

In the third step, a flow model was adapted as a combination of mechanical and thermal modelling and parameterized using the previously determined material properties. Furthermore, the applicability of the previously developed flow model to fine blanking was investigated. To this end, the research question was answered: *How can the temperature-flow stress behavior during fine blanking of induction-heated 16MnCr5 sheet metal be mapped using an adapted material model?* This was done with the help of a numerical FE model, which mapped the real process using the flow model. An application of the flow model developed in this way in the finite element simulation and its validation using experimentally determined values proved the applicability of the model. By validating the simulation model using experimental values, it was possible to prove that the flow model accurately reproduces the material behavior during fine blanking of heated sheet metal.

In the fourth step, it was investigated whether the previously considered material behavior and thus the developed flow model is also valid for other steel classes. To this end, the research question was answered: *What influence do differences in the material structure have on the punch force during fine blanking of heated steel sheets?* It was found that the observed effect occurs primarily in steels with a body-centered cubic microstructure and consequently in ferritic steel. The austenitic steel under consideration, which has a predominantly face-centered cubic structure, showed the effect of dynamic strain aging only to a limited extent, although heating also had advantages there. The micro-alloyed fine-grained steel under consideration showed no dynamic strain aging at all. Based on the observations, criteria were derived which can be used to estimate the behavior of a steel during fine blanking of heated sheets.

The research objective of **an explanatory model for the process-reliable design of fine blanking processes with inductive heating and for determining an optimum temperature window in terms of process forces and part quality** was achieved. This was verified by identifying an optimum temperature window. In addition, the positive effects of the use of sheet metal heating were presented in a best-case analysis and verified by calculation. This solved the **economic problem**. In addition, it was shown that the use of inductive sheet metal heating enables savings in greenhouse gas emissions. This also solved the **ecological problem**.

Outlook

The feasibility of fine blanking induction-heated sheet metal was demonstrated in this work for an industry-oriented process. For this purpose, a cutting layout was selected that has realistic geometric elements. Fine blanking was carried out in a single stroke after external heating and manual transfer to the fine blanking press. This allowed the thermomechanical interactions to be investigated experimentally. For implementation in industrial practice, the integration of the heating system into the press is necessary in order to be able to use the findings of this work in continuous stroke.

Another point that requires future attention is the question of the lubricant. There are currently no high-temperature-capable fine blanking lubricants available on the market. Furthermore, due to the Newton properties of mineral oil-based lubricants, it is physically impossible to develop an oil-based lubricant that is liquid at room temperature and still has a sufficient lubricating effect at high temperatures. Limiting the process temperature is helpful here, but further research and development work is still necessary.

Finally, it would be desirable to investigate other classes of materials with regard to their fine blanking properties during inductive sheet metal heating. In the long term, the development of a comprehensive analogy test for the fine blanking suitability of materials with and without sheet metal heating and the transfer of this into a standard would be of advantage.

10 Literaturverzeichnis

Bibliography

[ALTE05] Altenberger, I.; Nikitin, I.; Scholtes, B.: Static and dynamic strain aging of deep rolled plain carbon steel SAE 1045 for optimized fatigue strength, Proceedings of ICSP 9, 2005, 253

[ANDR17] Andrade, F.; Feucht, M.: A comparison of damage and failure models for the failure prediction of dual-phase steels. In: 11th European LS-DYNA Conference, Salzburg, 2017

[AOKI03] Aoki, I.; Takahashi, T.: Material flow analysis on shearing process by applying Fourier phase correlation method - analysis of piercing and fine-blanking. In: Journal of Materials Processing Technology 134, 2003, S. 45-52

[ARAV20] Aravind, U.; Chakkingal, U.; Venugopal, P.: A Review of Fine Blanking: Influence of Die Design and Process Parameters on Edge Quality. In: Journal of Materials Engineering and Performance 30:1-32, 2021. doi: 10.1007/s11665-020-05339-y

[ARSL16] Arslan, Y.; Özdemir, A.: Punch structure, punch wear and cut profiles of AISI 304 stainless steel sheet blanks manufactured using cryogenically treated AISI D3 tool punches. In: Int J Adv Manuf Technol, 2016, 87:587-599

[AZIM07] Abd El-Azim, M.E.: Effect of dynamic strain ageing on the deformation behavior of Incoloy alloy MA956. In: Mechanics of Materials, Vol. 25, Iss. 4, 1997, S. 255-261. doi: 10.1016/S0167-6636(97)00005-7

[BABA23] Babaei, S.N.; Schweinshaupt, F.; Wipp, S.; Herrig, T.; Krupp, U.; Bergs, T.: Mechanism-driven fine blanking of high manganese steels. In: Journal of Materials Processing Technology, Vol. 319, 2023. doi: 10.1016/j.jmatprotec.2023.118083

[BAER19] Baer, O.; Feuerhack, A.; Voigts, H.; Bergs, T.: Investigation of the Mechanical Punch Loads during Fine Blanking of High-Strength Steels with Cemented Carbide. In: Procedia Manufacturing, Vol. 34, 2019, S. 90-100. doi: 10.1016/j.promfg.2019.06.125

[BALÍ00] Balík, J.; Lukáč, P.; Kubin, L.P.: Inverse critical strains for jerky flow in Al-Mg alloys. In: Scripta mater. 42, 2000, S. 465-471. doi: 10.1016/S1359-6462(99)00373-5

[BARR02] Barrau, O.; Boher, C.; Vergne, C.; Reza-Aria, F.: Investigations of friction and wear mechanisms of hot forging tool steels. 6th international tooling conference, Karlstadt, 2002. doi: 10.1016/S0043-1648(03)00280-1

[BAY09] Bay, N.O.: Tribo-systems for Sheet Metal Forming. In: Metallurgiske Processer I Danmark: Proceed. Dansk Metallurgisk Selskabs Vintermøde, 2009, pp. 160-175

[BENK90] Benkowsky, G.: Induktionserwärmung - Härten, Glühen, Schmelzen, Löten, Schweißen. Verlag Technik GmbH Berlin, 1990

[BERG16] Berge, F.: Temperatur- und dehnratenabhängiges Werkstoffverhalten von warmgewalztem und abschlussgeglühtem AZ31-Gießwalzband als Funktion des Spannungszustandes. Dissertation TU Bergakademie Feiberg, 2016

[BIGL04] Biglari, F., Kermani, A., Parsa, M.: Comparison of fine blanking and conventional blanking based on ductile fracture criteria. In: Proceedings of ESDA, 2004

[BLEC16] Bleck, W. (Hrsg.): Werkstoffkunde Stahl für Studium und Praxis. Institut für Eisenhüttenkunde der RWTH Aachen, 6. Auflage, 2016

[BLEC17A] Bleck, W.; Guo, X.; Ma, Y.: The TRIP Effect and its Application in Cold Formable Sheet Steels. In: steel research int 88, 2017, No. 10, doi: 10.1002/srin.201700218

[BLEC17B] Bleck, W. (Hrsg.): Werkstoffprüfung in Studium und Praxis. Institut für Eisenhüttenkunde der RWTH Aachen, 16. Auflage, 2017

[BLEC22] Bleck, W. (Hrsg.): Spezielle Werkstoffkunde der Stähle für Studium und Praxis. Institut für Eisenhüttenkunde der RWTH Aachen, 4. Auflage, 2022

[BREC11] Brecher, C. (Hrsg.): Integrative Produktionstechnik für Hochlohnländer. Springer-Verlag Berlin Heidelberg, 2011. doi: 10.1007/978-3-642-20693-1

[BRNI13] Brnic, J.; Turkalj, G.; Krscandki, S.: Experimental Research and Analysis of Non-alloy Structural Steel Response Exposed to High Temperature Conditions. In: High Temp. Mater. Proc. 2013; 32(2), S. 163-169. doi: : 10.1515/htmp-2012-0108

[BUON98] Buono, V.T.L.; Gonzalez, B.M.; Andrade, M.S.: Strain aging of AISI 430 ferritic stainless steel. In: Scripta Materialia, Vol. 38, No. 2, 1998, S. 185-190. doi: 10.1016/S1359-6462(99)00232-8

[CAI04] Cai, M.; Field, D.P.; Lorimer, G.W.: A systematic comparision of static and dynamic ageing of two Al-Mg-Si alloys. In: Materials Science and Engineering A 373, 2004, S. 65-71. doi: 10.1016/j.msea.2003.12.035

[CALT20] Calta, J.: Optimal induction heating process prior to forming. In: Kovarenstvi magazine issue 72, 2020. ISSN: 1213-9289

[CHEN99] Chen, Z.H.; Tang, C.Y.; Lee, T.C.; Chan, L.C.: A study of strain localization in the fine-blanking process using the large deformation finite element method. In: Journal of Materials Processing Technology, Vol. 86, Iss. 1-3, 1999, S. 163-167. DOI: 10.1016/S0924-0136(98)00306-9

[CHIL00] Childs, P.R.N.; Greenwood, J.R.; Long, C.A.: Review of temperature measurement. Rev. Sci. Instrum. 71, 2959-2978, 2000. DOI: 10.1063/1.1305516

[CHIU12] Chiu, M.-C.; Chu, C.-H.: Review of sustainable product design from life cycle perspectives. In: International Journal of Precision Engineering and Manufacturing, 13. Jg., Nr. 7, 2012, S. 1259-1272. doi: 10.1007/s12541-012-0169-1

[CHO00] Cho, S.H.; Yoo, Y.C.; Jonas, J.J.: Static and dynamic strain aging in 304 austenitic stainless steel at elevated temperatures. In: Journal of materials Science letters 19, 2000, pp. 2019-2022

[COBB10] Cobb, H.M.: The History of Stainless Steel. ASM International, 2010

[COOP17] Cooper, D.R.; Rossie, K.E.; Gutowski, T.G.: The energy requirements and environmental impacts of sheet metal forming: An analysis of five forming processes. In: Journal of Materials Processing Technology Vol. 244, 2017, S. 116-135. doi: 10.1016/j.jmatprotec.2017.01.010

[COTT49] Cottrell, A.H.; Bilby, B.A.: Dislocation Theory of Yielding and Strain Ageing of Iron. Proceedings of the Physical Society A 62 49, 1949

[COTT53] Cottrell, A.H.: A note on the Portevin-Le Chatelier effect. The London, Edinburgh, and Dublin Philosophical Magazine and Journal of Science. S. 829-832, 1953

[CZIC20] Czichos, H.; Habig, K.-H.: Tribologie-Handbuch. Tribometrie, Tribomaterialien, Tribotechnik. Springer Vieweg, ISBN 978-3-658-29483-0

[DAHM10] Dahmen, K.; Bleck, W.; Richert, B.: Untersuchung der Vorhersagegenauigkeit empirischer Modelle zur Beschreibung des Werkstoffverhaltens über große Dehnratenbereiche. In: LS-Dyna Forum, 2010, S. 33-40

[DANI20] Daniel, J.; Žemlička, R.; Grossman, J.; Lümkemann, A.; Tapp, P.; Galamand, C.; Fořt, T.: Comparison of Lifetime of the PVD Coatings in Laboratory Dynamic Impact Test and Industrial Fine Blanking Process. In: Materials 19 (9), 2020

[DE99] De, A.K.; Vandeputte, S.; De Cooman, B.C.: Static strain aging behavior of ultra low carbon bake hardening steel. In: Scripta Materialia, Vol. 41, Iss. 8, 1999, S. 831-837. doi: 10.1016/S1359-6462(99)00232-8

[DEHG08] Dehghan-Manshadi, A.; Barnett, M.R.; Hodgson, P.D.: Recrystallization in AISI 304 austenitic stainless steel during and after hot deformation. In: Materials Science and Engineering A 485, 2008, pp. 664-672

[DEMM14] Demmel, P.M.: In-situ Temperaturmessung beim Scherschneiden. Dissertation TU München, 2014

[DIET18] Dietrich, J.: Praxis der Umformtechnik. Umform- und Zerteilverfahren, Werkzeuge, Maschinen. 12. Auflage. Springer Vieweg, Wiesbaden, 2018. ISBN: 978-3-658-19530-4

[DIN8588] DIN 8588: Fertigungsverfahren Zerteilen - Einordnung, Unterteilung, Begriffe. DIN Deutsches Institut für Normung e.V., 2013

[DINEN10088] DIN EN 10088-2: Stainless steels – Part 2: Technical delivery conditions for sheet/plate and strip of corrosion reisting steels for general purposes. DIN Deutsches Institut für Normung e.V., 2014

[DINEN10132] DIN EN 10132-1: Cold-rolled narrow steel strips for heat-treatment - Technical delivery conditions - Part 2: Case hardening steels. DIN Deutsches Institut für Normung e.V., 2000

[DINEN10149] DIN EN 10149: Hot rolled flat products made of high yield strength steels for cold forming - Part 2: Technical delivery conditions for thermomechanically rolled steels. DIN Deutsches Insitut für Normung e.V., 2013

[DINENISO683-2] DIN EN ISO 683-2: Heat-treatable steels, alloy steels and free-cutting steels - Part 2: Alloy steels for quenching and tempering. DIN Deutsches Institut für Normung e.V., 2018

[DINENISO683-3] DIN EN ISO 683-3: Heat-treatable steels, alloy steels and free-cutting steels - Part 3: Case-hardening steels. DIN Deutsches Institut für Normung e.V., 2022

[DINENISO14040] DIN EN ISO 14040: Environmental management - Life cycle assessment - Principles and framevork. DIN Deutsches Institut für Normung e.V., 2021

[DOEG07] Doege, E.; Behrens, B.-A.: Handbuch Umformtechnik: Grundlagen, Technologien, Maschinen. Springer Berlin Heidelberg New York, ISBN-13 978-3-540-23441-8, 2007

[EMDE08] Emde, T.: Mechanisches Verhalten metallischer Werkstoffe über weite Bereiche der Dehnung, der Dehnrate und der Temperatur. Dissertation, RWTH Aachen University, 2008

[EMON10] Emonts, M.: Laserunterstütztes Scherschneiden von hochfesten Blechwerkstoffen. Dissertation, RWTH Aachen University, 2010

[EN10020:2000] EN 10020:2000: Definition and classification of grades of steel. DIN Deutsches Institut für Normung e.V., 2000

[ERIK10] Eriksson, J.; Olsson, M.: Evaluation of galling resistance for some selected combinations of tool steels / stainless steel sheet materials / lubricants using pin-on-disc testing. In: NordTrib, Storforsen, 2010

[FEIN14] Feintool Technologie AG (Hrsg.): Feinschneiden und Umformen. Wirtschaftliche Fertigung von Präzisionsteilen aus Blech. Verlag Moderne Industrie, Die Bibliothek der Technik, 2014. ISBN: 978-3-86236-068-0

[FEIN16A] Feintool Technologie AG: Betriebsanleitung Feinschneidautomat 2500 XFT, 2016

[FEIN16B] Feintool Fineblanking Technology, Produkte & Services: Feinschneid-Schmierstoffe. Technologie-Datensammlung: Schmierstoffe für den optimalen Einsatz. Ausgabe Januar 2016

[FEIN17] Feintool Technologie AG: Produktivität in einer neuen Dimension. Für erfolgreiches Feinschneiden. Servomechanische Feinschneidpressen XFTspeed. Produktbeschreibung, 2017

[FEIN23] Feintool Technologie AG: Applications, 2023. Online verfügbar unter https://www.feintool.com/de/anwendung/automobilindustrie/, zuletzt geprüft am 05.01.2023.

[FEUE14] Feuerhack, A.: Experimentelle und numerische Untersuchungen von Al-Mg Verbunden mittels Verbundschmieden. Dissertation TU Chemnitz, 2014

[FEUE16] Feuerhack, A.; Shirobokov, A.; Mattfeld, P.; Klocke, F.: Wissensbasierte Auswahl und Auslegung von Hartmetall-Feinschneidstempeln in Abhängigkeit zur Schneidaufgabe und Blechgüte. In: Prozesstechnik in der Blechverarbeitung - Interaktion Maschine |

Werkzeug: Tagungsband T42 des 36. Kolloquiums Blechverarbeitung 2016 am 12. und 13. April in Fellbach / Europäische Forschungsgesellschaft für Blechverarbeitung (Hrsg.), S. 239-247. ISBN: 978-3-36776-477-3

[FISK08] Fisk, M.: Simulation of Induction Heating in Manufacturing. Licentiate Thesis, Luleå University of Technology, 2008

[FRIE17] Friedrich, H.E. (Hrsg.): Leichtbau in der Fahrzeugtechnik. Springer Vieweg, Wiesbaden, 2017. ISBN: 978-3-8348-1467-8

[GALD23] Galdos, L.; Agirre, J.; Aranburu, E.: Design of a new simulative tribotest for warm forming applications having high contact pressure and surface enlargement. In: Materials Research Proceedings 23, 2003, S. 909-916. doi: 10.21741/9781644902479-99

[GEIG07] Geiger, M.; Merklein, M.: Sheet Metal Forming - A New Kind of Forge for the Future. In: Key Engineering Materials, 344, S. 9-20. doi: 10.4028/www.scientific.net/kem.344.9

[GILA97] Gilat, A.; Wu, X.: Plastic deformation of 1020 steel over a wide range of strain rates and temperatures. In: International Journal of Plasticity, Volume 13, Issues 6-7, 1997, S. 611-632. doi: 10.1016/S0749-6419(97)00028-4

[GOTT14] Gottstein, G.: Materialwissenschaft und Werkstofftechnik - Physikalische Grundlagen. Springer Vieweg, 4. Auflage, 2014, ISBN 978-3-642-36602-4

[GRAF04] Graff, S.; Forest, S.; Strudel, J.-L.; Prioul, C.; Pilvin,P.; Béchade, J.-L.: Strain localization phenomena associated with static and dynamic strain ageing in notched specimens: experiments and finite element simulations. In: Materials Science and Engineering A 387-389, 2004, S. 181-185, doi: 10.1016/j.msea.2004.02.083

[GRAM11] Gram, M.D.; Wagoner, R.H.: Fineblanking of high strength steels: Control of material properties for tool life. In: Joernal of Materials Processing Technology 211 (2011), S. 717-728. doi: 10.1016/j.jmatprotec.2010.12.005

[GRUE19] Grünebaum, T.; Müller, U.; Rey, J.; Barth, S.; Bergs, T.: Life cycle oriented technology chain optimization: a methodology to identify the influences of tool manufacturing on environmental impacts caused in the tool's use phase. In: Prod. Eng. Res. Devel. 13, 2019, S. 567-577. doi: 10.1007/s11740-019-00911-5

[GUIR17] Guiraldenq, P.; Hardouin Duparc, O.: The genesis of the Schaeffler diagram in the history of stainless steel. In: Metall. Res. Technol. 114, 613, 2017

[GUPT00] Gupta, C.; Chakravartty, J.K.; Wadekar, S.L.; Dubey, J.S.: Effect of serrated flow on deformation behaviour of AISI 403 stainless steel. In: Materials Science and Engineering A292, 2000, S. 49-55. doi: 10.1016/S0921-5093(00)00992-8

[HAMM18] Hammerschmidt, V.: Entwicklung eines Prüfkonzeptes für thermomechanisch hoch beanspruchte Bereiche von Zylinderköpfen und numerische Abbildung der thermischen Belastungszyklen. Dissertation, Otto-von-Guericke-Universität Magdeborg, 2018

[HELM15] Helmers, E.: Die Modellentwicklung in der deutschen Autoindustrie: Gewicht contra Effizienz. Gutachten, Trier, 2015

[HENC18] Hencky, H; Neff, P.; Eidel, B.; Martin, R.: The axiomatic deduction of the quadratic Hencky strain energy by Heinrich Hencky. In: arXiv preprint arXiv:1402.4027, 2014.

[HENK11] Henke, T., Bambach, M., Hirt, G.: Experimental Uncertainties affecting the Accuracy of Stress-Strain-Equations by the Example of a Hensel-Spittel-Approach. AIP Conf. Proc 1353, 71 (2011)

[HETZ11] Hetzner, H.; Koch, J.; Tremmel, S.; Wartzack, S.; Merklein, M.: Improved Sheet Bulk Metal Forming Processes by Local Adjustment of Tribological Properties. In: J. Manuf. Sci. Eng. 133(6), 2011

[HILB44] Hilbert, H.: Stanzereitechnik. Band 1: Schneidende Werkzeuge. Dritte unveränderte Auflage, Carl Hanser Verlag München 27, 1944

[HOLI17] Holifa Fröhling GmbH & Co. KG: Sicherheitsdatenblatt gemäß Verordnung (EG) Nr. 19087/2006 für Holifa HFF 22, 2017

[HONG04] Hong, S.-G.; Lee, S.-B.: The tensile and low-cycle fatigue behavior of cold worked 316L stainless steel: influence of dynamic strain aging. In: International Journal of Fatigue, Vol. 26, Iss. 8, 2004, S. 899-910. doi: 10.1016/j.ijfatigue.2003.12.002

[HOPP04] Hoppe, S.: Experimental and numerical analysis of chip formation in metal cutting. Dissertation, RWTH Aachen, 2004

[IEW14] Iew Induktionserwärmungsanlagen TTH2-TTH25. Technische Beschreibung, 2014

[JACO13] Jacobs, G.; Plogmann, M.: Tribologie. Druck & Verlagshaus Mainz - Aachen, 10. Auflage, 2013

[JOCH18] Jocham, D.: Bestimmung der lokalen Einschnürung nach linearer und nichtlinearer Umformhistorie sowie Ermittlung dehnungs- und geschwindigkeitsabhängiger Materialkennwerte. Dissertation TU München, 2018

[JOHN85] Johnson, G.H.; Cook, W.H.: Fracture characteristics of three metals subjected to various strains, strain rates, temperatures, temperatures and pressures. In: Engineering Fracture Mechanics Vol. 21, No. 1, 1985, pp. 31-48

[JOUN22] Joun, M.-S.; Razali, M. K.; Jee, C.-W.; Byun, J.-B.; Kim, M.-C.; Kim, K.-M.: A Review of Flow Characterization of Metallic Materials in the Cold Forming Temperature Range and Its Major Issues. In: Materials 2022, 15, 2751. doi: 10.3390/ma15082751

[KANT12] Kantola, J.; Mäntyjärvi, K.; Karjalainen, J.A.: Laser Assisted Cutting of Abrasion Resistant Steel. In: Key Engineering Materials, Vols. 504-506, S. 1371-1376, 2012. doi: 10.4028/www.scientific.net/KEM.504-506.1371

[KAUF15] Kaufmann, A.: Dimensionsanalytische Betrachtungen des Kraftstoffverbrauchs zur Abschätzung unterer Grenzen von CO2-Emissionen moderner PKW. In: Elektronische Hochschulschriften der Hochschule Ravensburg Weingarten, 2015

[KBA20] Kraftfahrt-Bundesamt: Zahlen-Daten-Fakten 2015/2016/2017. Abgerufen über https://www.kba.de/SharedDocs/Publikationen/DE/Jahresberichte am 27.04.2020 um 16h31

[KELL67] Kelly, A.; Tyson, W.R.; Cottrell, A.H.: Ductile and Brittle Crystals. The Philosophical Magazine: A Journal of Theoretical Experimental and Applied Physics, 15. Jg., Nr. 135, St. 567-586, 1967

[KHAR21] Khare, S.; Komar, S.; Choudhary, S.; Singh, P.K.; Verma, R.K.; Mahajan, P.: Determination of Johnson–Cook Material Parameters for Armour Plate Using DIC and FEM. In: Metals and Materials International, 2021, 27:4984–4995. doi: 0.1007/s12540-020-00895-3

[KIM01] Kim, S.; Yoo, Y.: Dynamic recrystallization behavior of AISI 304 stainless steel. In: Materials Science and Engineering A311, 2001, pp. 108-113

[KIM88] Kim, D.J.; Nam, S.W.: Strain-rate effect on high temperature low-cycle fatigue deformation of AISI 304L stainless steel. In: Journal of Materials Science 23, 1024-1029, 1988. doi: 10.1007/BF01154006

[KLOC17] Klocke, F.: Fertigungsverfahren 4: Umformen. Berlin: Springer Verlag, 2017, pp. 511-541. ISBN: 978-3-662-54714-4

[KOLB18] Kolbe, M.; Hellwig, W.: Spanlose Fertigung Stanzen. Stanzteile - Feinstanzteile - Hochleistungsstanzwerkzeuge- Hochleistungs- und Feinstanzpressen. 12. Auflage, Springer Vieweg Wiesbaden, 2018. ISBN: 978-3-658-20024-4

[KROM17] Kromoser, G.: Charakterisierung der Gefügeentwicklung und Umformbarkeit bei der Halbwarmumformung von Stählen. Dissertation, Montanuniversität Leoben, 2017

[LAVA01] Lavaire, N.; Merlin, J.; Sardoy, V.: Study of ageing in strained ultra and extra low carbon steels by thermoelectric power measurement. In: Scripta mater. 44, 2001, S. 553-559. doi: 10.1016/S1359-6462(00)00634-5

[LIAN20] Lian, J.; Liu, W.; Sparrer, Y.; Shen, F.; Münstermann, S.: Temperature Dependence of Plastic Flow, Anisotropy and Ductile Fracture. In: Procedia Manufacturing 47, 2020, pp. 1308-1313

[MACK10] Mackensen, A.; Golle, M.; Golle, R.; Hoffmann, H.: Experimental investigation of the cutting force reduction during the blanking operation of AHSS sheet materials. In: CIRP Annaly, Vol. 59, Iss. 1; 2010, S. 283-286. doi: https://doi.org/10.1016/j.cirp.2010.03.110

[MAGD22] El-Magd, E.; Treppmann, C.: Dehnratenabhängige Beschreibung der Fließkurven für erhöhte Temperaturen. In: Z. Metallkd. 92, 2001, 8. doi: 10.1515_ijmr-2001-0162

[MAIE19] Maier, H.J.; Niendorf, T.; Bürgel, R.: Handbuch Hochtemperatur-Werkstofftechnik. Grundlagen, Werkstoffbeanspruchungen, Hochtemperaturlegierungen und -beschichtungen. 6. überarbeitete und erweiterte Auflage. Springer Vieweg, Wiesbaden 2019. ISBN: 978-3-658-25313-4

[MARD18] Mardoukhi, A.; Rämö, J.; Vuoristo, T.; Roth, A; Hokka, M.; Kuokkala, V.-T.: Effects of microstructure on the dynamic strain aging of ferritic-pearlitic steels at high strain rates. In: EPJ Web of Conferences 183, 03009, 2018. doi: 10.1051/epjconf/201818303009

[MAUR18] Maurer, C.: Entwicklungsprojekt Thermo-Feinschneiden. Blogeintrag vom 22.06.2018. Online abgerufen unter https://blog.feintool.com/thermo-feinschneiden/, zuletzt überprüft am 09.03.2023

[MEYE97] Meyer, L.; Weise, A.; Hahn, F.: Comparison fo Constitutive Flow Curve Relations in Cold and Hot Forming. In: Journal de Physique IV Proceedings, 1997, 07 (C3), S.C3-13-C3-20. doi: 10.1051/jp4:1997305.jpa-00255378

[MILI08] Milititsky, M.; De Wispelaere, N.; Petrov, R.; Ramos, J.E.; Reguly, A.; Hänninen, H.: Characterization of the mechanical properties of low-nickel austenitic stainless steels. In: Materials Science and Engineering A 498, 2008, pp. 289-295

[MOGH20] Moghadam, M.; Villa, M.; Moreau, P.; Dubois, A.; Dubar, L.; Nielsen, C.V.; Bay, N.: Analysis of lubricant performance in punching and blanking. In: Tribology International 141, 2020, 105949. doi: 10.1016/j.triboint.2019.105949

[MORI08] Mori, K.; Saito, S.; Maki, S.: Warm and hot punching of ultra high strength steel sheet. In: CIRP Annals, Vol. 57, Iss. 1, 2008, S. 321-324. doi: 10.1016/j.cirp.2008.03.125

[MORI12] Mori, K.; Maeno, T.; Fuzisaka, S.: Punching of ultra-high strength steel sheets using local resistance heating of shearing zone. In Journal of Materials Processing Technology 212 (2), 2012, S. 534–540. DOI: 10.1016/j.jmatprotec.2011.10.021.

[MORR96] Morris, M.A.; Lipe, T.; Morris, D.G.: Strain-ageing, strain-rate sensitivity, and flow stress variations at intermediate temperatures in a two-phase Ti-Al alloy. In: Scripta Materialia, Vol. 34, Iss. 8, 1996, S. 1337-1343. doi: 10.1016/1359-6462(95)00670-2

[MUCH10] Mucha, J.: An experimental analysis of effects of various material tool's wear on burr during generator sheets blanking. In: International Journal of Advanced Manufacturing Technology, 2010, 50:495-507. DOI: 10.1007/s00170-010-2554-1

[NADE07] Naderi, M.: Hot Stamping of Ultra High Strength Steels. Dissertation, RWTH Aachen, 2007

[NAUV00] Nauvertat, G.: Optimiertes Design industrieller induktiver Querfeld-Banderwärmungsanlagen. Dissertation, Universität Hannover, 2000

[NEUG09] Neugebauer, R.; Scheffler, S.; Poprawe, R.; Weisheit, A.: Local laser heat treatment of ultra high strength steels to improve formability. In: Production Engineering - Research and Development, 2009, 3, S. 347-351. doi: 10.1007/s11740-009-0186-9

[NEUG13] Neugebauer, R.; Kräusel, V.; Barthel, T.; Jesche, F.; Schönherr, J.: Influence of a defined pre-load on the stress-state in the precision cutting process. In: CIRP Annals – Manufacturing Technology 62, 2013, pp. 271-274

[NIAN14] Nian, S.C.; Tsai, S.-W.; Huang, M.-S.; Huang, R.-C.; Chen, C.-H.: Key parameters and optimal design of a single-layered induction coil for external rapid mold surface heating. In: International Communications in Heat and Mass Transfer Vol. 57, 2014, S. 109-117. DOI: 10.1016/j.icheatmasstransfer.2014.07.019

[NIKI05] Nikitin I., Altenberger, I., Scholtes, B., Effect of deep rolling at elevated and low temperatures on the isothermal fatigue behaviour of AISI 304, Proceedings of ICSP 9, 2005, 185

[NIKI07] Nikitin, I.: Zur Verbesserung des Ermüdungsverhaltens des austenitischen Stahls X5CrNi18-10 im Temperaturbereich 25-600°C durch mechanische Randschichtverfestigungsverfahren. Dissertation, Universität Kassel, 2007

[NUER23] Nürnberger, A.; Müller, D.; Martinitz, L.; Hartmann, C.; Tobie, T.; Stahl, K.; Volk, W.: Advantages in the production of power transmitting gears by fineblanking. In: The International Journal of Advanced Manufactirung Technology, 2023, S. 1-13. doi: 0.1007/s00170-023-12160-z

[OUTO20] Outokumpu: Core 304/4301 Datasheet, 2020

[PEIE40] Peierls, R.: The size of a dislocation. Proceedings of the Physical Society 52 34, 1940. doi: 10.1088/0959-5309/52/1/305

[PENG04] Peng, K.; Qian, K.; Chen, W.: Effect of dynamic strain aging on high temperature properties of austenitic stainless steel. In: Materials Science and Engineering A 379, 2004, S. 372-377. doi: 10.1016/j.msea.2004.03.004

[PETE17] Peterli, M.: Heat Treatment Simulation and Experimental Investigation of Thermal Distortion with a Special Focus on Fineblanked Parts. Dissertation, ETH Zürich, 2017

[RAAB14] Raabe, D.: Recovery and Recrystallization: Phenomena, Physics, Models, Simulation. In: Physical Metallurgy (Fifth Edition), 2014, S. 2291-2397. doi: 10.1016/B978-0-444-53770-6.00023-X

[RAED02] Raedt, J.-W.: Grundlagen für das schmiermittelreduzierte Tribosystem bei der Kaltumformung des Einsatzstahles 16MnCr5. Dissertation, RWTH Aachen University, 2002

[RATH00] Rathbun, R.W.; Matlock, D.K.; Speer, J.G.: Strain aging behavior of austenitic stainless steels containing strain induced martensite. In: Scripta mater. 42, 2000, S.887-891. doi: 10.1016/S1359-6462(00)00308-0

[ROTT84] Rotter, F.: Feinschneiden dicker Bleche. Dissertation, RWTH Aachen, 1984

[RUEF04] Rüf, G.; Sommitsch, C.; Buchmayr, B.: Modellierung der Werkstoffschädigung während der Warmumformung. In: Proceedings of the XXIII. Verformungskundliches Kolloquium, S. 165-176, 2004

[SAHL21] Sahli, M.; Roizard, X.; Assoul, M.; Colas, G.; Giampiccolo, S.; Barbe, J.P.: Finite element simulation and experimental investigation of the effect of clearance on the forming quality in the fine blanking process. In: Microsyst. Technol. 27, 871-881, 2021. doi: 10.1007/s00542-020-04983-7

[SAMS19] Sams, R.F.: Energetische und sicherheitstechnische Untersuchungen der induktiven Erwärmung von Festbettreaktoren mit kohlenstoffhaltigen und ferromagnetischen Suszeptormaterialien. Dissertation, Montanuniversität Leoben, 2019

[SART07] Sartkulvanich, P.: Determination of material properties for use in FEM Simulations of machining and roller burnishing. Dissertation, Ohio State University, 2007

[SCHI23] Schiess, F.: Hydraulische Schneid- und Stanzvorrichtung für Metallwerkstücke. Patentschrift Nr. 371004, Klasse 49b Gruppe 11. Reichspatentamt, 1923

[SCHM07] Schmidt, R.-A.: Umformen und Feinschneiden – Handbuch für Verfahren, Stahlwerkstoffe, Teilegestaltung. München: Hanser, 2007. ISBN: 978-3-446-40964-4

[SCHN18] Schneider, M.; Liewald, M.: Characterization of the austenitic stability of metastable austenitic stainless steel with regard to its formability. In: AIP Conference Proceedings 1960, Vol.1, 2018

[SCHU98] Schuler: Metal Forming Handbook. Springer-Verlag Berlin Heidelberg, 1998. ISBN: 3-540-61185-1

[SHEN20] Shen, F., Münstermann, S., Lian, J.: An evolving plasticity model considering anisotropy, thermal softening and dynamic strain aging. In: International Journal of Plasticity, 2020, 102747

[SIEG15] Siegert, K. (Hrsg.): Blechumformung. Verfahren, Werkzeuge und Maschinen. VDI-Buch, Springer Vieweg, Berlin, 2015. ISBN: 978-3-540-02488-0

[SMOL11] Smolka, M.: Temperaturabhängige mechanische Eigenschaften miniaturisierter Kupferstrukturen aus der Leistungshalbleiterelektronik. Dissertation, Montanuniversität Leoben, 2011

[SO12] So, H.; Faßmann, D.; Hoffmann, H.; Golle, R.; Schaper, M.: An investigation of the blanking process of the quenchable boron alloyed steel 22MnB5 before and after hot stamping process. In: Journal of Materials Processing Technology 212 (2), 2012, S. 437-449. doi:10.1016/j.jmatprotec.2011.10.006.

[SO15] So, H.: Scherschneiden von Mangan-Bor-Stählen unter Temperatureinfluss. Dissertation, TU München, 2015

[STAH21] Stahl, J.: Residual Stresses Induced by Shear Cutting - Targeted Use For Manufacturing Surfaces With An Improved Fatigue Behavior. Dissertation, TU München, 2021

[STAN17] Stanke, J., Trauth, D., Feuerhack, A., Klocke, F.: Setup of a Parameterized FE Model for the Die Roll Prediction in Fine Blanking using Artificial Neural Networks. J. Phys.: Conf. Ser. 896, 2017

[STAN18] Stanke, J.; Feuerhack, A.; Trauth, D.; Mattfeld, P.; Klocke, F.: A predictive model for die roll height in fine blanking using machine learning methods. In: Procedia manufacturing 15, 2018, pp. 570-577

[STRI02] Stribeck, R.: Die wesentlichen Eigenschaften der Gleit- und Rollenlager. In: Zeitschrift des Vereins Deutscher Ingenieure, 46, S. 180ff, 1902

[TAB12] Büro für Technikfolgenabschätzung beim Deutschen Bundestag: Zukunft der Automobilindustrie. Arbeitsbericht Nr. 152, 2012

[TEKK20] Tekkaya, A.E.; Bouchard, P.-O.; Bruschi, S.; Tasan, C.C.: Damage in metal forming. In: CIRP Annals - Manufacturing Technology 69, 2020, S. 600-623. doi: 10.1016/j.cirp.2020.05.005

[TERC01] Terčelj, M.; Turk, R.; Knap, M.: Assessment of temperature on the die surface in laboratory hot metal forming. In: Applied Thermal Engineering 23, 113-125, 2003. doi: 10.1016/S1359-4311(02)00170-9

[THIM19] Thimm, B.: Werkstoffmodellierung und Kennwertermittlung für die Simulation spanabhebender Fertigungsprozesse. Dissertation Universität Siegen, 2019

[THYS20] Thyssen, L.: Kompensation von Erwärmungsbedingten Bauteilabweichungen in der lokal erwärmten, roboterbasierten inkrementellen Blechumformung. Dissertation, Ruhr-Universität Bochum, 2020

[THYS21] Thyssenkrupp Hohenlimburg: precidur HSM 700 HD / S700MC. Produktinformationen für warmgewalztes Mittelband aus Hohenlimburg. Version 8/21

[TRAU16] Trauth, D.: Tribology of Machine Hammer Peened Tool Surfaces for Deep Drawing. Dissertation, RWTH Aachen University, 2016

[TREP01] Treppmann, C.: Fließverhalten metallischer Werkstoffe bei Hochgeschwindigkeitsbeanspruchung. Dissertation, RWTH Aachen University, 2001

[TROE22] Tröber, P.M.: Adhäsionsentstehung beim Scherschneiden und Tiefziehen unter Berücksichtigung von Temperatur und thermoelektrischen Strömen. Dissertation, TU München, 2022

[TSUZ83] Tsuzaki, K.; Hori, T.; Maki, T.; Tamura, I.: Dynamic strain aging during fatigue deformation in type 304 austenitic stainless steel. In:

Materials Science and Engineering, Vol. 61, Iss. 3, 1983, S. 247-260. doi: 10.1016/0025-5416(83)90107-6

[UBA20] Umwelt-Bundesamt: Prozessorientierte Basisdaten für Managementsysteme. Abgerufen über https://www.probas.umweltbundesamt.de am 27.04.2020 um 17h17

[UBA23] Umwelt-Bundesamt: Entwicklung der spezifischen Treibhausgas-Emissionen des deutschen Strommix in den Jahren 1990-2022. Abgerufen über https://www.umweltbundesamt.de/publikationen am 19.09.2023 um 15:34

[UNTE21] Unterberg, M.; Voigts, H.; Weiser, I.F.; Feuerhack, A.; Trauth, D.; Bergs, T.: Wear monitoring in fine blanking processes using feature based analysis of acoustic emission signals. In: Procedia CIRP, Vol 104, 2021, S. 164-169. doi: 10.1016/j.procir.2021.11.028

[USAM14] Usamentiaga, R.; Venegas, P.; Guerediaga, J.; Vega, L.; Molleda, J.; Bulnes, F.G.: Infrared Thermography for Temperature Measurement and Non-Destructive Testing. In: Sensors 14, 12305-12348, 2014. doi: 10.3390/s140712305

[VALS10] Valsan, M.; Nagesha, A.: Low cycle fatigue and creep-fatigue interaction behaviour of 316L(N) stainless steel and ist welds. In: Transactions of The Indian Institute of Metals, Vol. 63, Iss. 2-3, 2010, S. 209-215. doi: 10.1007/s12666-010-0029-6

[VDI2906] VDI 2906: Quality of cut faces of (sheet) metal parts after cutting, blanking, trimming or piercing. VDI standard, 1994

[VEIT19] Veitengruber, F.; Dufter, C.; Gruber, A.; Hübner, T.; Guminski, A.; Kleinertz, B.; Von Roon, S.: Potenzialanalyse zur Hybridisierung von Prozessen in der Grundstoffindustrie, 2019. München: Forschungsgesellschaft für Energiewirtschaft mbH

[VENK13] Venkatraman, M.; Pavitra, K.; Jana, V.; Kachwala, T.: Manufacturing and critical applications of stainless steel – An Overview. In: Advanced Materials Research Vol. 794, 2013, pp. 163-173

[VINE57] Vineyard, G.H.: Frequency Factors and Isotope Effects in Solid State Rate Processes. In: J. Phys. Chem. Solids, 1957, Vol. 3, S. 121-127. doi: 10.1016/0022-3697(57)90059-8

[VOIG18] Voigts, H.; Trauth, D.; Feuerhack, A.; Mattfeld, P.; Klocke, F.: Dependencies of the die-roll height during fine blanking of case hardening steel 16MnCr5 without V-ring using a nesting strategy. In: Int J Adv Manuf Technol, 2018, 95:3083-3091

[VOIG20] Voigts, H.; Hild, R.; Feuerhack, A.; Bergs, T.: Echtzeit-Bauteilprüfung beim Feinschneiden. In: wt WerkstattsTechnik online 6, 2020

[VOIG21A] Voigts, H.: Feinschneiden mit Hartmetallstempeln. Dissertation, RWTH Aachen University, 2021

[VOIG21B] Voigts, H.; Weiser, I.F.; Herrig, T.; Bergs, T.: Feinschneiden von hochfesten Stahlgüten. In: Werkstattstechnik online, Ausgabe 10/2021, S. 698-703

[WAHA03] El Wahabi, M.; Cabrera, J.M.; Prado, J.M.: Hot working of two AISI 304 steels: a comparative study. In: Materials Science and Engineering A343, 2003, pp. 116-125

[WANG92] Wang, K.F.; Chandrasekar, S.; Yang, H.T.Y.: Finite-Element Simulation of Induction Heat Treatment. In: Journal of Materials Engineering and Performance, 1992, 1: 97-112.

[WARL09] Warlimont, H. (Hrsg.): Landolt-Bornstein - Group VIII Advanced Materials and Technologies. Volume 2C1, 2009. doi: 10.1007/978-3-540-44760-3_162

[WDDB18] Wissenschaftliche Dienste des Deutschen Bundestages: Sachstandsbericht WD 8 – 3000 – 013/18: Nationale bzw. EU-weite Einbeziehung weiterer Sektoren in das Europäische Emissionshandelssystem, 2018

[WEIS19] Weiser, I.F.; Mannens, R.; Feuerhack, A.; Trauth, D.; Bergs, T.: An analytical approach for the determination of the temperature distribution in the cross section of a sheet metal caused by inductive heating. In: Procedia Manufacturing 29, 2019, pp. 353-360

[WEIS20] Weiser, I.F.; Hild, R.; Feuerhack, A.; Trauth, D.; Bergs, T.: Experimental investigation of Oxide Layer Formation Depending on Temperature Holding Time during Inductive Heating of Annealed 16MnCr5. In: Procedia Manufacturing 47, 2020, pp. 1328-1333

[WEIS21A] Weiser, I.F.; Mannens, R.; Feuerhack, A; Bergs, T.: Experimental Investigation of Process Forces and Part Quality for Fine Blanking of Stainless Steel with Inductive Heating. In: ESAFORM 2021 [online], doi: 10.25518/esaform21.2575

[WEIS21B] Weiser, I.F.; Feuerhack, A.; Bergs, T.: Investigation of the Micro Hardness at the Cut Surface of Fine Blanked Parts with Variation of Sheet Material and Cutting Temperature. In: Key Engineering Materials, Volume 883, 2021, S. 269-276, doi: 10.4028/www.scientific.net/KEM.883.269

[WEIS21C] Weiser, I.F.; Herrig, T.; Bergs, T.: Feinschneidbarkeit von Mangan-Bor-Stahl. In: Tagungsband 16. Erlanger Workshop Warmblechumformung, ISBN 978-3-00-070594-6, S. 69-82

[WEIS22A] Weiser, I.F.; Herrig, T.; Bergs, T.: Fine Blanking Limits of Manganese-Boron-Steel in Fine Blanking Compared to Tempered Steel with Variation of Sheet Metal Temperature. In: Key Engineering Materials, Volume 926, 2022, S. 1122-1130

[WEIS22B] Weiser, I.F.; Herrig, T.; Bergs, T.: Feinschneidbarkeit von pressgehärtetem Mangan-Bor-Stahl – eine Zukunftsperspektive? In: Tagungsband zum 17. Erlanger Workshop Warmblechumformung, 2022. ISBN: 978-3-00-073852-4, S. 41-50

[WEIS23] Weiser, I.F.; Herrig, T.; Bergs, T.: A Model Calculation of CO2 Emissions Saving Potential for Fine Blanking of Inductively Heated Sheet Metal with Comparison of the Product Variants. In: Kohl, H., Seliger, G., Dietrich, F. (Hrsg.) Manufacturing Driving Circular Economy. GCSM 2022. Lecture Notes in Mechanical Engineering. Springer, Cham. doi: 10.1007/978-3-031-28839-5_77

[WELM20] Welm, M.; Tröber, P.; Weiss, H.A.; Demmel, P.; Golle, R.; Volk, W.: Thermoelectrically Based Approaches to Reduce Adhesive Wear During Blanking. In: Dry Metal Shaping and Forming 72, 2525-2535, 2020. doi: 10.1007/s11837-020-04191-8

[WESN17] Wesner, T.: Virtuelle und experimentelle Methoden zur Voraussage des Prozessfensters beim Feinschneiden. Dissertation, ETH Zürich, 2017

[YANA05] Yanagimoto, J.; Oyamada, K.; Nakagawa, T.: Springback of High-Strength Steel after Hot and Warm Sheet Formings. In: CIRP Annals, Vol. 54, Iss. 1, 2005, S. 213-216. doi: 10.1016/S0007-8506(07)60086-9

[YANG10] Yang, B.J.; Hattiangadi, A.; Li, W.Z.; Zhou, G.F.; McGreevy, T.E.: Simulation of steel microstructure evolution during induction heating. In: Materials Science and Engineering: A, Vol. 527 Iss. 12, 2010, S. 2978-2984. doi: 10.1016/j.msea.2010.01.038

[ZHAO08] Zhao, Z.; Zhuang, X.; Xie, X.: An Improved Ductile Fracture Criterion for Fine-Blanking Process. In: Journal of Shanghai jiaotong University (Science), Vol. 13, 2008, pp. 702-706

[ZHEN19] Zheng, Q.; Zhuang, X.; Zhao, Z.: State-of-the-art and future challenge in fine-blanking technology. In: Production Engineering 13:61-70, 2019, doi: 10.1007/s11740-018-0839-7

[ZHEN20] Zheng, Q.; Zhuang, X.; Hu, J.; Zhao, Z.: Formability of the heat-assisted fine-blanking process for 304 stainless steel plates. In: Materials Characterisation Volume 166, 2020. doi: 10.1016/j.matchar.2020.110452

[ZIMM15] Zimmermann, M.: Feinschneiden von Schrägverzahnungen. Dissertation, RWTH Aachen University, 2015

11 Anhang

Appendix

11.1 Verwendete studentische Arbeiten

Student theses used

Im Rahmen dieser wissenschaftlichen Arbeit sind studentische Arbeiten thematisch ausgelegt und betreut worden. Ausgewählte Ergebnisse dieser Arbeiten finden inhaltliche Verwendung in dieser Dissertation. Den im Folgenden genannten Bearbeitern gilt besonderer Dank für ihren Einsatz, um zum Erkenntnisgewinn dieser wissenschaftlichen Arbeit beizutragen.

Name	Art der Arbeit	Titel
Gabriel Cardoso Limirio	Mini Thesis	Investigation of the flow behavior of 16MnCr5 at room temperature as the basis of a temperature-dependant flow model for fine blanking
Gabriel Cardoso Limirio	Masterarbeit	Simulative analysis of thermomechanical interactions during fine blanking of heated 16MnCr5 sheet metal using an adapted flow model
Mirco Trosin, Daniel Schomisch	Projektarbeit	Energetische Betrachtung des Feinschneidens von induktiv erwärmten Stahlblechen mit Lebenszyklusanalyse der Produktvarianten

11.2 Ergebnisse der Feinschneidversuche in Kap. 4

Results of the fine blanking tests in chap. 4

Hub	Stempelkraft F_{St} in N	Niederhalterkraft F_{NH} in N	Gegenhalterkraft F_{GH} in N	Temperatur T in °C	Zieltemperatur T_Z in °C
1	563.152,3499	472.355,5348	32.066,0101	22,5	20
2	565.260,2282	320.739,3124	31.493,4834	22,6	20
3	563.727,8525	480.594,1829	36.775,7436	22,3	20
4	563.237,0069	473.198,2471	37.239,6933	22,4	20
5	574.081,6600	402.470,1700	55.170,3800	22,4	20
6	574.099,5800	405.138,3300	49.988,6400	22,5	20
7	572.498,5500	359.572,8100	46.704,9100	22,5	20
1	502.394,4938	386.554,6054	32.712,6400	157,0	150
2	499.833,5484	396.022,1415	31.647,8111	158,1	150
3	497.255,5062	177.232,3206	32.602,4519	166,1	150
4	500.341,7666	387.660,9968	31.912,9712	161,8	150
5	496.102,5707	418.329,9079	32.351,1459	164,8	150
6	499.103,0700	400.620,7200	41.773,1900	164,7	150
7	498.163,8400	401.852,1500	38.933,7500	161,7	150
1	485.542,7730	412.119,9517	29.646,7059	211,4	200
2	489.629,2001	394.194,3810	31.547,2886	210,8	200
3	486.502,1279	392.046,1916	32.710,3847	216,6	200
4	489.757,9782	396.064,5885	31.141,3327	210,7	200

Hub	Stempelkraft F_{St} in N	Niederhalter-kraft F_{NH} in N	Gegenhalter-kraft F_{GH} in N	Temperatur T in °C	Zieltempera-tur T_Z in °C
5	490.375,1199	409.312,4489	33.485,2451	200,6	200
6	492.693,9516	396.200,0038	31.367,5081	197,7	200
1	475.145,3956	391.101,0528	31.274,7182	259,7	250
2	476.852,6005	393.346,5936	33.367,3245	252,5	250
3	475.530,3508	392.541,7147	35.591,7054	257,8	250
4	478.533,0572	400.274,9199	35.222,8010	255,9	250
5	478.558,9782	393.717,5439	33.799,3776	245,6	250
6	472.850,8304	390.051,1806	35.764,7200	266,2	250
1	475.378,4093	391.072,4472	37.354,3920	293,1	300
3	471.577,9411	396.819,1770	37.590,5552	300,5	300
4	477.496,4906	392.511,0328	37.263,8574	259,7	300
5	474.625,3199	391.166,7996	34.727,2770	278,2	300
6	475.107,3412	384.208,7143	39.123,8445	293,5	300
1	464.465,3683	388.623,4374	34.097,4009	282,1	350
2	471.204,0160	401.972,8016	35.817,5587	284,1	350
3	473.540,7718	403.499,2803	39.190,2150	316,1	350
4	476.768,2192	403.919,1369	42.534,1967	333,9	350
5	475.846,3671	402.966,6161	39.877,1183	313,9	350
1	496.216,4579	413.325,7707	60.007,0567	366,2	400
2	498.027,0713	403.618,0859	64.055,6619	350,1	400
3	494.912,1323	403.623,6225	58.462,4909	342,4	400
4	493.010,7951	375.027,2344	56.305,7693	361,5	400
5	497.399,7266	413.996,3878	60.435,8879	342,1	400
6	499.233,5035	416.587,9643	63.780,5140	357,0	400
1	497.412,4113	403.813,4807	65.371,1525	391,6	450
2	495.659,1551	401.883,9858	63.154,5041	395,3	450
3	500.039,2624	379.300,3136	70.391,4745	375,1	450
4	501.648,5740	420.625,2779	65.937,8799	383,1	450
5	501.118,5711	405.482,0647	66.367,6777	385,3	450
6	495.030,1558	367.557,4777	60.002,2239	377,0	450
1	511.638,6599	387.536,1933	73.897,1942	420,4	500
2	515.991,7430	392.501,5745	76.534,9414	412,5	500
3	511.504,9183	375.546,2879	74.128,2025	414,8	500
4	515.968,8553	371.992,7322	74.930,7710	425,9	500
5	515.729,7749	385.776,7172	76.987,6145	425,9	500
6	514.528,0305	404.260,7895	75.010,0290	440,1	500
1	549.828,6505	487.229,3016	34.243,3517	22,2	20
2	551.076,4461	488.786,6928	34.343,2298	22,3	20
3	550.243,9389	480.205,2388	33.733,9736	22,3	20
4	548.762,3023	480.350,1124	34.170,2152	22,3	20
5	551.689,4515	489.726,5257	35.450,5874	22,1	20
6	548.886,3924	493.630,5001	34.277,5036	22,3	20
1	465.699,3761	420.849,7397	32.919,1620	172,7	150
2	468.699,8764	388.463,3382	31.267,3079	170,5	150
3	467.714,6004	399.808,4638	27.518,6590	174,8	150
4	471.493,0082	406.157,2957	33.865,1039	173,5	150

Hub	Stempelkraft F_{St} in N	Niederhalter-kraft F_{NH} in N	Gegenhalter-kraft F_{GH} in N	Temperatur T in °C	Zieltempera-tur T_Z in °C
5	463.899,5171	397.428,1998	27.198,0827	180,9	150
6	473.716,7041	394.105,7959	34.979,5496	170,8	150
1	457.937,6739	420.124,2182	34.189,5464	220,9	200
2	457.538,6550	436.506,9311	35.117,1236	223,0	200
3	456.386,8225	405.106,2700	33.452,3820	227,0	200
4	460.419,7530	397.242,7246	34.015,2431	213,0	200
5	459.210,2875	406.456,7319	35.015,9568	215,1	200
6	464.378,5052	404.933,2521	36.659,4340	211,5	200
1	453.404,7979	416.517,3730	36.515,0941	246,0	250
2	448.057,8903	409.204,0244	34.882,8934	255,7	250
4	448.032,7965	405.562,5757	34.395,7463	255,0	250
6	450.779,6014	406.347,1539	35.233,7554	251,0	250
7	445.902,8600	393.863,8000	41.680,4000	260,2	250
2	445.001,9631	397.000,2690	36.307,2833	278,6	300
3	447.616,1293	407.750,4439	34.513,3446	267,4	300
4	444.088,3837	392.094,8673	35.556,5870	280,9	300
5	444.495,1237	402.166,5816	38.682,1257	296,5	300
6	447.535,3328	397.579,7634	35.615,5473	281,9	300
2	456.312,0926	433.039,6537	48.419,5915	338,2	350
3	455.721,1477	424.565,7014	47.391,1698	320,6	350
4	459.025,2553	414.419,2434	53.703,4628	328,5	350
5	461.455,4923	416.470,7736	50.837,2848	323,2	350
6	453.515,3760	414.744,9783	45.004,0843	320,9	350
1	480.152,0203	426.039,8134	72.525,9652	329,9	400
2	480.600,9509	423.945,1441	68.314,0110	364,6	400
3	477.093,6112	433.271,9590	70.765,5340	357,6	400
4	476.574,6386	328.273,8932	68.545,9859	363,6	400
5	480.609,4994	420.686,1801	67.771,7699	352,0	400
6	481.054,2937	431.427,8195	67.827,1861	353,4	400
1	478.991,6393	421.147,3303	68.185,7805	369,0	450
2	480.995,0062	424.374,4590	69.128,5004	396,6	450
3	479.131,1718	430.152,3320	71.621,9077	350,1	450
4	483.075,5847	431.021,3429	72.041,0734	382,4	450
5	481.725,4836	426.583,5508	68.339,4638	385,3	450
6	485.460,3220	429.646,4279	75.159,8461	383,9	450
1	491.770,1692	399.539,2481	78.052,1212	428,2	500
2	494.678,2913	450.161,4988	78.290,2176	418,8	500
3	490.562,3582	434.714,2357	76.843,5968	423,4	500
4	496.695,9974	426.243,9744	79.232,6154	432,0	500
5	496.444,7838	401.019,8194	81.433,1544	429,7	500
1	549.254,5266	583.974,1859	38.532,6308	22,3	20
2	545.513,8974	581.311,5567	33.892,4898	22,2	20
3	547.194,6298	575.335,7513	35.058,8077	22,4	20
4	542.702,0142	578.542,5792	32.468,0999	22,4	20
5	545.079,3060	580.846,0234	33.670,8249	22,6	20
6	545.412,6950	550.553,3684	35.033,3549	22,5	20

Hub	Stempelkraft F_{St} in N	Niederhalter-kraft F_{NH} in N	Gegenhalter-kraft F_{GH} in N	Temperatur T in °C	Zieltempera-tur T_Z in °C
1	473.324,0276	511.417,6565	32.396,5743	163,4	150
2	471.287,0186	496.617,9414	33.527,1294	164,6	150
3	469.825,5121	494.366,8640	36.093,9954	165,9	150
4	463.790,5935	522.829,4517	36.162,9435	178,8	150
5	473.824,2489	491.510,6856	34.354,5063	154,1	150
6	468.120,7889	489.752,1323	34.890,6259	172,1	150
2	456.585,9183	486.108,3767	38.435,0081	211,9	200
3	449.847,2706	525.200,9495	37.469,4128	226,9	200
4	459.205,3239	514.894,8537	39.041,3645	213,9	200
5	456.615,1484	485.886,9138	39.635,1557	218,6	200
6	462.347,2870	403.345,6405	38.801,9794	202,6	200
1	445.957,7331	514.256,0718	34.866,4619	255,2	250
2	445.534,7235	514.625,4072	42.107,2986	260,6	250
3	446.083,7536	524.779,7087	39.415,1017	253,3	250
4	444.282,2401	481.986,1690	39.446,0317	253,8	250
5	448.620,4324	388.326,7695	41.181,9767	251,1	250
6	448.899,4974	530.954,8306	40.703,5286	248,7	250
1	442.516,5749	472.713,3357	38.032,9184	275,2	300
2	439.216,0521	195.972,6899	38.093,4896	289,4	300
3	439.481,3293	469.812,6340	38.104,7661	289,3	300
4	447.546,3631	475.261,7731	37.679,1567	256,2	300
5	440.528,0988	489.598,9538	38.165,9817	294,7	300
1	452.318,0437	507.062,2208	52.344,1547	312,7	350
2	465.648,6370	509.239,2466	62.447,9474	336,0	350
4	464.091,9948	486.118,5270	64.154,2512	321,9	350
5	464.992,3379	487.166,7844	67.001,0979	339,0	350
6	467.175,2218	492.619,1532	68.660,6845	322,2	350
1	466.591,1708	491.966,7606	67.003,3532	350,5	400
2	472.289,6671	481.522,2505	71.975,0250	344,6	400
3	472.395,5574	482.003,0094	71.204,0308	338,0	400
4	475.642,0320	504.717,0217	74.708,1396	355,4	400
5	474.796,2885	503.556,6488	74.731,0149	346,5	400
6	472.730,6009	522.801,7688	71.954,4050	357,1	400
1	483.431,8613	527.320,9947	80.606,4219	380,6	450
2	484.283,6714	500.469,5492	80.981,7701	375,6	450
3	480.798,6679	503.262,0571	78.163,2758	400,8	450
4	482.394,4675	501.211,9111	81.304,2795	373,4	450
5	479.626,7052	499.111,0131	78.587,9187	381,8	450
6	478.857,3462	525.757,8362	77.366,1845	394,8	450
1	484.357,2982	500.293,3017	81.894,8488	402,9	500
2	483.263,3745	485.545,0306	80.522,9754	420,3	500
3	485.833,4197	413.549,7711	81.672,5396	421,1	500
4	484.465,9461	511.463,5639	79.061,8561	422,3	500
6	493.637,8641	500.557,9036	86.280,4619	430,7	500

11.3 Kanteneinzugwerte an weiteren Bauteilbereichen

Die roll values on other component areas

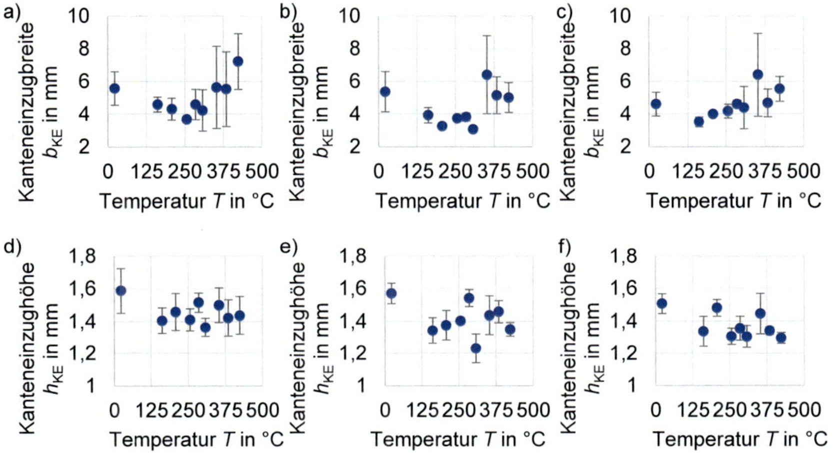

Abbildung 11.1: Kanteneinzugbreite an der linken Ecke des Pfeilteils (Position 1) bei $H = 10\,\mathrm{s}^{-1}$ a); $H = 50\,\mathrm{s}^{-1}$ b) und $H = 90\,\mathrm{s}^{-1}$ c) sowie Kanteneinzugbreite bei $H = 10\,\mathrm{s}^{-1}$ d); $H = 50\,\mathrm{s}^{-1}$ e) und $H = 90\,\mathrm{s}^{-1}$ f).
Die roll width at the left corner of the arrow part (position 1) at $H = 10\,\mathrm{s}^{-1}$ a); $H = 50\,\mathrm{s}^{-1}$ b) and $H = 90\,\mathrm{s}^{-1}$ c) and die roll height at $H = 10\,\mathrm{s}^{-1}$ d); $H = 50\,\mathrm{s}^{-1}$ e) and $H = 90\,\mathrm{s}^{-1}$ f).

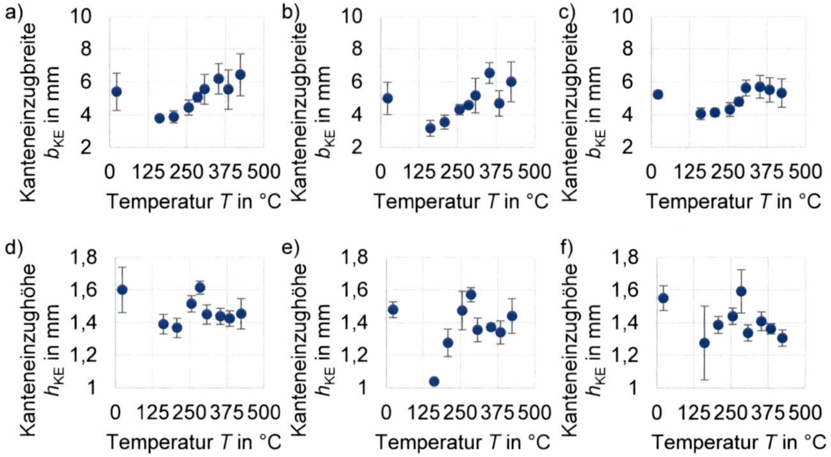

Abbildung 11.2: Kanteneinzugbreite an der rechten Ecke des Pfeilteils (Position 2) bei $H = 10\,\mathrm{s}^{-1}$ a); $H = 50\,\mathrm{s}^{-1}$ b) und $H = 90\,\mathrm{s}^{-1}$ c) sowie Kanteneinzugbreite bei $H = 10\,\mathrm{s}^{-1}$ d); $H = 50\,\mathrm{s}^{-1}$ e) und $H = 90\,\mathrm{s}^{-1}$ f).
Die roll width at the right hand corner of the arrow part (position 2) at $H = 10\,\mathrm{s}^{-1}$ *a);* $H = 50\,\mathrm{s}^{-1}$ *b) and* $H = 90\,\mathrm{s}^{-1}$ *c) and die roll height at* $H = 10\,\mathrm{s}^{-1}$ d); $H = 50\,\mathrm{s}^{-1}$ e) *and* $H = 90\,\mathrm{s}^{-1}$ f).

11.4 Python-Skript zur Faktorbestimmung aus Fließkurven

Python script for factor determination from flow curves

```
import matplotlib.pyplot as plt
from scipy.optimize import curve_fit
import numpy as np
import os
import re
from scipy.interpolate import interp1d
import random
import pandas as pd

from mpl_toolkits import mplot3d

def func(variables, c1, c2, c3, c4, c5, c6):
    T=variables
    return c1*np.exp(-c2*T) + c3 + c4*np.exp(-((T-c5)/c6)**2)

def dataRead(filename,reduced=False,starting_phi=0.002):
    print('Eingelesene Datei: ',filename)
    data=np.loadtxt(filename, skiprows=3)
    if reduced==True:
        found=False
        i=0
        lower_bound=0
        while found==False and i<data.size-3:
            if data[i,3]>starting_phi:
                lower_bound=i
                found=True

            i=i+1
        found = False
        i=data[:,3].size-1
```

```
        while found==False and i>lower_bound:
           if data[i,3]>starting_phi:
               upper_bound=i+1
               found=True


           i=i-1
        data=data[lower_bound:upper_bound,:]


    return data


def calculate_kf(data,phi,kind='linear'):
    print('kf wird berechnet')
    interpolated_funktion          =          interp1d(data[:,3],
data[:,4],kind=kind)
    kf=np.array([])
    for element in phi:
        print(interpolated_funktion(element))
        kf=np.append(kf,np.array(interpolated_funktion(ele-
ment)))
    return kf


def get_init_values():
    return    np.array([random.uniform(-5.0,5),random.uniform(-
0.1,0.1),random.uniform(-1,1),random.uniform(-0.5,0.5),ran-
dom.uniform(-1000.0,1000),random.uniform(-1000.0,1000)])


def temperature_file(filename):
    temperature = re.search('T(\d+)', filename).group(1)
    return temperature


def create3DDiagram(x,cfactors):


    y = np.linspace(100, 550, 50)
```

```
    X, Y = np.meshgrid(x, y)
    cfactors=getCfactors(cfactors,X)
    Z=getZ(cfactors,Y)



    fig = plt.figure()
    ax = plt.axes(projection='3d')
    ax.contour3D(X, Y, Z, 50, cmap='binary')

def getZ(cfactors,Y):
    print(cfactors)
    Z=[]
    for c, y in zip(cfactors, Y):
        Z1=[]
        for c,Temp in zip(c,y):
            Z1.append(func(Temp,*c))
        Z.append(Z1)
    return Z

def getCfactors(cfactors,X):
    cFactors=[]
    for element in X:
        cFactors1=[]
        for element in element:
            for i in cfactors.columns:
                if i==element:
                    cFactors1.append(cfactors.loc[:,i].val-
ues.tolist())
        cFactors.append(cFactors1)
    return cFactors

##Variables to change
#savepath
```

```
savepath='D:\\020_Temp\\Fließmodell        Lian\\Values_C_Mate-
rial_Model.xlsx'

#path to reference file

referencepath='D:\\020_Temp\\Fließmodell        Lian\\Ascii_Out-
put\\T20_phi0_25_phidt1_05_1.asc'#no brackets

#Folderpathes in which the different data is. In the folders
only the ascii files for different temperatures should be for
one phi*.

folderpaths                              =["D:\\020_Temp\\Fließmodell
Lian\\16MnCr5_Ascii_Export\\phidt1"]#brackets needed right now
only one possible else the reference needs to be changed

#different phis at which the parameters are to be identified

phi=[0.08,0.09,0.1,0.11,0.12,0.13,0.14,0.15,0.16,0.17,0.18,0.1
9,0.2]

#interpolation style

kind='linear' #Specifies the kind of interpolation as a string
('linear', 'nearest', 'zero', 'slinear', 'quadratic', 'cubic',
'previous', 'next', where 'zero', 'slinear', 'quadratic' and
'cubic' refer to a spline interpolation of zeroth, first, second
or third order; 'previous' and 'next' simply return the previous
or next value of the point) or as an integer specifying the order
of the spline interpolator to use. Default is 'linear'.

#initial c values (the better the guess the better, if calcula-
tion does not work try changing inputs)

c_init=np.array([1.2,0.00543,0.74,0.2,560,150])

randomized_init=False#doesnt work well

#maximum iteration steps

maxiter=10000000

#method{'lm', 'trf', 'dogbox'} fitting method

method='lm'


#main

#Get reference values

data=dataRead(referencepath,reduced=True)

kf_ref=calculate_kf(data,phi=np.array(phi),kind=kind)

print(kf_ref)
```

```
for folderpath in folderpaths:
    files=os.listdir(folderpath)
    data_for_modelfit=np.array([])
    for filename in files:
        data=dataRead(os.path.join(folderpath,    filename),re-
duced=True)
        temperature=temperature_file(filename)
        kf_singleTemp=calculate_kf(data,phi=np.ar-
ray(phi),kind=kind)
        f_model=kf_singleTemp/kf_ref
        #date_for_modelfit=np.append(float(tempera-
ture),f_model)
        print(data_for_modelfit.shape)
        data_for_modelfit=np.append(data_for_modelfit,np.ap-
pend(float(temperature),f_model),axis=0)
        print('data: ',data_for_modelfit.shape)
    data_for_modelfit=               np.reshape(data_for_model-
fit,(int(len(data_for_modelfit)/(len(phi)+1)),len(phi)+1))#re-
shape data
    data_for_modelfit=data_for_modelfit[data_for_model-
fit[:,0].argsort()]#sort data by temperature
    print(data_for_modelfit)

    #curve_fit
    save_data=[]
    index=["c1","c2","c3","c4","c5","c6"]
    for i in range(len(phi)):

        #plt.figure(i)
        #plt.plot(data_for_modelfit[:,0],      data_for_model-
fit[:,i+1], 'b-', label='data')
        a=0
```

```
        c_final,pcov=curve_fit(func,data_for_model-
fit[:,0],data_for_modelfit[:,i+1],c_init,maxfev=max-
iter,method=method)

        perr = np.sqrt(np.diag(pcov))

        while   a<50000   and   np.max(perr)>1   and   random-
ized_init==True:

            c_init=get_init_values()

            c_final,pcov=curve_fit(func,data_for_model-
fit[:,0],data_for_modelfit[:,i+1],c_init,maxfev=max-
iter,method=method)

            perr = np.sqrt(np.diag(pcov))

            a=a+1

            #plt.plot(np.linspace(np.min(data_for_model-
fit[:,0]),np.max(data_for_modelfit[:,0]),50),      func(np.lin-
space(np.min(data_for_modelfit[:,0]),np.max(data_for_model-
fit[:,0]),50), *c_final), 'r-', label='data')

        save_data.append(pd.Series(c_final,index=index))

        #plt.plot(np.linspace(np.min(data_for_model-
fit[:,0]),np.max(data_for_modelfit[:,0]),50),      func(np.lin-
space(np.min(data_for_modelfit[:,0]),np.max(data_for_model-
fit[:,0]),50), *c_final), 'r-', label='data')

        #plt.show()

        print(save_data,'hi',perr)

    save_dataframe=pd.concat([element    for    element    in
save_data],axis=1)

    save_dataframe.columns=[element for element in phi]

    create3DDiagram(phi,save_dataframe)


    save_dataframe.to_excel(savepath)
```

11.5 Vollständige Zahlenwerte für das Fließmodell

Table 11-1 Normalized strength at strain rate of 1.0/s

Strain	20°C	200 °C	250 °C	350 °C	400 °C	450 °C	500 °C	600 °C
0	1.00	0.74	0.66	0.57	0.53	0.50	0.48	0.43
0.01	1.00	0.74	0.72	0.70	0.69	0.70	0.65	0.56
0.02	1.00	0.78	0.77	0.77	0.78	0.80	0.75	0.61
0.04	1.00	0.79	0.78	0.80	0.82	0.86	0.80	0.63
0.06	1.00	0.78	0.77	0.78	0.81	0.85	0.80	0.62
0.1	1.00	0.77	0.75	0.76	0.78	0.82	0.78	0.60
0.14	1.00	0.77	0.75	0.75	0.77	0.80	0.77	0.58
0.18	1.00	0.78	0.75	0.75	0.76	0.78	0.76	0.58
0.2	1.00	0.78	0.75	0.75	0.76	0.78	0.75	0.57
0.3	1.00	0.80	0.76	0.75	0.75	0.76	0.73	0.56
0.4	1.00	0.81	0.76	0.75	0.75	0.75	0.72	0.55
0.48	1.00	0.82	0.77	0.74	0.74	0.75	0.72	0.54
0.6	1.00	0.84	0.79	0.75	0.74	0.74	0.72	0.54
0.733	1.00	0.85	0.81	0.76	0.75	0.74	0.72	0.55

Table 11-2 Normalized strength at strain rate of 10/s

Strain	20 °C	200 °C	250 °C	300 °C	350 °C	400 °C	450 °C	500 °C	600°C
0.05	1.00	0.73	0.68	0.63	0.62	0.59	0.60	0.58	0.53
0.01	1.00	0.73	0.69	0.65	0.64	0.61	0.64	0.63	0.57
0.02	1.00	0.74	0.70	0.67	0.67	0.65	0.70	0.69	0.62
0.04	1.00	0.75	0.71	0.68	0.69	0.67	0.74	0.75	0.66
0.06	1.00	0.75	0.72	0.68	0.69	0.68	0.75	0.77	0.67
0.1	1.00	0.76	0.71	0.67	0.69	0.69	0.75	0.77	0.67
0.14	1.00	0.76	0.71	0.67	0.68	0.68	0.73	0.75	0.65
0.18	1.00	0.76	0.72	0.68	0.68	0.68	0.72	0.74	0.64
0.2	1.00	0.77	0.72	0.68	0.68	0.68	0.72	0.73	0.64
0.3	1.00	0.79	0.73	0.70	0.69	0.69	0.71	0.72	0.62
0.4	1.00	0.80	0.75	0.72	0.70	0.70	0.70	0.72	0.61
0.48	1.00	0.82	0.76	0.73	0.70	0.71	0.69	0.72	0.61
0.6	1.00	0.83	0.78	0.74	0.71	0.71	0.68	0.71	0.60
0.733	1.00	0.84	0.79	0.75	0.72	0.71	0.69	0.69	0.61

Table 11-3 Calibrated values for the parameters C1, C2 and C3

	Strain rate = 1.0/s			Strain rate = 10/s		
Strain	C1	C2	C3	C1	C2	C3
0.05	0.7782	0.0026	0.2620	0.5626	0.0043	0.4846
0.01	0.5270	0.0039	0.5120	0.5043	0.0050	0.5445
0.02	0.4834	0.0033	0.5466	0.4453	0.0063	0.6075
0.04	0.4564	0.0034	0.5725	0.4076	0.0076	0.6505
0.06	0.4630	0.0036	0.5679	0.3986	0.0079	0.6604
0.1	0.4849	0.0037	0.5489	0.4040	0.0078	0.6557
0.14	0.5255	0.0033	0.5066	0.4194	0.0068	0.6351
0.18	0.5359	0.0031	0.4954	0.4248	0.0061	0.6246
0.2	0.5605	0.0029	0.47	0.4269	0.0058	0.6212
0.3	0.6419	0.0022	0.3851	0.4567	0.0043	0.5827
0.4	0.7116	0.0018	0.3146	0.4883	0.0034	0.5443
0.48	0.8614	0.0014	0.1624	0.5165	0.0028	0.5136
0.6	1.0264	0.0011	0.0006	0.5949	0.0021	0.4312
0.733	1.0309	0.0010	0.0000	0.6046	0.0019	0.4202

Table 11-4 Fitted thermal softening values, strain rate = 1.0/s

Strain	**20 °C**	**200 °C**	**250 °C**	**300 °C**	**350 °C**	**400 °C**	**450 °C**	**500 °C**	**600°C**
0.05	1.00	0.72	0.67	0.62	0.58	0.54	0.50	0.47	0.43
0.01	1.00	0.75	0.71	0.68	0.65	0.62	0.60	0.59	0.56
0.02	1.00	0.80	0.76	0.73	0.70	0.68	0.66	0.64	0.61
0.04	1.00	0.80	0.77	0.74	0.71	0.69	0.67	0.66	0.63
0.06	1.00	0.79	0.76	0.73	0.70	0.68	0.66	0.64	0.62
0.1	1.00	0.78	0.74	0.71	0.68	0.66	0.64	0.63	0.60
0.14	1.00	0.78	0.74	0.70	0.67	0.65	0.63	0.61	0.58
0.18	1.00	0.78	0.74	0.71	0.68	0.65	0.63	0.61	0.58
0.2	1.00	0.78	0.74	0.70	0.67	0.65	0.62	0.60	0.57
0.3	1.00	0.80	0.76	0.72	0.68	0.65	0.62	0.60	0.56
0.4	1.00	0.81	0.77	0.73	0.69	0.66	0.63	0.60	0.56
0.48	1.00	0.81	0.77	0.73	0.69	0.65	0.62	0.59	0.53
0.6	1.00	0.82	0.78	0.74	0.70	0.66	0.63	0.59	0.53
0.733	1.01	0.84	0.80	0.76	0.73	0.69	0.66	0.63	0.57

Table 11-5 Fitted thermal softening values, strain rate = 10/s

Strain	20 °C	200 °C	250 °C	300 °C	350 °C	400 °C	450 °C	500 °C	600°C
0.05	1.00	0.72	0.68	0.64	0.61	0.59	0.57	0.55	0.53
0.01	1.00	0.73	0.69	0.66	0.63	0.61	0.60	0.59	0.57
0.02	1.00	0.73	0.70	0.67	0.66	0.64	0.63	0.63	0.62
0.04	1.00	0.74	0.71	0.69	0.68	0.67	0.66	0.66	0.65
0.06	1.00	0.74	0.72	0.70	0.69	0.68	0.67	0.67	0.66
0.1	1.00	0.74	0.71	0.69	0.68	0.67	0.67	0.66	0.66
0.14	1.00	0.74	0.71	0.69	0.67	0.66	0.65	0.65	0.64
0.18	1.00	0.75	0.72	0.69	0.67	0.66	0.65	0.64	0.64
0.2	1.00	0.76	0.72	0.70	0.68	0.66	0.65	0.64	0.63
0.3	1.00	0.78	0.74	0.71	0.68	0.66	0.65	0.64	0.62
0.4	1.00	0.79	0.75	0.72	0.69	0.67	0.65	0.63	0.61
0.48	1.00	0.81	0.77	0.74	0.71	0.68	0.66	0.64	0.61
0.6	1.00	0.82	0.78	0.75	0.72	0.69	0.66	0.64	0.60
0.733	1.00	0.83	0.80	0.76	0.73	0.70	0.68	0.65	0.61

Table 11-6 DSA contribution to the temperature function, strain rate = 1.0/s

Strain	20 °C	200 °C	250 °C	350 °C	400 °C	450 °C	500 °C	600°C
0.05	0.00	0.01	0.00	-0.01	-0.01	0.00	0.00	0.00
0.01	0.00	-0.01	0.01	0.05	0.06	0.10	0.07	-0.01
0.02	0.00	-0.02	0.01	0.07	0.11	0.15	0.11	0.00
0.04	0.00	-0.02	0.01	0.08	0.13	0.19	0.14	0.00
0.06	0.00	-0.01	0.01	0.09	0.13	0.19	0.15	0.00
0.1	0.00	-0.01	0.01	0.08	0.12	0.18	0.16	0.00
0.14	0.00	0.00	0.01	0.08	0.12	0.17	0.16	0.01
0.18	0.00	-0.01	0.01	0.07	0.11	0.15	0.15	0.00
0.2	0.00	0.00	0.01	0.08	0.11	0.16	0.15	0.01
0.3	0.00	0.00	0.00	0.07	0.10	0.13	0.14	0.00
0.4	0.00	0.00	0.00	0.05	0.09	0.12	0.12	-0.01
0.48	0.00	0.01	0.01	0.05	0.09	0.12	0.13	0.01
0.6	0.00	0.01	0.01	0.05	0.08	0.12	0.12	0.01
0.733	-0.01	0.01	0.01	0.03	0.05	0.08	0.10	-0.02

Table 11-7 DSA contribution to the temperature function, strain rate = 10/s

Strain	20 °C	200 °C	250 °C	300 °C	350 °C	400 °C	450 °C	500 °C	600°C
0.05	0.00	0.00	0.00	-0.01	0.01	0.00	0.03	0.03	0.00
0.01	0.00	0.00	0.00	-0.01	0.01	0.00	0.04	0.05	0.00
0.02	0.00	0.01	0.00	-0.01	0.01	0.00	0.06	0.07	0.01
0.04	0.00	0.01	0.00	-0.01	0.01	0.00	0.08	0.09	0.01
0.06	0.00	0.01	0.00	-0.02	0.01	0.01	0.08	0.10	0.01
0.1	0.00	0.02	0.00	-0.02	0.00	0.01	0.08	0.10	0.01
0.14	0.00	0.02	0.00	-0.02	0.01	0.02	0.08	0.10	0.01
0.18	0.00	0.01	0.00	-0.02	0.00	0.02	0.07	0.09	0.01
0.2	0.00	0.01	0.00	-0.02	0.00	0.02	0.06	0.09	0.00
0.3	0.00	0.01	0.00	-0.01	0.00	0.03	0.06	0.09	0.01
0.4	0.00	0.01	0.00	-0.01	0.01	0.03	0.05	0.09	0.01
0.48	0.00	0.01	-0.01	-0.01	0.00	0.03	0.03	0.08	0.00
0.6	0.00	0.01	0.00	-0.01	0.00	0.02	0.02	0.07	0.00
0.733	0.00	0.00	-0.01	-0.01	-0.01	0.01	0.01	0.04	-0.01

Table 11-8 Calibrated values for the parameters C4, C5 and C6

	Strain rate = 1.0/s			**Strain rate = 10/s**		
Strain	C4	C5	C6	C4	C5	C6
0.05	0.092	441	99.7	0.043	477	46.5
0.01	0.143	443	99.9	0.073	476	36.7
0.02	0.182	446	99.1	0.097	476	38.4
0.04	0.189	450	99.2	0.119	477	40.6
0.06	0.182	453	99.7	0.120	479	46.1
0.1	0.092	441	99.7	0.110	484	58.9
0.14	0.177	455	104.3	0.105	491	72.2
0.18	0.161	455	102.0	0.097	490	70.4
0.2	0.163	455	105.6	0.092	489	67.7
0.3	0.144	455	105.4	0.085	491	74.8
0.4	0.127	457	99.3	0.080	491	79.2
0.48	0.135	463	104.1	0.076	498	60.1
0.6	0.127	465	103.5	0.067	506	58.9
0.733	0.098	464	85.6	0.039	494	34.2

Table 11-9 Fitted DSA component values, strain rate = 1/s

Strain	20 °C	200 °C	250 °C	300 °C	350 °C	400 °C	450 °C	500 °C	600°C
0.05	0.00	0.00	0.00	0.00	0.00	0.00	0.00	0.00	0.00
0.01	0.00	0.00	0.00	0.04	0.08	0.09	0.06	0.01	0.00
0.02	0.00	0.00	0.00	0.06	0.12	0.14	0.10	0.01	0.00
0.04	0.00	0.00	0.00	0.07	0.15	0.18	0.14	0.02	0.00
0.06	0.00	0.00	0.00	0.07	0.15	0.19	0.15	0.02	0.00
0.1	0.00	0.00	0.00	0.06	0.14	0.18	0.15	0.02	0.00
0.14	0.00	0.00	0.00	0.06	0.13	0.18	0.15	0.03	0.00
0.18	0.00	0.00	0.00	0.06	0.12	0.16	0.13	0.02	0.00
0.2	0.00	0.00	0.00	0.06	0.12	0.16	0.14	0.02	0.00
0.3	0.00	0.00	0.00	0.05	0.11	0.14	0.12	0.02	0.00
0.4	0.00	0.00	0.00	0.04	0.09	0.13	0.11	0.02	0.00
0.48	0.00	0.00	0.00	0.04	0.09	0.13	0.12	0.02	0.00
0.6	0.00	0.00	0.00	0.04	0.09	0.12	0.11	0.02	0.00
0.733	0.00	0.00	0.00	0.02	0.06	0.09	0.08	0.01	0.00

Table 11-10 Fitted DSA component values, strain rate = 10/s

Strain	20 °C	200 °C	250 °C	300 °C	350 °C	400 °C	450 °C	500 °C	600°C
0.05	0.00	0.00	0.00	0.00	0.00	0.00	0.03	0.03	0.00
0.01	0.00	0.00	0.00	0.00	0.00	0.00	0.04	0.05	0.00
0.02	0.00	0.00	0.00	0.00	0.00	0.00	0.06	0.07	0.00
0.04	0.00	0.00	0.00	0.00	0.00	0.00	0.08	0.09	0.00
0.06	0.00	0.00	0.00	0.00	0.00	0.01	0.08	0.10	0.00
0.1	0.00	0.00	0.00	0.00	0.00	0.01	0.08	0.10	0.00
0.14	0.00	0.00	0.00	0.00	0.00	0.02	0.08	0.10	0.01
0.18	0.00	0.00	0.00	0.00	0.00	0.02	0.07	0.09	0.01
0.2	0.00	0.00	0.00	0.00	0.00	0.02	0.07	0.09	0.01
0.3	0.00	0.00	0.00	0.00	0.00	0.02	0.06	0.08	0.01
0.4	0.00	0.00	0.00	0.00	0.00	0.02	0.06	0.08	0.01
0.48	0.00	0.00	0.00	0.00	0.00	0.01	0.04	0.08	0.00
0.6	0.00	0.00	0.00	0.00	0.00	0.00	0.03	0.07	0.01
0.733	0.00	0.00	0.00	0.00	0.00	0.00	0.01	0.04	0.00

Table 11-11 Fitted temperature function f(T), strain rate = 1.0/s

Strain	20 °C	200 °C	250 °C	350 °C	400 °C	450 °C	500 °C	600°C
0.05	1.00	0.72	0.67	0.58	0.54	0.50	0.47	0.43
0.01	1.00	0.75	0.71	0.69	0.70	0.69	0.65	0.57
0.02	1.00	0.80	0.76	0.76	0.79	0.80	0.74	0.63
0.04	1.00	0.80	0.77	0.78	0.84	0.85	0.79	0.65
0.06	1.00	0.79	0.76	0.77	0.83	0.85	0.79	0.64
0.1	1.00	0.78	0.74	0.74	0.80	0.82	0.77	0.62
0.14	1.00	0.78	0.74	0.74	0.78	0.80	0.75	0.61
0.18	1.00	0.78	0.75	0.73	0.77	0.79	0.74	0.60
0.2	1.00	0.78	0.75	0.73	0.77	0.78	0.74	0.59
0.3	1.00	0.80	0.76	0.74	0.76	0.77	0.72	0.58
0.4	1.00	0.81	0.77	0.73	0.75	0.76	0.71	0.57
0.48	1.00	0.81	0.77	0.73	0.75	0.75	0.71	0.56
0.6	1.00	0.82	0.78	0.74	0.75	0.75	0.71	0.55
0.733	1.01	0.84	0.80	0.74	0.75	0.75	0.71	0.57

Table 11-12 Fitted temperature function f(T), strain rate = 10/s

Strain	20 °C	200 °C	250 °C	300 °C	350 °C	400 °C	450 °C	500 °C	600°C
0.05	1.00	0.72	0.68	0.64	0.61	0.59	0.60	0.58	0.53
0.01	1.00	0.73	0.69	0.66	0.63	0.61	0.64	0.63	0.57
0.02	1.00	0.73	0.70	0.67	0.66	0.65	0.70	0.69	0.62
0.04	1.00	0.74	0.71	0.69	0.68	0.67	0.74	0.75	0.65
0.06	1.00	0.74	0.72	0.70	0.69	0.68	0.75	0.77	0.66
0.1	1.00	0.74	0.71	0.69	0.68	0.69	0.75	0.77	0.66
0.14	1.00	0.74	0.71	0.69	0.68	0.68	0.73	0.75	0.65
0.18	1.00	0.75	0.72	0.69	0.68	0.68	0.72	0.74	0.64
0.2	1.00	0.76	0.72	0.70	0.68	0.68	0.72	0.73	0.64
0.3	1.00	0.76	0.73	0.70	0.68	0.68	0.71	0.73	0.64
0.4	1.00	0.77	0.73	0.70	0.68	0.68	0.71	0.72	0.63
0.48	1.00	0.78	0.74	0.71	0.69	0.68	0.71	0.72	0.63
0.6	1.00	0.78	0.74	0.71	0.69	0.69	0.71	0.71	0.63
0.733	1.00	0.79	0.75	0.72	0.69	0.69	0.71	0.71	0.62

11.6 Vollständiges Strukturmodell mit induktiver Erwärmung

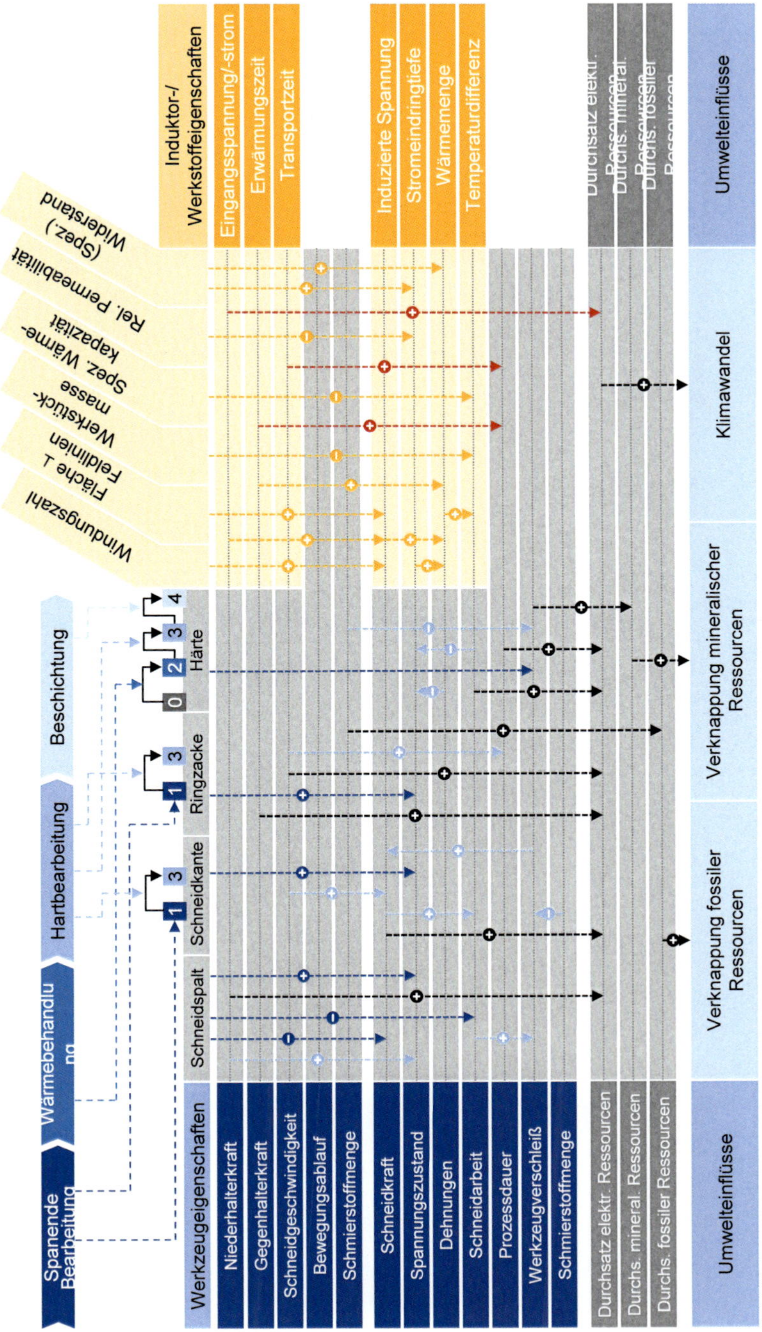

In der Reihe **Innovations in Manufacturing Technology** zuletzt erschienen:

Weiser, Ingo Felix:
Feinschneiden von induktiv erwärmten Stahlblechen
ISBN 978-3-98555-328-0
Erscheinungsdatum: 10.02.2026

Müller, Martina:
Einfluss des Schädigungszustands auf die Leistungsfähigkeit von tiefgezogenen Blechwerkstücken
ISBN 978-3-98555-331-0
Erscheinungsdatum: 09.02.2026

Koch, Matthias:
Technologie der kryogenen Kühlschmierung beim Fräsen von TiAl6V4
ISBN 978-3-98555-317-4
Erscheinungsdatum: 26.01.2026

Splettstößer, Antonia:
Pulsierende Kühlschmierstoffzufuhr beim Schlichtdrehen von Inconel 718
ISBN 978-3-98555-318-1
Erscheinungsdatum: 13.01.2026

Edition Wissenschaft
Apprimus

Kelliger, Tobias:

Adapted Cutting Fluid Supply in Additively Manufactured Milling Tools with Inserts

ISBN 978-3-98555-306-8
Erscheinungsdatum: 03.11.2025

Stauder, Lars Niklas:

Planung flexibler und wirtschaftlicher Fertigungsprozessfolgen für die variantenreiche Serienfertigung

ISBN 978-3-98555-307-5
Erscheinungsdatum: 27.10.2025

Smyczek, Gregor Josef:

Schwingungsunterstützte Zerspanung von faserverstärkten Kunststoffen

ISBN 978-3-98555-301-3
Erscheinungsdatum: 06.10.2025

Prinz, Sebastian:

Material Removal Behavior during Grinding of Fiber-Reinforced Non-Oxide Ceramics

ISBN 978-3-98555-297-9
Erscheinungsdatum: 04.08.2025

Edition Wissenschaft
Apprimus

FSC
www.fsc.org
MIX
Papier | Fördert gute Waldnutzung
FSC® C083411

Kolibri 360 GmbH
Ferdinand-Jühlke-Straße 7
99095 Erfurt, Deutschland
produktsicherheit@kolibri360.de